住房城乡建设部土建类学科专业『十三五』规划教材

全国住房和城乡建设职业教育教学指导委员会
建筑与规划类专业指导委员会规划推荐教材

建筑施工图设计

（建筑与规划类专业适用）

本教材编审委员会组织编写

徐哲民　主　编

岳　淼　副主编

季　翔　主　审

中国建筑工业出版社

图书在版编目（CIP）数据

建筑施工图设计：建筑与规划类专业适用／徐哲民主编．—北京：中国建筑工业出版社，2019.11（2022.7 重印）
住房城乡建设部土建类学科专业“十三五”规划教材 全国住房和城乡建设职业教育教学指导委员会建筑与规划类专业指导委员会规划推荐教材
ISBN 978-7-112-24471-3

Ⅰ．①建… Ⅱ．①徐… Ⅲ．①建筑制图－高等职业教育－教材
Ⅳ．① TU204

中国版本图书馆CIP数据核字（2019）第261818号

本教材以不同类型的建筑项目为载体，注重高等职业教育建筑设计专业的教育教学特点，强调规范性、实践性、实用性。本教材以建筑施工图绘制任务为主线，按照施工图设计相关知识、各图纸绘制方法及规范、实际案例操作指导几大部分组织教材的内容，使学生得到从理论到实践的全面训练，掌握上岗必备的专业技能。

为更好地支持本课程的教学，我们向使用本书的教师免费提供教学课件，有需要者请与出版社联系，邮箱：jckj@cabp.com.cn，电话：01058337285，建工书院：http://edu.cabplink.com。

责任编辑：杨 虹 尤凯曦
责任校对：姜小莲

住房城乡建设部土建类学科专业“十三五”规划教材
全国住房和城乡建设职业教育教学指导委员会建筑与规划类专业指导委员会规划推荐教材
建筑施工图设计
（建筑与规划类专业适用）
本教材编审委员会组织编写
徐哲民 主 编
岳 淼 副主编
季 翔 主 审
*
中国建筑工业出版社出版、发行（北京海淀三里河路9号）
各地新华书店、建筑书店经销
北京雅盈中佳图文设计公司制版
北京建筑工业印刷厂印刷
*
开本：787×1092毫米 1/16 印张：$13^3/_4$ 字数：291千字
2019 年 11 月第一版 2022 年 7 月第三次印刷
定价：40.00元（赠教师课件）
ISBN 978-7-112-24471-3
（34990）

教材编审委员会名单

前　言

本书为住房城乡建设部土建类学科专业“十三五”规划教材。本书根据建筑与规划类高职专业教学标准，由具有丰富教学经验的双师教师团队根据多年课程建设改革实践并引入最新国家规范与法规，依据高职教育的特点进行编写。

全书共十一个单元，分别为：建筑工程项目相关知识、建筑施工图设计基本知识、建筑施工图平面图设计、建筑施工图立面图设计、建筑施工图剖面图设计、建筑施工图详图设计、建筑施工图总平面图设计、建筑施工图成图与出图、建筑节能设计、建筑施工图审查要点、建筑施工图设计实战练习，本书附录为《各专业之间互提资料深度的基本内容》。

本教材由浙江建设职业技术学院徐哲民主编，岳淼副主编，李俊、邬京虹、倪丽鸿参与编写。全书由徐哲民统稿。其中单元一、十一由徐哲民编写，单元二、六由徐哲民、邬京虹编写，单元三、四、五由徐哲民、岳淼、李俊编写，单元七由徐哲民、岳淼编写，单元八、九由岳淼编写，单元十由徐哲民、岳淼、倪丽鸿编写。

在本书编写过程中，参考了很多同类教材、著作和资料，在此向有关作者表示衷心的感谢。

限于时间仓促和经验不足，书中难免有不妥和疏漏之处，敬请读者不吝指正，以待进一步修订完善。

编　者

2019年10月

目　　录

1

单元一　建筑工程项目相关知识

建筑施工图设计是高职建筑设计专业的一门十分重要的专业核心课，该课程可以引导学生实现从学校学习走向建筑设计工作实践。通过课程学习希望学生可以了解我国建设工程项目的基本建设流程，熟悉建筑施工图设计的前期基本知识，掌握建筑施工图设计的主要内容，最终能够进行中、小型建筑的建筑施工图设计，并通过学习和实践逐步熟悉相关的建筑设计规范。

本教材以不同类型的建筑项目为载体，注重高等职业教育建筑设计专业的教育教学特点，强调规范性、实践性、实用性。本教材以建筑施工图绘制任务为主线，按照施工图设计相关知识、各图纸绘制方法及规范、实际案例操作指导几大部分组织教材的内容，使学生得到从理论到实践的全面训练，掌握上岗必备的专业技能。

1.1 建设工程项目简介

1.1.1 定义

建设工程是指为人类生活、生产提供物质技术基础的各类建筑物和工程设施的统称。

建设工程项目为完成依法立项的新建、改建、扩建的各类工程（土木工程、建筑工程及安装工程等）而进行的、有起止日期的、达到规定要求的一组相互关联的受控活动组成的特定过程，包括策划、勘察、设计、采购、施工、试运行、竣工验收和移交等。

建筑工程项目设计是由具备相关资质的建筑设计院、建筑设计事务所所进行，是一项对建筑物进行综合计划的技术活动。建筑工程设计通常是由多专业的工程师共同参与，建筑师从事建筑设计；结构工程师从事建筑结构设计；设备工程师从事建筑设备设计；建筑造价工程师从事建筑概预算和成本控制。建筑工程项目设计的最终成果是建筑工程项目的施工图。

其中建筑施工图设计是表达建筑物的外部形状、内部布置、构造及施工要求，把设计者的设计意图具体、确切地表达出来，绘成能据以进行施工的蓝图。建筑施工图是建筑师和建设方进行协调沟通的工具。建筑师通过施工图的形式传达其设计意图，施工图中的任何一条线或一个数字都有重要的法律意义。制作出一套明确、完整，特别是没有错误的施工图是建筑师最重要的任务之一。

1.1.2 建设工程项目分类

建设工程项目可以按照规模、性质、用途、使用年限、投资主体等方面进行分类，具体如下：

第一，按规模分，可分为大、中、小型建设工程项目。基本建设项目的大、中、小型和更新改造项目限额的具体划分标准，根据各个时期经济发展和实际工作中的需要而有所变化。现行国家的有关规定如下：按投资额划分的基本建设项目，属于生产性建设项目中的能源、交通、原材料部门的工程项目，投资额达到 5000 万元以上为大中型项目；其他部门和非工业建设项目，投资额达到 3000 万元以上为大中型建设项目；按生产能力或使用效益划分的建设项目，以国家对各行各业的具体规定作为标准；更新改造项目只按投资额标准划分，能源、交通、原材料部门投资额达到 5000 万元及其以上的工程项目和其他部门投资额达到 3000 万元及其以上的项目为限额以上项目，否则为限额以下项目。

第二，按性质分，可分为新建、扩建、改建、迁建、恢复等建设项目。新建，是指根据国民经济和社会发展的近远期规划，按照规定的程序立项，从无到有、“平地起家”的建设项目。现有企业、事业和行政单位一般不应有新建项目。有的单位如果原有基础薄弱需要再新建的项目，其新增加的固定资产价值超过原有全部固定资产价值（原值）3 倍以上时，才可算新建项目。扩建，是指现有企业、事业单位在原有场地内或其他地点，为扩大产品的生产能力或增加经济效益而增建的生产车间、独立的生产线或分厂的项目；事业和行政单位在原有业务系统的基础上扩充规模而进行的新增固定资产投资项目。改建，是指原有企业，对原有设备或工程进行改造的项目。迁建，是指原有企业、事业单位，根据自身生产经营和事业发展的要求，按照国家调整生产力布局的经济发展战略的需要或出于环境保护等其他特殊要求，搬迁到异地而建设的项目。恢复，是指原有企业、事业和行政单位，因在自然灾害或战争中使原有固定资产遭受全部或部分报废，需要进行投资重建来恢复生产能力和业务工作条件、生活福利设施等的建设项目。这类项目，不论是按原有规模恢复建设，还是在恢复过程中同时进行扩建，都属于恢复项目。但对尚未建成投产或交付使用的项目，受到破坏后，若仍按原设计重建的，原建设性质不变；如果按新设计重建，则根据新设计内容来确定其性质。

第三，按用途分，分为生产性和非生产性建设项目。生产性建设项目，指直接用于物质资料生产或直接为物质资料生产服务的工程建设项目，主要包括工业建设（包括工业、国防和能源建设）、农业建设（包括农、林、牧、渔、水利建设）、基础设施建设（包括交通、邮电、通信建设，地质普查、勘探建设等）、商业建设（包括商业、饮食、仓储、综合技术服务事业的建设）。非生产性建设项目，是指用于满足人民物质和文化、福利需要的建设和非物质资料生产部门的建设。主要包括办公用房（国家各级党政机关、社会团体、企业管理机关的办公用房）、居住建筑（住宅、公寓、别墅等）、公共建筑（科学、教育、文化艺术、广播电视、卫生、博览、体育、社会福利事业、公共事业、咨询服务、宗教、金融、保险等建设）、其他建设（不属于上述各类的其他非生产性建设），工业建筑及农业建筑见图 1.1–1、图 1.1–2。

第四，按设计使用年限分，分为临时性建筑、易于替换结构构件的建筑、普通建筑和构筑物、纪念性建筑和特别重要的建筑 4 类。设计使用年限是根据建筑结构的设计使用年限来确定的，其中临时性建筑的设计使用年限为 5 年，易于替换结构构件的建筑设计使用年限为 25 年，普通建筑和构筑物设计使用年限为 50 年，纪念性建筑和特别重要的建筑设计使用年限为 100 年。

图 1.1–1　工业建筑（左）
图 1.1–2　农业建筑（右）

第五，按投资主体分，分为国家投资、地方政府投资、企业投资、合资和独资建设项目。

1.1.3 建设工程项目参与单位

建设工程项目参与单位主要有以下几个：政府主管部门、建设单位、勘察设计单位、施工单位、工程监理单位、设备供应商和设备安装单位。

政府主管部门，负责过程监督、巡查。国家级政府主管部门为中华人民共和国住房和城乡建设部（简称住房城乡建设部），省（或自治区）级政府主管部门为住房和城乡建设厅（简称住房城乡建设厅），直辖市政府主管部门为住房和城乡建设委员会（简称住房城乡建设委），县（或市辖区）级政府主管部门为住房和城乡建设局（简称住房城乡建设局）。

建设单位，是工程建设方，又称业主或甲方，负责协调处理工程所有参与单位的关系纠纷，掌控工程施工进度、质量、安全等重要环节，组织工程竣工验收。建设单位主要负责投资、办理施工许可证及其他、资料归档三方面工作。

勘察设计单位，指从事建设工程勘察和建设工程设计工作的单位。建设工程勘察是指根据建设工程的要求，查明、分析、评价建设场地的地质地理环境特征和岩土工程条件，编制建设工程勘察文件的活动，主要是对地质条件、水文条件，以及环境、交通运输、资源量的调查，对地质进行勘察分析，供设计单位承载力设计值及基础选型。建设工程设计是指根据建设工程的要求，对建设工程所需的技术、经济、资源、环境等条件进行综合分析、论证，编制建设工程设计文件的活动，设计主要是在勘察的基础上做设计图纸，包括初步设计，施工图设计，以及相关的工艺设计。

施工单位，是由相关专业人员组成的、有相应资质、进行生产活动的企事业单位，具体承担项目施工任务，把图纸物化为现实，比如建设单位自营工程的施工队、房修队、国营建筑公司、安装公司、工程队、市政公司及集体施工企业等组织机构，都可以叫作施工单位。施工单位资质分总承包、专业承包及劳务分包，总承包分为特、一、二、三级总承包。工程总承包方，负责工程统筹施工管理，制订科学合理的施工组织设计，按图施工、按进度计划施工、安全施工，规范施工，对业主负责，保质保量按时竣工。工程分包方，负责工程分包项目施工，但一般需得到业主同意。

工程监理单位，负责工程安全、质量、进度等方面的监督管理，对业主负责，整理工程资料，并在工程施工过程中给予一定的技术支持，协助业主进行工程竣工验收。

设备供应商和设备安装单位，负责对建筑中使用到的设备进行供应和安装，建筑设备主要包括以下几个方面：采暖、空调（HVAC）、通风、制冷排水、排污、供水、煤气、防火设备、火警探测、电话线、网络、通信（ICT）、升降机或电梯、避雷、低压供电（LV）、电箱、开关照明、自然光、立面保安、警报等。

建设项目参与单位列表见图 1.1–3。

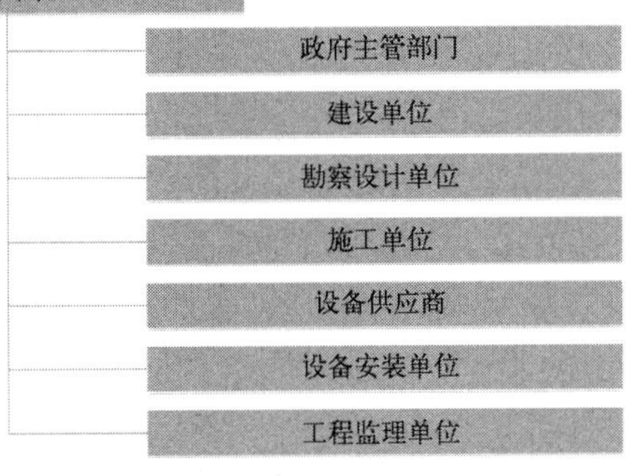

图 1.1–3　建设项目参与单位

1.1.4　国内建设工程项目基本程序

建设工程项目建设程序是指工程项目从前期立项、设计、施工到竣工验收、投入生产或交付使用的整个建设过程中，各项工作必须遵循的先后工作次序。工程项目建设程序是工程建设过程客观规律的反映，是建设工程项目科学决策和顺利进行的重要保证。工程项目建设程序是人们长期在工程项目建设实践中得出来的经验总结，不能任意颠倒，但可以合理交叉。

建设前期立项阶段又称为策划决策阶段，主要包括投资意向、编报项目建议书和可行性研究报告、进行环境评估等工作内容。

勘察设计阶段，复杂工程分为初勘和详勘两个阶段。为设计提供实际依据。设计过程一般划分为两个阶段，即初步设计阶段和施工图设计阶段。对于大型复杂项目，可根据不同行业的特点和需要，在初步设计之后增加技术设计阶段。

建设准备阶段，建设准备阶段主要内容包括：组建项目法人、征地、拆迁、“三通一平”乃至“七通一平”；组织材料、设备订货；办理建设工程质量监督手续；委托工程监理；准备必要的施工图纸；组织施工招投标，择优选定施工单位；办理施工许可证等。按规定做好施工准备，具备开工条件后，建设单位申请开工，进入施工安装阶段。

施工阶段，建设工程具备了开工条件并取得施工许可证后方可开工。项目新开工时间，按设计文件中规定的任何一项永久性工程第一次正式破土开槽时间而定。不需开槽的以正式打桩作为开工时间。铁路、公路、水库等以开始进行土石方工程作为正式开工时间。

生产准备阶段，对于生产性建设项目，在其竣工投产前，建设单位应适时地组织专门班子或机构，有计划地做好生产准备工作，包括招收、培训生产人员；组织有关人员参加设备安装、调试、工程验收；落实原材料供应；组建生产管理机构，健全生产规章制度等。生产准备是由建设阶段转入经营的一项重要工作。

竣工验收阶段，工程竣工验收是全面考核建设成果、检验设计和施工质量的重要步骤，也是建设项目转入生产和使用的标志。验收合格后，建设单位编制竣工决算，项目正式投入使用。

考核评价阶段，建设项目后评价是工程项目竣工投产、生产运营一段时间后，在对项目的立项决策、设计施工、竣工投产、生产运营等全过程进行系统评价的一种技术活动，是固定资产管理的一项重要内容，也是固定资产投资管理的最后一个环节。

1.2 建设工程项目设计单位及人员

1.2.1 设计单位在建设工程项目中的主要工作

建设项目立项。建设项目立项过程中主要完成的工作为项目策划、可行性研究和选址等，具体由建设单位、设计单位、咨询单位执行。

办理各项审批手续。办理各项审批手续过程中，主要需完成工作为项目报批，项目审批部门为国家及地方发展和改革委员会和规划管理部门，而办理手续的执行单位为建设单位，设计单位起到配合作用。

设计招投标。项目设计招投标过程中，建设单位发放招标书，设计单位完成方案设计，方案设计为设计单位独立完成的第一项重要工作。

签订设计合同。设计合同的内容包括工程规模、设计范围、设计费用、完成日期、相互责任等，起草及签订设计合同主要由设计单位和建设单位完成。

提供设计任务书。建设单位主导、设计单位配合，完成制定设计任务书的工作，设计任务书内容需包括场地环境、建设规模、使用功能、体型空间、绿化景观、设备设施、装修标准、投资限额等。

初步设计。设计单位需根据任务书及方案设计完成初步设计和概算，初步设计为设计单位独立完成的第二项重要工作。

初步设计审批。初步设计审批工作为报请有关行政主管部门审批，有关行政主管部门主要为发展和改革委员会、相关规划建设部门，报请审批由建设单位主导、设计单位配合完成。

施工图设计。设计单位在施工图设计阶段，根据任务书和批准后的初步设计，编制完成各个专业施工图设计文件，施工图设计为设计单位独立完成的第三项重要工作。

建筑项目施工配合。设计单位在施工安装单位根据施工图进行施工、安装工程中进行技术配合。

工程验收。工程验收分为隐蔽工程验收、分项工程验收、主体工程验收和整体竣工验收，由建设单位、施工单位、监理单位、设计单位及相关部门共同完成。

资料归档。在工程结束后，设计单位需将设计图纸、设计修改图纸、施工联系单等进行资料归档，以备日后查找。

1.2.2 目前国内建筑设计单位简介

建筑设计单位指具有相关建筑行业工程设计资质，受建设方委托从事工程项目的设计以及相关建筑活动的单位，主要有建筑设计院和建筑设计有限公司。建筑设计单位按照设计资质分为甲级、乙级和丙级，三个等级的建筑设计单位承担业务范围不同。

甲级建筑设计单位。甲级建筑设计单位是设计资质中的最高等级，定级标准为同时满足以下条件：

(1) 资历和信誉。①具有独立企业法人资格。②社会信誉良好，注册资本不少于600万人民币。③企业完成过的建筑行业工程设计项目应满足建筑行业工程设计主要专业技术人员配备表中对建筑工程类型业绩考核的要求，且要求考核业绩的每个设计类型的大型项目工程设计不少于1项或中型项目工程设计不少于2项，并已建成投产。

(2) 技术条件。①专业配备齐全、合理，单位专职骨干技术人员中建筑、结构和其他专业人员各不少于6人、6人、9人，其中一级注册建筑师和一级注册结构工程师均不少于3人，注册公用设备（给水排水）工程师不少于1人，注册公用设备（暖通空调）工程师不少于1人，注册电气工程师不少于1人。②企业主要技术负责人或总工程师应当具有大学本科以上学历、10年以上设计经历，主持过大型建筑项目工程设计不少于2项，具备注册执业资格或高级专业技术职称。③在主要专业技术人员配备表规定的人员中，主导专业的非注册人员应当作为专业技术负责人主持过中型以上项目不少于3项，其中大型项目不少于1项。

(3) 技术装备及管理水平。①有必要的技术装备及固定的工作场所。②企业管理组织结构、标准体系、质量体系、档案管理体系健全。

乙级建筑设计单位。乙级建筑设计单位的定级标准为同时满足以下条件：

(1) 资历和信誉。①具有独立企业法人资格。②社会信誉良好，注册资本不少于300万人民币。

(2) 技术条件。①专业配备齐全、合理，单位专职骨干技术人员中建筑、结构和其他专业人员各不少于3人、3人、6人，其中一级注册建筑师和一级注册结构工程师均不少于2人，注册公用设备（给水排水）工程师不少于1人，注册公用设备（暖通空调）工程师不少于1人，注册电气工程师不少于1人。②企业主要技术负责人或总工程师应当具有大学本科以上学历、10年以上设计经历，主持过大型建筑项目工程设计不少于1项，或中型建筑项目工程设计不少于3项，具备注册执业资格或高级专业技术职称。③在主要专业技术人员配备表规定的人员中，主导专业的非注册人员应当作为专业技术负责人主持过中型以上项目不少于2项，或大型项目不少于1项。

(3) 技术装备及管理水平。①有必要的技术装备及固定的工作场所。②有完善的质量体系、技术、经营、人事、财务、档案管理制度。

丙级建筑设计单位。丙级建筑设计单位的定级标准为同时满足以下条件：

(1) 资历和信誉。①具有独立企业法人资格。②社会信誉良好，注册资本不少于100万人民币。

（2）技术条件。①专业配备齐全、合理，单位专职骨干技术人员中建筑、结构和其他专业人员各不少于 2 人、2 人、3 人，其中二级注册建筑师和二级注册结构工程师均不少于 2 人，公用设备（给水排水）工程师和公用设备（暖通空调）工程师不少于 2 人，注册电气工程师不少于 1 人。②企业主要技术负责人或总工程师应当具有大学本科以上学历、10 年以上设计经历，主持过大型建筑项目工程设计不少于 1 项，或中型建筑项目工程设计不少于 3 项，具备注册执业资格或高级专业技术职称。③在主要专业技术人员配备表规定的人员中，主导专业的非注册人员应当作为专业技术负责人主持过建筑工程项目不少于 2 项。

（3）技术装备及管理水平。①有必要的技术装备及固定的工作场所。②有完善的质量体系、技术、经营、人事、财务、档案管理制度。

1.2.3 建筑设计单位承担业务范围

按照中华人民共和国住房和城乡建设部《工程资质标准》的规定，我国目前将各类建筑工程建设项目按规模划分为：大型、中型、小型，共三个类型。大型工程是指：单体建筑面积 $20000m^2$ 以上或建筑高度大于 50m 的一般公共建筑；技术要求复杂或具有经济文化、历史等意义的省（市）级中小型公共建筑工程；相当于四、五星级饭店标准的室内装修、特殊声学装修工程；高标准的古建筑、保护性建筑和地下建筑工程；高标准的建筑环境设计和室外工程；技术要求复杂的工业厂房；20 层以上和 20 层以下高标准居住建筑工程；总建筑面积大于 30 万 m^2 的规划设计；地下空间总建筑面积大于 $10000m^2$ 或四级及以上附建式人防的地下工程。中型工程是指：单体建筑面积 5000 ~ $20000m^2$ 或建筑高度 24 ~ 50m 的一般公共建筑；技术要求复杂或有地区性意义的小型公共建筑工程；仿古建筑、一般标准的古建筑、保护性建筑以及地下建筑工程；大中型仓储建筑工程；一般标准的建筑环境设计和室外工程；跨度小于 30m、吊车吨位小于 30t 的单层厂房或仓库；跨度小于 12m、6 层以下的多层厂房或仓库；相当于二、三星级饭店标准的室内装修工程；12 ~ 20 层一般标准的居住建筑工程；总建筑面积不大于 30 万 m^2 的规划设计；地下空间总建筑面积不大于 $10000m^2$ 或五级及以下附建式人防的地下工程。小型工程是指：单体建筑面积不大于 $5000m^2$ 或建筑高度不大于 24m 的一般公共建筑；功能单一、技术要求简单的小型公共建筑工程；小型仓储建筑工程；简单的建筑环境设计和室外工程；跨度小于 24m、吊车吨位小于 10t 的单层厂房或仓库；跨度小于 6m、楼盖无动荷载的 3 层以下的多层厂房或仓库；相当于一星级饭店及以下标准的室内装修工程；不大于 12 层的居住建筑工程；人防疏散干道、支干道及人防连通等人防配套工程。

甲级建筑设计单位承担建筑工程设计项目主体工程及其配套工程的设计业务，其规模不要限制。

乙级建筑设计单位承担建筑工程中、小型建设工程项目的主体工程及其配套工程设计业务。

丙级建筑设计单位承担建筑工程小型建设项目的工程设计业务。

1.2.4 设计单位的技术人员组成

建筑设计单位通常配有建筑、总图、结构、给水排水、暖通动力（或空调）、电气和概预算等各专业设计人员。工业及市政设计单位通常还配有工艺、机械、自动控制等各专业设计人员。

在工程设计的项目组中，工作岗位分为项目负责人、专业负责人、设计人、校对人、审核人和审定人。项目负责人的主要工作是配合各方做好项目前期、设计、施工、验收等阶段的组织、协调工作，对设计师的设计进度和质量负责。专业负责人的主要工作是配合项目负责人组织和协调本专业的设计工作，对本专业设计的方案、技术、质量及进度负责。设计人的主要工作是技术上、设计上接受专业负责人的指导与安排，对本人的设计进度和质量负责。校对人的主要工作是在专业负责人领导下，对所校对的设计成品的质量负责，按时完成图纸、计算书的校对任务。审核人的主要工作是参与方案、重要技术问题的讨论、审查与决策。审定人的主要工作是从行政领导角度对成品质量负责。

国家对从事设计活动的专业技术人员实行执业资格注册管理制度。设计咨询的相关技术文件，应当由注册建筑师签字盖章后生效。

从事建筑工程项目建筑专业设计人员须通过注册建筑师执业资格考试。

1.3 工程项目设计工作

1.3.1 工程项目设计工作的主要工作流程（图 1.3–1）

（1）建设项目立项：指建设项目已经获得政府投资计划主管机关的行政许可（原称立项批文），可以进入项目实施阶段。

（2）办理各项审批手续，见图 1.3–2。

（3）设计招投标，见图 1.3–3。

（4）提供设计任务书。

（5）初步设计。初步设计是最终成果的前身，相当于一幅图的草图，一般在没有最终定稿之前的设计统称为初步设计。初步设计的步骤：找到主题——依据主题——用途设计模式——收集资料——整理分析资料——摆出多种界面——设计出多种思路——依据用途、需要选出最合适的一种设计模式。通常

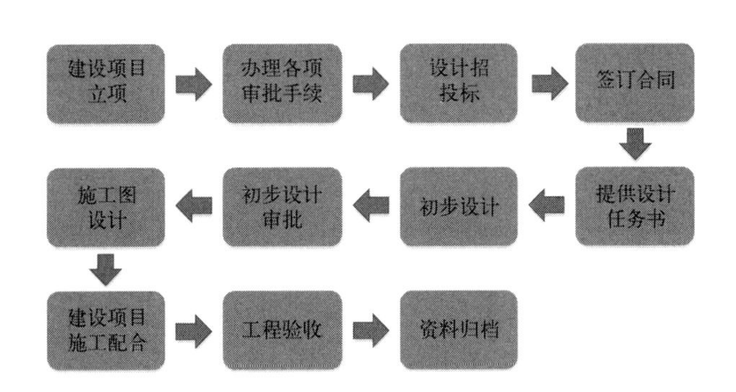

图 1.3–1 工程项目设计工作的主要工作流程

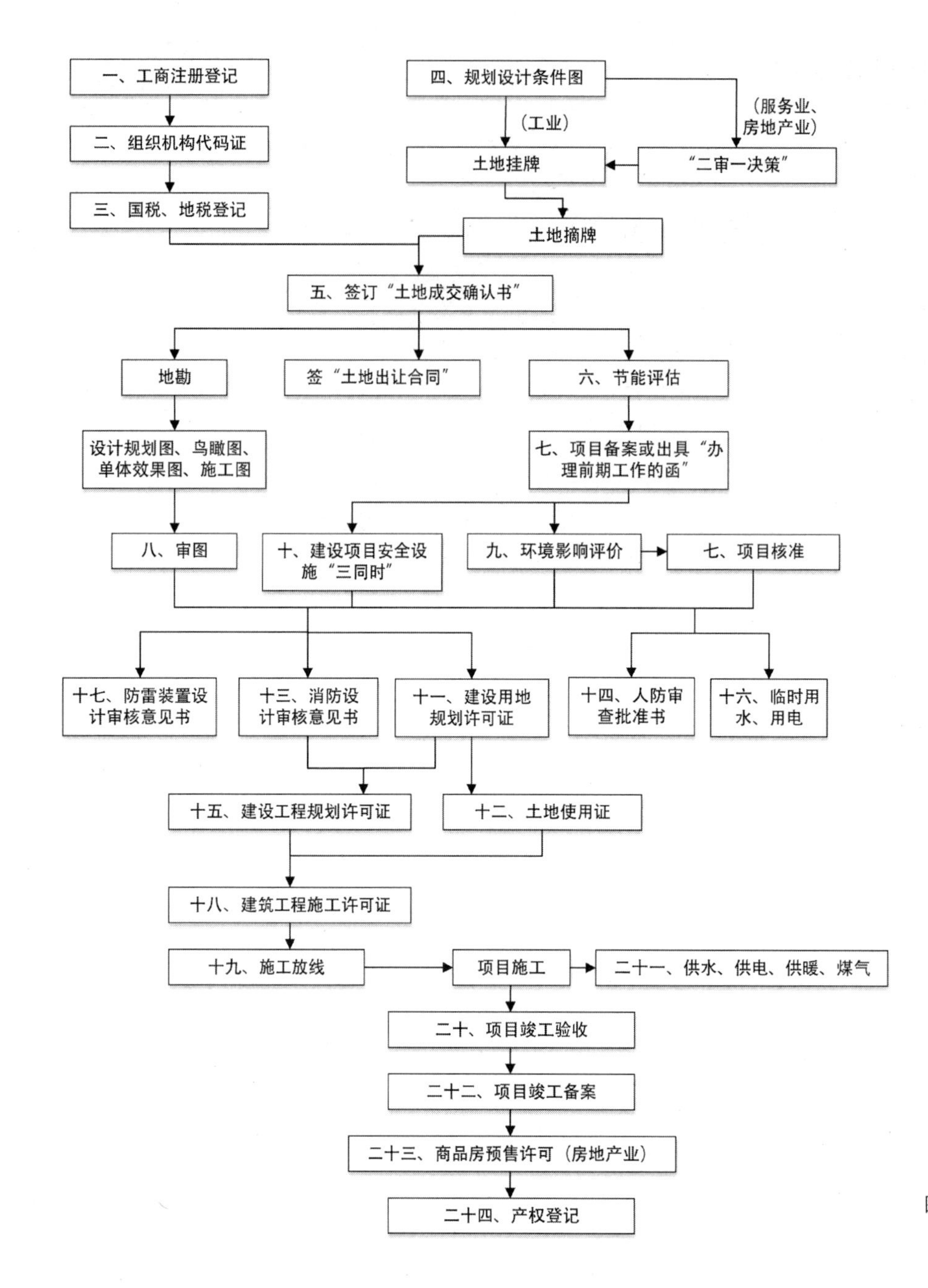

图 1.3–2　项目各项审批手续办理流程图

来说，初步设计，然后是扩初（即“扩充初步设计”），接下来才是施工图。扩初是指在方案设计基础上的进一步设计，但设计深度还未达到施工图的要求，小型工程可能不必经过这个阶段直接进入施工图。

（6）初步设计审批。报批工程初步设计应提交的材料：项目业主单位经主管部门审核同意的申请审批工程初步设计的文件；具有相应资质机构编制的并符合国家规定深度和要求的勘察报告和初步设计文件文本；具有相应资质的咨询设计单位对工程初步设计及概算的咨询意见；工程初步设计专家审查意见；工程初步设计审查会议纪要。

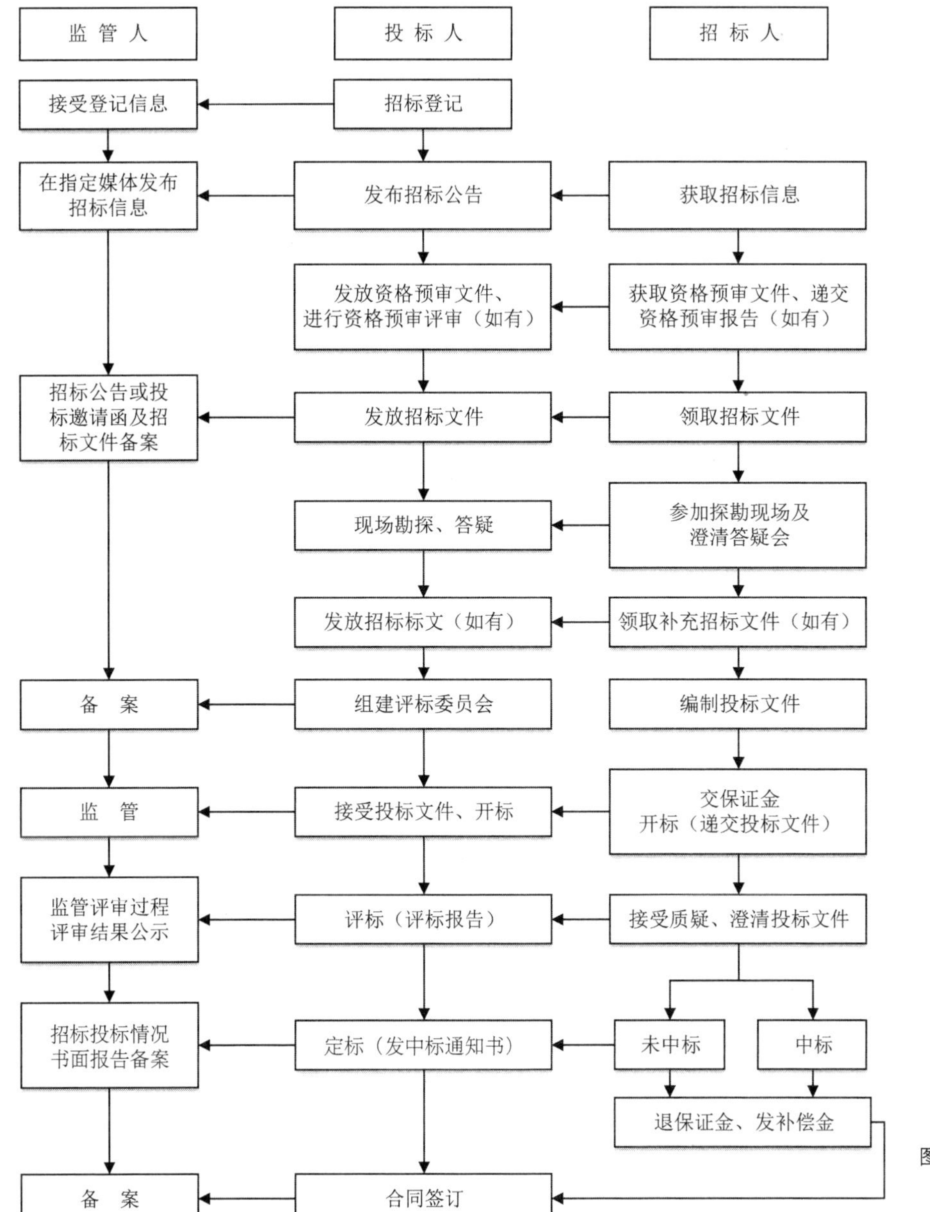

图 1.3–3 建设工程方案设计招投标（公开）流程图

（7）施工图设计。施工图设计为工程设计的一个阶段，在初步设计、技术设计两阶段之后。这一阶段主要通过图纸，把设计者的意图和全部设计结果表达出来，作为施工的依据，它是设计和施工之间的桥梁。对于工业项目来说包括建设项目各分部工程的详图和零部件，结构件明细表，以及验收标准方法等。民用工程施工图设计应形成所有专业的设计图纸：含图纸目录，说明和必要的设备、材料表，并按照要求编制工程预算书。施工图设计文件，应满足设备材料采购、非标准设备制作和施工的需要。

（8）建筑项目施工配合，见图 1.3–4。

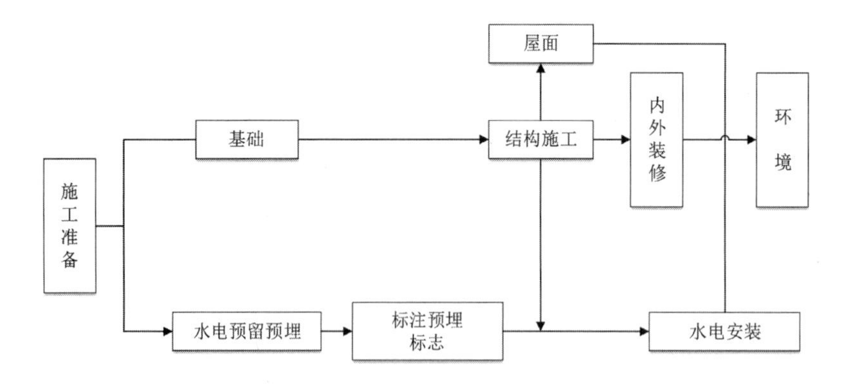

图 1.3–4 建筑项目施工配合

(9) 工程竣工验收。工程竣工验收是指建设工程依照国家有关法律、法规及工程建设规范、标准的规定完成工程设计文件要求和合同约定的各项内容，建设单位已取得政府有关主管部门（或其委托机构）出具的工程施工质量、消防、规划、环保、城建等验收文件或准许使用文件后，组织工程竣工验收并编制完成《建设工程竣工验收报告》。工程项目的竣工验收是施工全过程的最后一道程序，也是工程项目管理的最后一项工作。它是建设投资成果转入生产或使用的标志，也是全面考核投资效益、检验设计和施工质量的重要环节。

(10) 资料归档。工程建设归档资料包括施工资料、监理资料、设计资料等多项，它是反映工程从前期、过程直至竣工验收等的详细资料，一般资料归档需 4 ~ 6 套，分别提交业主、档案馆及本单位保管，以便查找等。

1.3.2 建设工程项目立项工作

建设项目立项，指建设项目已经获得政府投资计划主管机关的行政许可（原称立项批文），可以进入项目实施阶段。建设工程项目设计的依据是建设工程项目的立项，工程项目建设前期立项的步骤为：投资意向、项目建议书、环境评价、可行性研究、相关部门审批。

工程项目建设前期立项的步骤为：投资意向、项目建议书、环境评价、可行性研究、相关部门审批（图 1.3–5）。

(1) 投资意向

投资意向书是双方当事人就项目的投资问题，通过初步洽商，就各自的意愿达成一致认识表示合作意向的书面文件，是双方进行实质性谈判的依据，是签订协议（合同）的前奏。

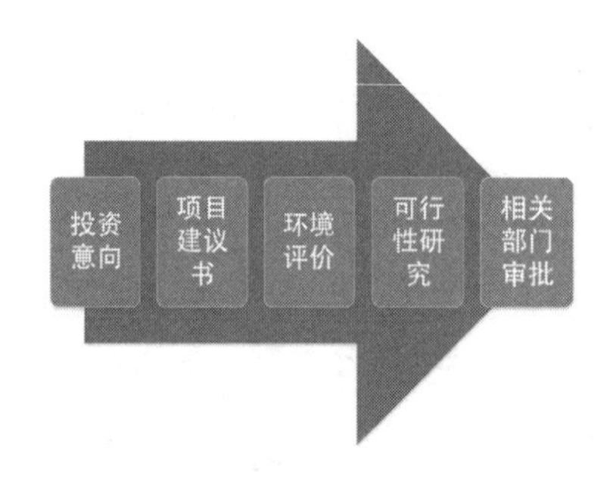

图 1.3–5 工程项目建设前期立项步骤

（2）项目建议书

项目建议书是指要求建设某一工程项目的建议性文件。它是项目能否被国家和地方立项建设的最基础和最重要的工作，是在经过广泛调查研究、弄清项目建设的技术、经济条件后，通过项目建议书的形式向国家和地方推荐的项目。项目建议书示意见图 1.3–6。

编制项目建议书的主要依据应是国民经济和社会发展规划。项目建议书阶段的主要工作是从国家和地方宏观经济社会发展及生态建设需要出发，分析本项目建设的必要性，是否与国家的政策、方针和计划相吻合，所需资金、人力的可行性，是否具备了建设的条件。

项目建议书的审查、审批根据建设项目的规模和投资主体按各级审批权限由中央或地方发展和改革委员会审查批准。

建设项目的项目建议书主要有以下组成：

①项目总则；

②项目建设的必要性和任务；

③项目区概况；

④建设规模和布局；

⑤技术支持；

⑥项目实施；

⑦项目管理；

⑧投资估算及资金筹措；

⑨经济评价；

⑩结论与建议。

如：某开发商想在某高教园区投资建设居住区，考察到了该高教园区有四个学校，发展前景看好，于是准备在此选址。这是投资意向。

在某高教园建设居住区，有几个调查方面：教师年龄是否为青年，需要买房；教师收入如何，能购买何种档次的住宅；投资回收，银行融资成本、利息能够在多长时间内收回投资。开发商拍买地之前，都会核算成本和利润，核算好后得出可以承受的土地成本，才来拍地。这是项目建议书应包括的内容，是为何在此地投资建设的最主要参考。

（3）环境评价

项目环评（EIA）是指在一定区域内进行开发建设活动，事先对拟建项目可能对周围环境造成的影响进行调查、预测和评定，并提出防治对策和措施，为项目决策提供科学依据。环境影响评价制度是从环境保护的角度决定开发建设活动能否进行和如何进行的具有强制性的法律制度。项目环评报告示意见图 1.3–7。

建设工程项目环评的工作程序：

①建设项目环境影响评价的管理程序：编制大纲→编制报告书（表）→评估报告书（表）→审批报告书（表）。

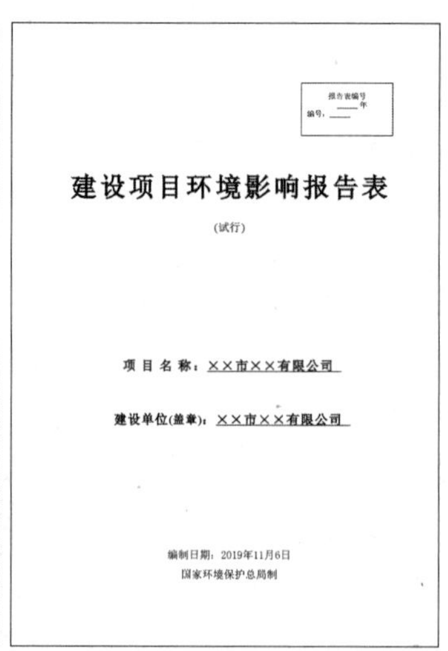
建设项目环境影响报告表

(试行)

项目名称：××市××有限公司

建设单位(盖章)：××市××有限公司

编制日期：2019年11月6日

国家环境保护总局制

图 1.3–6 项目建议书示意（左）

图 1.3–7 项目环评报告示意（右）

②环境影响评价的工作程序：准备→正式工作→编制报告。

准备阶段：研究有关文件，进行初步的工程分析和建设项目环境影响区的环境现状调查，识别建设项目的环境影响因素，筛选主要的环境影响评价因子，明确评价重点，确定各单项环境影响评价的范围和评价工作等级。

正式工作阶段：进一步的工程分析，充分的环境现状调查和监测，开展环境质量现状评价，进行环境影响预测，评价建设项目的环境影响，开展公众意见调查，提出减少环境污染和生态影响的环境管理措施和工程措施。

环境影响报告编制阶段：分析汇总正式阶段所得的各种资料和数据，从环境保护角度确定项目建设的可行性，给出评价结论，提出进一步减缓环境影响的建议并完成报告。

项目环评的作用：

第一，从国家的技术政策方面对新建项目提出了新的要求和限制，以减少重复建设、杜绝新污染的产生，贯彻“预防为主”的环境保护政策；

第二，对可以开发的项目提出了超前预防对策和措施，强化了建设项目的环境管理；

第三，促进了国家科学技术、监测技术、预测技术的发展；

第四，为开展区域政策环境影响评价，实施环境与发展综合决策创造了条件。

环境评价是指从环境卫生学角度按照一定的评价标准和方法对一定区域范围内的环境质量进行客观的定性和定量调查分析、评价和预测。环境质量评价实质上是对环境质量优与劣的评定过程，该过程包括环境评价因子的确定、环境监测、评价标准、评价方法、环境识别，因此环境质量评价的正确性体现在上述 5 个环节的科学性与客观性。

比较全面的城市区域环境质量评价，应包括对污染源、环境质量和环境效应三部分的评价，并在此基础上作出环境质量综合评价，提出环境污染综合防治方案，为环境污染治理、环境规划制定和环境管理提供参考。环境质量变异过程是各种环境因子综合作用的结果，包括以下三个阶段：

①人类活动导致环境条件的变化。如污染物进入大气、水体、土壤，使其中的物质组分发生变化；

②环境条件发生一系列链式变化。如污染物在各介质中迁移、转化，变成直接危害生命有机体的物质；

③环境条件变化产生综合性的不良影响，如污染物作用于人体或其他生物，产生急性或慢性的危害。

因此，环境质量评价是以环境物质的地球化学循环和环境变化的生态学效应为理论基础的。

（4）可行性研究

项目建议书被批准后，项目已经成立，但并非一定要建设。下一步工作是在进一步做勘测、调查、取得可靠资料的基础上，重点对项目的技术可行性和经济合理性进行研究和论证，由具有相应资质的规划、设计和工程咨询单位承担。经过全面分析论证和多方案比较，确定建设项目的建设原则、建设方案，作为下阶段工程设计的依据。

对项目的技术可行性和经济合理性进行研究和论证，由具有相应资质的规划、设计和工程咨询单位承担。经过全面分析论证和多方案比较，确定建设项目的建设原则、建设方案，作为下阶段工程设计的依据。

可行性研究报告的审批规定为：根据建设项目的规模和投资主体按各级审批权限由中央或地方发展和改革委员会审查立项。

（5）相关部门审批

国家及地方的多个政府部门根据各自的职责和权限，共同完成工程建设项目的审批。

项目立项审批、可行性研究报告审批、核发投资许可证——发展和改革委员会；

选址规划设计条件意见书、建设工程规划设计方案、建设用地规划许可、申领建筑工程规划许可证、建设工程灰线检验——相关规划管理部门；

项目方案设计审批、项目初步设计审批、施工图文件审查委托、申领建筑施工许可证、建筑装饰装修工程施工许可证核准——建设管理部门；

建设用地预审、具体建设项目用地审批——土地管理部门；

环境影响评价报告审核——环保局；

特殊建设工程消防文件送审——住房和城乡建设主管部门；

方案设计交通送审——交警支队；

施工图审核——消防、环保、卫生、规划、配套、交通；

申请配套设施——市政公用电力等部门；

投报质监、安监、城建档案——质监、安监、城建档案馆；

竣工验收——环保、消防、职业安全卫生、防疫、人防、档案、发展和改革委员会、规划管理部门颁发竣工验收合格证。

1.3.3　建设工程项目设计准备

常见建筑类型主要有三类：民用建筑、工业建筑和农业建筑。其中，民用建筑分为公共建筑和居住建筑，主导专业为建筑专业；工业建筑分为单层工业厂房和多层工业厂房，主导专业为工艺专业。在项目正式设计工作开始前，需做以下准备工作：

（1）熟悉任务书。任务书的主要内容为项目设计要求，主要包括以下几项：建设项目总的要求和建造目的的说明；建筑物的具体使用要求、建筑面积以及各类用途房间之间的面积分配；建设项目的总投资和单方造价，并说明土建费用、房屋设备费用以及道路等室外设施费用情况；设计期限和项目的建设进程要求；国家或地区有关设计项目的定额指标。

（2）收集必要的设计原始数据。必要的设计原始数据包括项目基地情况、项目当地气候情况和基地地形及地质水文资料等。项目基地情况有建设基地范围、大小，周围原有建筑、道路、地段环境的描述，并附有地形测量图；水电等设备的管线资料，如基地地下的给水、排水、电缆等管线布置以及建设基地上架空线的供电线路情况。项目当地气候情况有温度、湿度、日照、雨、雪、风向、风速和冻土深度等。基地地形及地质水文资料有基地地形标高、土壤种类、地基承载力、地下水位及全年变化情况、地震烈度等。

（3）设计前的调查研究。设计前的调查研究包括项目的使用要求、建筑材料供应和结构施工等技术条件、基地踏勘。项目的使用要求有住宅户型、房间、当地传统建筑经验和生活习惯等。建筑材料供应和结构施工等技术条件有所在地区建筑材料供应的品种、规格、价格等情况。基地踏勘为从基地的地形、方位、面积、形状，以及基地周围原有建筑、道路、绿化等多方面，考虑拟建建筑物的位置和总平面的布局的可能性。

（4）确定本专业设计技术条件。确定本专业适用的规定、规范和标准，拟采用的新技术、新工艺、新材料等，场地条件特征，基本功能区划、流线、体型及空间处理，关键设计参数，特殊构造做法等。

1.3.4　建设工程项目设计阶段划分及内容

工程项目设计阶段的划分，民用建筑工程设计一般分为方案设计、初步设计（扩初设计）和施工图设计三个阶段。对于技术要求简单的民用建筑工程，经有关部门同意，并且合同中有不做初步设计的约定，可在方案设计审批后直接进入施工图设计。

方案设计阶段。方案设计阶段是建筑设计的第一阶段，主要提出设计方案。方案设计的内容包括：确定建筑物的组合方式；选定所用建筑材料和结构方案；确定建筑物的基地位置；说明设计意图，分析设计方案在技术上、经济上的合理性；提出概算书。

初步设计阶段（扩初设计）。该阶段的技术设计阶段，它的主要任务是在初步设计的基础上，进一步确定房屋各工种和工种之间的技术问题。技术设计的内容包括：各工种相互提供资料、提出要求，并共同研究和协调编制拟建工程各工种的图纸和说明书。为各工种编制施工图打下基础。对不太复杂的工程，技术设计阶段可以省略，把这个阶段的设计工作纳入初步设计阶段，称之“扩大初步设计”。

施工图设计阶段。施工图设计阶段的主要任务是满足施工要求，即在初步设计和技术设计的基础上，综合建筑、结构、设备各工种，相互交底，深入了解材料供应、施工技术、设备等条件。把满足工程施工的各项具体要求反映在图纸上，做到整套图纸齐全统一、明确无误。设计内容包括：确定全部工程尺寸和用料，绘制全套施工图纸，编制工程说明书、结构计算书和预算书。

最后专业内校审和专业间会签，设计文件归档。

1.3.5 施工配合的具体内容

图纸会审。施工前，由设计总负责人向建设、施工、监理等单位进行设计技术交底。并形成图纸会审纪要。

施工配合。施工中，解决施工过程中出现的问题，配合出工程洽商或修改（补充）图纸。

工程验收。主体验收为隐蔽工程或局部工程验收。竣工验收为施工基本完成后检查是否满足设计文件和相关标准的要求，对不满足之处提出整改意见。

1.4 建筑法规体系

在工程建设的勘察、设计、施工及验收等工作中，必须遵守有关法规，正确执行现行的技术标准，这是确保工程质量最基本和最重要的要求。建筑法规体系分为法律、规范和标准三个层次，法律主要涉及行政和组织管理（包括惩罚措施），规范侧重于综合技术要求，标准则偏重于单项技术要求。

1.4.1 建筑法规

建筑法规是指国家权力机关或其授权的行政机关制定的，旨在调整国家及其有关机构、企事业单位、社会团体、公民之间在建设活动中或建设行政管理活动中发生的各种社会关系的法律、法规的统称。由全国和地方人民代表大会制定并颁布执行的法律和各级政府主管部门颁布实施的规定、条例等统称为法规。有关建设方面的法规是从事建设活动的法律依据，是规范行业活动的保障。因此法规在其行政区划内都是必须执行的。法律条文通常制定得较为原则，有时还附有实施细则等。各级政府主管部门是根据法律和其他有关规定，制定更具有针对性和可操作性的规定、条例等。法律通常由颁布部门负责解释。

我们在建设工程项目建设过程中常用到的建筑法规有《中华人民共和国建筑法》《中华人民共和国城乡规划法》《中华人民共和国城市房地产管理法》《建设工程勘察设计管理条例》《中华人民共和国招标投标法》《建筑工程方案设计招标投标管理办法》《建设工程勘察设计管理条例》《中华人民共和国注册建筑师条例》《中华人民共和国环境影响评价法》等。

《中华人民共和国建筑法》分总则、建筑许可、建筑工程施工许可、建筑工程发包与承包、一般规定、发包、承包、建筑工程监理、建筑安全生产管理、建筑工程质量管理、法律责任、附则 8 章 85 条，新修订的《中华人民共和国建筑法》自 2019 年 4 月 23 日起施行。

第七十三条　建筑设计单位不按照建筑工程质量、安全标准进行设计的，责令改正，处以罚款；造成工程质量事故的，责令停业整顿，降低资质等级或者吊销资质证书，没收违法所得，并处罚款；造成损失的，承担赔偿责任；构成犯罪的，依法追究刑事责任。

我国工程建设标准的表达形式一般分为三种，标准、规范和规程，根据内容有各自的适用范围。按照标准化法，我国工程建设标准分为：国家标准 GB；行业标准“建筑工业”JG、“工程建设标准”JGJ；地方标准 DB+ 地区行政区划代码的前两位数，属于工程建设标准的，在 DB 后另加字母 J；企业标准 QB。

标准内容通常是基础性和方法性的技术要求，是对重复性事物和概念所作的统一规定。它以科学、技术和实践经验的综合成果为基础，经有关方面协商一致，由主管机关批准，以特定的形式发布，作为共同遵守的准则和依据。在建筑设计中常用的标准有：《民用建筑设计术语标准》GB/T 50504—2009、《房屋建筑制图统一标准》GB/T 50001—2017（图 1.4–1）、《建筑制图标准》GB/T 50104—2010、《总图制图标准》GB/T 50103—2010、《建筑模数协调标准》GB/T 50002—2013。

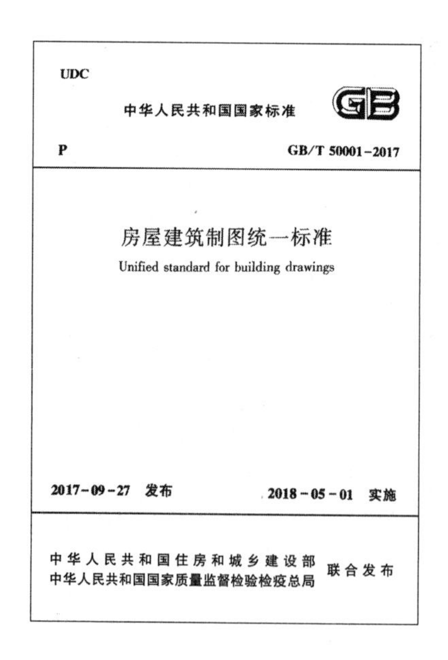
UDC

中华人民共和国国家标准 GB

P　GB/T 50001-2017

房屋建筑制图统一标准

Unified standard for building drawings

2017-09-27 发布　2018-05-01 实施

中华人民共和国住房和城乡建设部
中华人民共和国国家质量监督检验检疫总局
联合发布

图 1.4–1 《房屋建筑制图统一标准》

建筑设计规范指国家或有关部门对基本建设设计所规定的各项技术标准。它是各类工程设计的基本依据，是建筑设计标准化的重要组成部分，是工程建设技术管理中的一项重要基础工作。内容一般包括：应用范围及建筑分类等要求；建筑总平面设计指标；不同用途的建筑设计指标和主要数据；保证使用的有关规定；卫生保健要求；主要技术经济指标等。这些要求以文件的方式存在就形成了建筑规范。设计标准规范按管理级别和使用范围，可分为国家、部门、省（市、自治区）和设计单位四级。

建筑设计规范的内容和体例一般分行政实施部分和技术要求部分。行政实施部分规定建筑主管部门的职权，设计审查和施工、使用许可证的颁发，争议、上诉和仲裁等内容。技术要求部分主要包括：建筑物按用途和构造的分类分级；各类（级）建筑物的允许使用负荷、建筑面积、高度和层数的限制等；防火和疏散，有关建筑构造的要求；结构、材料、供暖、通风、照明、给水排水、消防、电梯、通信、动力等的基本要求（这些部分通常另有专业规范）；某些特殊和专门的规定等。

我们常用的建筑设计规范又分为通用规范和专项规范，如《民用建筑设计统一标准》GB 50352—2019、《无障碍设计规范》GB 50763—2012、《建筑设计防火规范》GB 50016—2014 都是通用规范（图 1.4–2）。

另外，我们在建筑设计中大量用到的是不同类型建筑的设计规范，主要有：《住宅设计规范》GB 50096—2011、《宿舍建筑设计规范》JGJ 36—2016、《旅馆建筑设计规范》JGJ 62—2014、《中小学校设计规范》GB 50099—2011、《托儿所、幼儿园建筑设计规范》JGJ 39—2016、《办公建筑设计规范》JGJ 67—2006、《档案馆建筑设计规范》JGJ 25—2010、《图书馆建筑设计规范》JGJ 38—2015、《文化馆建筑设计规范》JGJ/T 41—2014、《镇（乡）村文化中心建筑设计规范》JGJ 156—2008、《剧场建筑设计规范》JGJ 57—2016、《电

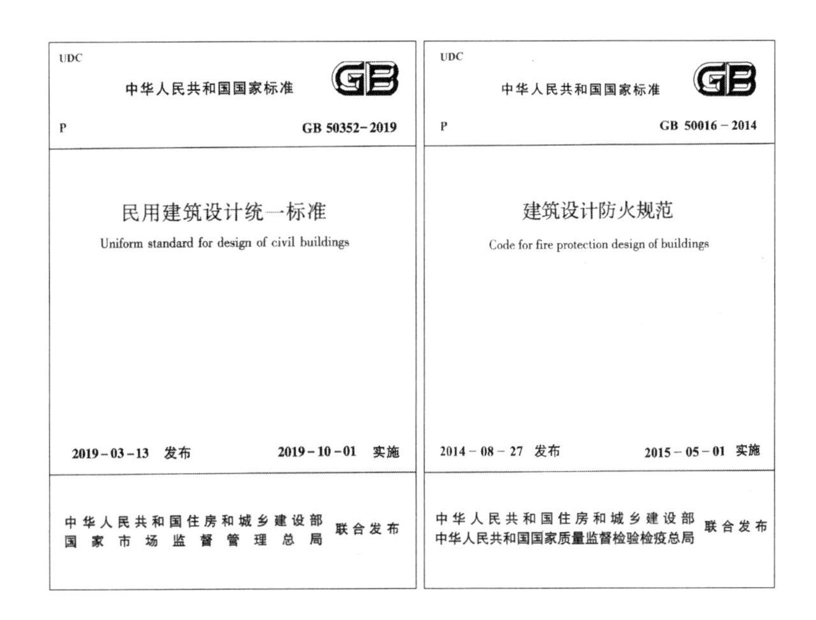
UDC

中华人民共和国国家标准 GB

P GB 50352-2019

民用建筑设计统一标准

Uniform standard for design of civil buildings

2019-03-13 发布 2019-10-01 实施

中华人民共和国住房和城乡建设部
国家市场监督管理总局
联合发布

UDC

中华人民共和国国家标准 GB

P GB 50016-2014

建筑设计防火规范

Code for fire protection design of buildings

2014-08-27 发布 2015-05-01 实施

中华人民共和国住房和城乡建设部
中华人民共和国国家质量监督检验检疫总局
联合发布

图 1.4–2 《民用建筑设计统一标准》《建筑设计防火规范》

影院建筑设计规范》JGJ 58—2008、《博物馆建筑设计规范》JGJ 66—2015、《展览建筑设计规范》JGJ 218—2010、《商店建筑设计规范》JGJ 48—2014、《体育建筑设计规范》JGJ 31—2003、《综合医院建筑设计规范》GB 51039—2014、《老年人居住建筑设计规范》GB 50340—2016、《车库建筑设计规范》JGJ 100—2015、《交通客运站建筑设计规范》JGJ/T 60—2012、《铁路旅客车站建筑设计规范》GB 50226—2007（图 1.4–3）。

在设计过程中，发生不同规范之间规定不同的情况时，遵守两个原则，一是从严遵守，二是先遵守专项规范、再遵守通用规范。

1.4.2 标准设计图集

工程建设标准设计图集（简称标准设计）是指国家和行业、地方对于工程建设构配件与制品、建筑物、构筑物、工程设施和装置等编制的通用设计文件。作用为保证工程质量、提高设计速度、促进行业进步、推动工程建设标准化。

标准设计图集分为三级。第一级，国家建筑标准设计，住房和城乡建设部主管，在全国内跨行业使用。第二级，相关行业标准设计，国务院主管部门，在行业内使用。第三级，地方建筑标准设计，省、自治区、直辖市的建设主管部门，在地区内使用（图 1.4–4）。

建筑专业国家标准设计图集的编号，由批准年代号、专业代号、类别号、顺序号、分册号组成。

例：05 S J 8 10–1

05——批准年份

S——S 为试用图代号，C 为参考图代号，标准图无此项

J——专业代号（建筑 J、结构 G、给水排水 S、暖通空调 K、动力 R、电气 D、弱电 X 等）

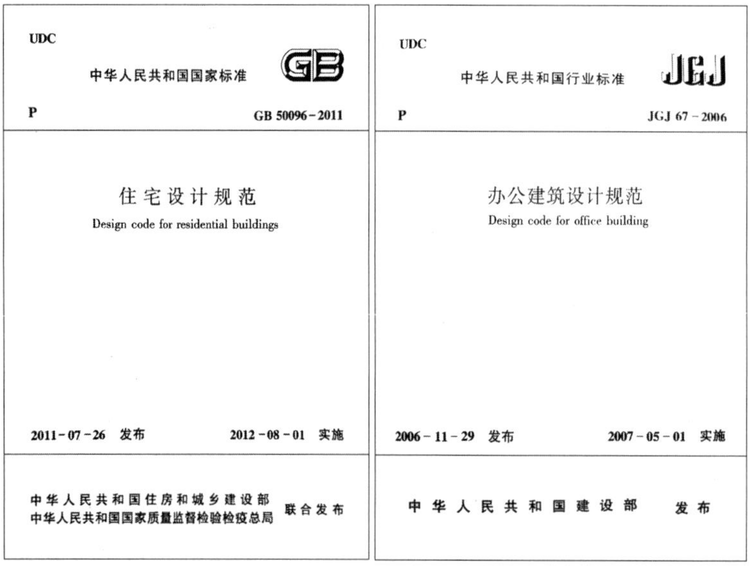

UDC
中华人民共和国国家标准 GB
P GB 50096-2011
住宅设计规范
Design code for residential buildings
2011-07-26 发布 2012-08-01 实施
中华人民共和国住房和城乡建设部
中华人民共和国国家质量监督检验检疫总局 联合发布

UDC
中华人民共和国行业标准 JGJ
P JGJ 67-2006
办公建筑设计规范
Design code for office building
2006-11-29 发布 2007-05-01 实施
中华人民共和国建设部 发布

图 1.4–3 《住宅设计规范》《办公建筑设计规范》

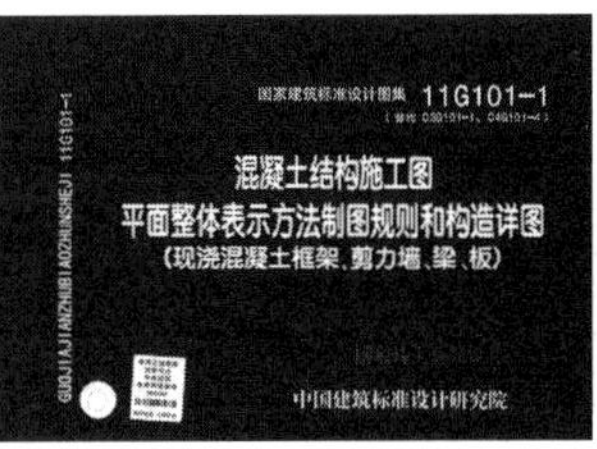

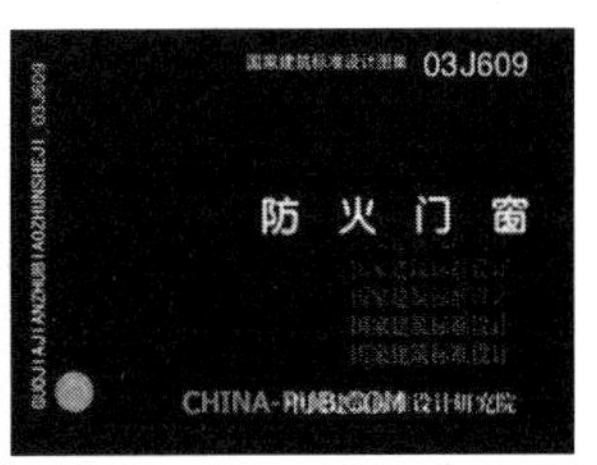

图 1.4–4 标准设计图集

8——类别号（0 －总图及室外工程；1 －墙体；2 －屋面；3 －楼地面；4 －梯；5 －装修；6 －门窗及天窗；8 －设计图示；9 －综合项目）

10——顺序号

1——分册号（无分册者无此号）

1.5 注册建筑师制度

国家对从事设计活动的专业技术人员实行执业资格注册管理制度。从事建筑工程项目建筑专业设计人员须通过注册建筑师资格考试。

注册建筑师指经全国统一考试合格后，依法登记注册，取得《中华人民共和国一级注册建筑师证书》或《中华人民共和国二级注册建筑师证书》，在一个建筑单位内执行注册建筑师业务的人员。1994 年 9 月，建设部、人事部下发了《关于建立注册建筑师制度及有关工作的通知》（建设〔1994〕第 598 号），决定在我国实行注册建筑师制度，并成立了全国注册建筑师管理委员会。1995 年国务院颁布了《中华人民共和国注册建筑师条例》（国务院第 184 号令），1996 年建设部下发了《中华人民共和国注册建筑师条例实施细则》（建设部第 52 号令）。2014 年 11 月 24 日国务院发布《关于取消和调整一批行政审批项目等事项的决定》，将其作为管委会管理典范取消行政审批，进一步简政放权并与国际接轨，由全国注册建筑师管理委员会接管。2015 年注册建筑师考试工作暂停。2017 年 5 月注册建筑师考试恢复。

一级注册建筑师和二级注册建筑师的考试科目有所不同。一级注册建筑师考试共 9 门科目，其中客观题 6 门，在答题卡上作答，具体有设计前期与场地设计（知识）、建筑设计（知识）、建筑结构、建筑物理与设备、建筑材料与构造、建筑经济、施工及设计业务管理；主观题 3 门，在图纸上作答，具体有场地设计、建筑方案设计、建筑技术设计。一般在每年 5 月进行考试，每次考试时间 4 天，成绩滚动年限 8 年（图 1.5–1）。

二级注册建筑师考试共 4 门科目，其中客观题 2 门，在答题卡上作答，具体有法律、法规、经济与施工，建筑结构与设备；主观题 2 门，在图纸上作答，具体有建筑构造与详图、场地与场地设计。一般在每年 5 月与一级注册建筑师同一天开始考试，每次考试时间 2 天，成绩滚动年限 4 年。

考取注册建筑师需在专业行业中工作若干年，具体年限要求如下：

中华人民共和国一级注册建筑师

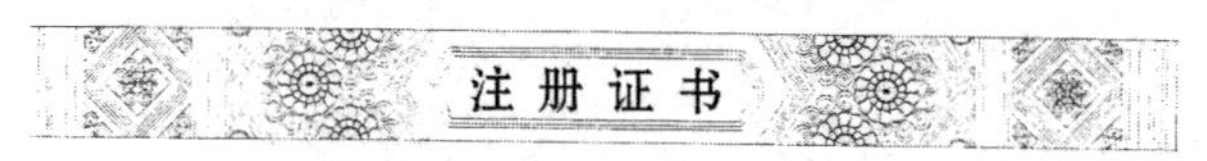

根据《中华人民共和国注册建筑师条例》的规定

× × ×

具备一级注册建筑师执业能力准予注册

全国注册建筑师管理委员会　　主任

证书编号　　发证日期

图 1.5–1　一级注册建筑师注册证书

一级注册建筑师：

建筑学博士　0 年（同年即可报考）

建筑学硕士　2 年

建筑学学士　3 年

本科五年制工学学士　5 年

本科四年制工学学士　7 年

三年制毕业专科　9 年

二级注册建筑师：

建筑学大学本科（含以上）毕业　2 年

相近专业大学本科（含以上）毕业　3 年

大专建筑学（建筑设计）毕业　3 年

2

单元二 建筑施工图设计基本知识

2.1 建筑工程设计阶段性文件

根据《建筑工程设计文件编制深度规定》(2016 年 11 月)，建筑工程一般应分为方案设计、初步设计和施工图设计三个阶段。对于技术要求相对简单的民用建筑工程，当有关主管部门在初步设计阶段没有审查要求，且合同中没有做初步设计的约定时，可在方案设计审批后直接进入施工图设计。

2.1.1 建筑方案设计文件

建筑方案设计是一种创意与表达并行的创造性行为。在设计创作之前首先要对自然环境、城市规划要求、建筑功能、工程造价、施工技术和可能影响工程的其他各种客观因素进行剖析，经过缜密的构思、酝酿，反复推敲、比较，提出一定的方案构架，再运用构思草图、平面图、立面图、透视、模型等表现手段将设计方案深入表达。建筑方案设计鸟瞰图示例见图 2.1–1，建筑方案设计模型示例见图 2.1–2。

建筑方案设计文件，应满足编制初步设计文件的需要，应满足方案审批或报批的需要。包括设计说明书、效果图，总平面图及建筑设计图纸，投资估算等。其中设计说明书、效果图需要包含各专业设计说明、设计委托或设计合同规定的透视图、鸟瞰图及模型等内容。方案设计文件的编排顺序如下：封面(项目名称、编制单位、编制年月)、扉页(编制单位法定代表人、技术总负责人、项目总负责人的姓名，并经上述人员签署或授权盖章)、设计文件目录、设计说明书、设计图纸。

(1) 设计说明书

其中设计说明书主要内容是设计依据、设计要求及主要技术经济指标，包括工程有关的依据性文件的名称和文号，设计所采用的主要法规和标准，设计基础资料，如气象、地形地貌、水文地质、地震、区域位置等。简述建设方和政府有关主管部门对项目设计的要求，当城市规划对建筑高度有限制时，应说明建筑、构筑物的控制高度(包括最高和最低高度限值)。委托设计的内容和范围，包括功能项目和设备设施的配套情况。工程规模(如总建筑面积、总

图 2.1–1 建筑方案设计鸟瞰图(左)
图 2.1–2 建筑方案设计模型(右)

投资、容纳人数等）和设计标准（包括工程等级、结构的设计使用年限、耐火等级、装修标准等）。列出主要技术经济指标，如总用地面积、总建筑面积及各分项建筑面积（还要分别列出地上部分和地下部分建筑面积）、建筑基底总面积、绿地总面积、容积率、建筑密度、绿地率、停车泊位数（分室内、外和地上、地下），以及主要建筑或核心建筑的层数、层高和总高度等项指标。

总平面设计说明主要内容是概述场地现状特点和周边环境情况，详尽阐述总体方案的构思意图和布局特点，以及在竖向设计、交通组织、景观绿化、环境保护等方面所采取的具体措施。关于一次规划、分期建设，以及原有建筑和古树名木保留、利用、改造（改建）方面的总体设想。

建筑设计说明主要内容是建筑方案的设计构思和特点，建筑的平面和竖向构成，包括建筑群体和单体的空间处理、立面造型和环境营造、环境分析（如日照、通风，采光）等；建筑的功能布局和各种出入口、垂直交通运输设施（包括楼梯、电梯、自动扶梯）的布置；

建筑内部交通组织、防火设计和安全疏散设计；关于无障碍、节能和智能化设计方面的简要说明；在建筑声学、热工、建筑防护、电磁波屏蔽以及人防地下室等方面有特殊要求时，应作相应说明。

另外，设计说明书里还应该包含结构设计说明、建筑电气设计说明、给水排水设计说明、采暖通风与空气调节设计说明等各专业的详细说明书。

投资估算编制说明主要包括编制依据、编制方法、编制范围（包括和不包括的工程项目与费用）、主要技术经济指标、其他必要说明的问题。投资估算表应以一个单项工程为编制单元，由土建、给水排水、电气、暖通、空调、动力等单位工程的投资估算和土石方、道路、广场、围墙、大门、室外管线、绿化等室外工程的投资估算两大部分内容组成。

（2）设计图纸

总平面设计图纸主要包括场地的区域位置。场地的范围（用地和建筑物各角点的坐标或定位尺寸、道路红线）。场地内及四邻环境的反映（四邻原有及规划的城市道路和建筑物，场地内需保留的建筑物、古树名木、历史文化遗存、现有地形与标高，水体，不良地质情况等）。场地内拟建道路、停车场、广场、绿地及建筑物的布置，并表示出主要建筑物与用地界线（或道路红线、建筑红线）及相邻建筑物之间的距离。拟建主要建筑物的名称、出入口位置、层数与设计标高，以及地形复杂时主要道路、广场的控制标高。指北针或风玫瑰图、比例。根据需要绘制下列反映方案特性的分析图：功能分区、空间组合及景观分析、交通分析（人流及车流的组织、停车场的布置及停车泊位数量等）、地形分析、绿地布置、日照分析、分期建设等。

建筑设计图纸主要包括平面图、立面图、剖面图，其中平面图应表示的内容：平面的总尺寸、开间，进深尺寸或柱网尺寸；各主要使用房间的名称；结构受力体系中的柱网、承重墙位置；各楼层地面标高、屋面标高；室内停车库的停车位和行车线路；底层平面图应标明剖切线位置和编号，并应标示指北针；必要时绘制主要用房的放大平面和室内布置；图纸名称、比例或比例尺。

立面图应表示的内容：体现建筑造型的特点，选择绘制一两个有代表性的立面；各主要部位和最高点的标高或主体建筑的总高度；当与相邻建筑（或原有建筑）有直接关系时，应绘制相邻或原有建筑的局部立面图；图纸名称、比例或比例尺。

剖面图应表示的内容：剖面应剖在高度和层数不同、空间关系比较复杂的部位；各层标高及室外地面标高，室外地面至建筑檐口（女儿墙）的总高度；若遇有高度控制时，还应标明最高点的标高；剖面编号、比例或比例尺。表现图（透视图或鸟瞰图）方案设计应根据合同约定提供外立面表现图或建筑造型的透视图或鸟瞰图。

2.1.2 初步设计文件

建筑初步设计文件主要是由建筑工程项目各设计专业相互之间进行技术配合完成的设计文件，主要是满足政府主管部门审批；市政配套部门审查；特殊的、大型设备采购和控制工程造价等要求。

政府主管部门包括国有土地规划、城乡建设管理以及消防、环保、卫生、交通、绿化等相关管理部门。一般民用建筑主要审查以下内容是否符合国家、地区和行业的相关法规要求：拟建建筑物与用地界线（基地红线）、周边建筑及公共设施之间的距离；建筑高度、建筑面积和建筑覆盖率、容积率等；公用设施、公共活动空间，如道路、停车场（库）、绿化等；建筑标准，如日照通风、面积指标、污废物排放、节能环保等；建筑公共安全，如消防、交通、抗震、卫生防疫、人防设施等；其他，如建筑造型、采用新技术、新材料以及工程经济性等。

市政配套主要是电、水、燃气、电信、网络、电视、邮电、环卫等部门。它们审查初步设计文件，是为了掌握建设项目对市政设施的需求情况，以便规划建设、并提供相应的供给。它们最希望了解的是项目的建设周期和速度；了解水、电、燃气、电话、网络等的需求量等。

初步设计的工作通常按以下流程进行：建筑专业收资、深化设计⟶向结构、设备和概预算专业提资（条件图）⟶各专业设计工作⟶各专业向建筑专业反馈资料、向概预算专业提资⟶各专业调整设计、编制设计说明⟶校审、会签⟶审定、出图、签字⟶文本制作。初步设计文件包括有关专业设计说明，有关专业设计图纸，工程概算书等。其中有关专业设计说明需要包含各设计说明总说明和各专业设计说明。初步设计文件应包括主要设备或材料表，主要设备或材料表可附在说明书中，或附在设计图纸中，或单独成册。

初步设计文件的编排顺序如下：封面（项目名称、编制单位，编制年月）、扉页（编制单位法定代表人、技术总负责人、项目总负责人和各专业负责人的姓名，并经上述人员签署或授权盖章）、设计文件目录、设计说明书、设计图纸、概算书（单独成册）。对于规模较大、设计文件较多的项目，设计说明书和设计图纸可按专业成册。单独成册的设计图纸应有图纸总封面和图纸目录。各专业负责人的姓名也可在本专业设计说明的首页上标明。

（1）设计说明

设计说明书主要有设计依据及设计要求，表述建筑类别和耐火等级，抗震设防烈度，人防等级，防水等级及适用规范和技术标准；

概述建筑物使用功能和工艺要求，建筑层数、层高和总高度，结构选型和对设计方案调整的原因、内容；简述建筑的功能分区，建筑平面布局和建筑组成，以及建筑立面造型、建筑群体与周围环境的关系；简述建筑的交通组织、垂直交通设施（楼梯、电梯、自动扶梯）的布局，以及所采用的电梯、自动扶梯的功能，数量和吨位、速度等参数；综述防火设计中的建筑分类、耐火等级、防火防烟分区的划分、安全疏散，以及无障碍，节能，智能化、人防等设计情况和所采取的特殊技术措施；主要的技术经济指标包括能反映建筑规模的总建筑面积以及诸如住宅的套型和套数、旅馆的房间数和床位数、医院的门诊人次和住院部的病床数、车库的停车位数量等；幕墙工程、特殊屋面工程及其他需要另行委托设计、加工的工程内容的必要说明。

另外设计说明书里还应该包含结构设计说明、建筑电气设计说明、给水排水设计说明 、采暖通风与空气调节设计说明等各专业的详细说明书。

（2）建筑设计图纸

设计图纸中总平面图应有保留的地形和地物；测量坐标网，坐标值，场地范围的测量坐标（或定位尺寸），道路红线、建筑红线或用地界线；场地四邻原有及规划道路的位置（主要坐标或定位尺寸）和主要建筑物及构筑物的位置、名称，层数、建筑间距；建筑物，构筑物的位置（人防工程、地下车库、油库、贮水池等隐蔽工程用虚线表示），其中主要建筑物、构筑物应标注坐标（或定位尺寸）、名称（或编号）、层数；道路、广场的主要坐标（或定位尺寸），停车场及停车位、消防车道及高层建筑消防扑救场地的布置，必要时加绘交通流线示意；绿化、景观及休闲设施的布置示意；指北针或风玫瑰图；主要技术经济指标表，该表也可列于设计说明内；说明栏内注写：尺寸单位、比例、地形图的测绘单位、日期，坐标及高程系统名称，补充图例及其他必要的说明等。

设计图纸中平面图标明承重结构的轴线，轴线编号，定位尺寸和总尺寸；绘出主要结构和建筑构配件，如非承重墙、壁柱、门窗（幕墙）、天窗、楼梯、电梯、自动扶梯、中庭（及其上空）、夹层，平台、阳台、雨篷、台阶、坡道、散水明沟等的位置；当围护结构为幕墙时，应标明幕墙与主体结构的定位关系；表示主要建筑设备的位置，如水池、卫生器具等与设备专业有关的设备的位置；表示建筑平面或空间的防火分区和防火分区分隔位置和面积，宜单独成图；标明室内、外地面设计标高及地上、地下各层楼地面标高；标明指北针（画在底层平面）；标明剖切线及编号；绘出有特殊要求或标准的厅、室的室内布置，如家具的布置等；也可根据需要选择绘制标准层、标准单元或标准间的放大平面图及室内布置图；标明图纸名称，比例。

设计图纸中立面图应选择绘制主要立面，立面图上应标明两端的轴线和编号；立面外轮廓及主要结构和建筑部件的可见部分，如门窗（幕墙）、雨篷、檐口（女儿墙）、屋顶，平台、栏杆、坡道、台阶和主要装饰线脚等；平、剖面未能表示的屋顶及屋顶高耸物、檐口（女儿墙）、室外地面等主要标高或高度；图纸名称、比例。

设计图纸中剖面图的剖面应剖在层高、层数不同、内外空间比较复杂的部位（如中庭与邻近的楼层或错层部位），剖面图应准确、清楚的标示出剖到或看到的各相关部分内容，并应表示主要内、外承重墙、柱的轴线，轴线编号；主要结构和建筑构造部件，如：地面、楼板，屋顶、檐口、女儿墙、吊顶、梁、柱，内外门窗、天窗、楼梯、电梯、平台、雨篷、阳台、地沟、地坑、台阶、坡道等；各层楼地面和室外标高，以及室外地面至建筑檐口或女儿墙顶的总高度，各楼层之间尺寸及其他必需的尺寸等；图纸名称、比例。

另外，设计图纸里还应该包含建筑结构设计、建筑电气设计、建筑给水排水设计 、采暖通风与空气调节设计等各专业的初步设计图纸。

设计概算是初步设计文件的重要组成部分。设计概算文件必须完整的反映工程项目初步设计的内容，严格执行国家有关的方针、政策和制度，实事求是地根据工程所在地的建设条件（包括自然条件、施工条件等影响造价的各种因素），按有关的依据性资料进行编制。

2.1.3 施工图设计文件

施工图设计是最后的设计阶段，施工图是设计单位最终的技术产品，是设计单位整体水平的体现，是建筑施工的依据，即建筑应“按图施工”。施工图对项目建成后的质量及效果，负有相应的技术及法律责任，即一旦建筑发生质量或使用事故，施工图则是判断技术与法律责任的主要根据。建筑竣工投入使用，施工图也是对建筑进行维护、修缮、更新、改扩建的基础资料。建筑工程设计的方案设计、初步设计和施工图设计三个阶段，可以认为是从宏观到为微观、从定性到定量、从决策到实施逐步深化的过程。后者是前者的延续，前者是后者的依据。施工图设计，应以方案和初步设计为依据，忠实于既定的基本构思和设计原则。

各专业都要分别绘制施工图，并写出施工说明书，并编写目录，配套齐全，晒成一套完整的施工蓝图。工程设计施工图由不同专业分工合作完成，一般由建筑设计、结构设计、给水排水设计、采暖通风设计和电气设计几个专业完成。工程设计施工图包括建筑施工图（建施）、结构施工图（结施）、给水排水施工图（水施）、电气施工图（电施）、暖通施工图（暖施）等。各专业图纸又分为基本图纸和详图两部分。基本图纸表明全局性的内容，详图则表明局部或某一构件的详细做法和尺寸。施工图设计文件的编制顺序原则为，全局性的图纸在前，局部性的图纸在后；先施工的在前，后施工的在后；主要的在前，次要的在后。

施工图设计文件包括图纸目录、设计总说明、建筑施工图、结构施工图、设备施工图等。各专业图纸又分为基本图纸和详图两部分，基本图纸表明全局性的内容，详图则表明局部或某一构件的详细做法和尺寸。施工图设计文件应包括合同要求所涉及的所有专业的设计图纸（含图纸目录、说明和必要的设备、材料表）以及图纸总封面。合同要求的工程预算书。对于方案设计后直接进入施工图设计的项目，若合同要求编制工程预算书，施工图设计文件应包括工程概算书。

总封面应标明以下内容：项目名称、编制单位名称、项目的设计编号、设计阶段、编制单位法定代表人、技术总负责人和项目总负责人的姓名及其签字或授权盖章、编制年月（即出图年、月）。

建筑施工图是表示建筑物总体布局、外部形状、房间布置、内外装修、建筑构造做法的图纸。建筑施工图的图纸顺序依次为：图纸目录、设计说明、总平面图、建筑平面图、建筑立面图、建筑剖面图、建筑电梯图、建筑详图、相关计算书。

设计总说明：所设计建筑基本情况及材料做法。

建筑总平面：反映建筑物的规划位置、周边环境。

建筑平面图：主要反映建筑物每层的平面形状及布局。

建筑立面图：反映建筑物外轮廓及主要结构和构造部件位置。

建筑剖面图：建筑物内部的竖向布置。

建筑楼电梯：建筑物内楼梯、电梯做法。

建筑详图：建筑局部的工程做法。

2.1.4 施工图设计的特点

施工图是施工的依据，也是建筑师创作意图的完整体现。施工图设计的特点是严肃性、承前性、复杂性、精确性、逻辑性。

施工图设计的严肃性。施工图是设计单位最终的技术产品，是设计单位整体水平的体现，是进行建筑施工的依据。对建设项目建成后的质量及效果，负有相应的技术及法律责任。施工过程中必须按图施工。即使是建筑竣工投入使用，施工图也是对建筑进行维护、修缮、更新、改扩建的基础资料。一旦发生质量或使用事故，施工图则是判断技术与法律责任的主要根据。

施工图设计的承前性。建筑工程设计分为方案设计、初步设计和施工图设计三个阶段。其实质可以认为是从宏观到为微观、从定性到定量、从决策到实施逐步深化的过程。后者是前者的延续，前者是后者的依据。就施工图设计而论，必须以方案和初步设计为依据，忠实于既定的基本构思和设计原则。建筑师只有参与施工图设计，通过本工种和其他工种的反复推敲、协调的量化过程，才能深化、修改、完善最初方案构思。

施工图设计的复杂性。方案的优劣主要取决于建筑师构思的水平。施工图设计的优劣，不仅取决于建筑工种本身的技术问题，也取决于各工种之间的配合协作。建筑图纸是其他专业图纸的基础资料，也要根据其他专业的要求，修正、完善自己的施工图纸。各专业反复协商、磨合，才能形成一套在总平面，建筑、结构、设备等诸多技术上比较先进、可靠、经济，而且施工方便的施工图设计图纸。

施工图设计的精确性。施工图设计是从事相对微观、定量和事实性的设计。方案和初步设计的重心在于确定想做什么，施工图的重心放在如何做。施工图设计犹如先在纸上盖房子，必须件件有交代，处处有依据。施工图设计目的是指导施工。

施工图设计的逻辑性。施工图的内容庞杂，而且要求交代详细，图纸数量必然较多，因此，图纸的编排需要有较强的逻辑性，并已基本形成了约定俗成的规律——《建筑工程设计文件编制深度规定》就是集中的体现。

2.1.5 建筑施工图设计常用软件

CAD 计算机辅助设计（Computer Aided Design）指利用计算机及其图形设备帮助设计人员进行设计工作。在设计中通常要用计算机对不同方案进行大量的计算、分析和比较，以决定最优方案；各种设计信息，不论是数字的、文字的或图形的，都能存放在计算机的内存或外存里，并能快速地检索；设计人员通常用草图开始设计，将草图变为工作图的繁重工作可以交给计算机完成；由计算机自动产生的设计结果，可以快速作出图形，使设计人员及时对设计做出判断和修改；利用计算机可以进行与图形的编辑、放大、缩小、平移、复制和旋转等有关的图形数据加工工作。

另外，还有以下专业设计软件，如：天正建筑、中望建筑等均是利用 AutoCAD 图形平台开发的建筑软件，以先进的建筑对象概念服务于建筑施工图设计，成为建筑设计师的首选软件，其根据对象创建的建筑模型已经成为日照、节能、给水排水、暖通、电气等系列软件的数据来源，很多三维渲染图也基于三维模型制作而成。软件应用专业对象技术，在三维模型与平面图同步完成的技术基础上，进一步满足建筑施工图需要反复修改的要求。利用专业软件对象建模的优势，为规划设计的日照分析提供日照分析模型和遮挡模型；为强制实施的建筑节能设计提供节能建筑分析模型。各类专业软件开发了一系列自定义对象表示建筑专业构件，具有使用方便、通用性强的特点。例如各种墙体构件具有完整的几何和材质特征。可以像 AutoCAD 的普通图形对象一样进行操作，可以用夹点随意拉伸改变几何形状，与门窗按相互关系智能联动，显著提高编辑效率。

2.1.6 建筑施工图设计流程

第一步是拿到建筑方案文本或建筑初步设计文本后对其进行深化阶段：根据批文复核建筑退线、计容面积、停车数、密度是否符合要求，考虑消防车道及扑救面的位置。

考虑地下室车位布置、防火分区、人防分区、人防口部、结构体系布置意向图。考虑疏散梯位置、宽度是否满足规范要求；前室的面积、管综布置意向图（含风管、电桥架、设备用房和风井等布置）。

第二步根据建筑方案或建筑初步设计开始绘制建筑施工图条件图，主要包括建筑平面图、建筑剖面图，在绘制过程中需确定轴线轴号、开间尺寸、柱网大小、门窗洞口位置。确定各层层高，确定各个房间的使用功能及使用人数。确定需要考虑设施与设备的位置和尺寸。确定挑空部分尺寸、确定标准层核心筒、各管井布置。确定防火分区、消防疏散通道宽度、疏散位置等。图纸绘制好后可提供给结构、给水排水、电气、暖通专业建筑条件图。

第三步在各专业返回条件图后继续深化设计，绘制门窗洞口尺寸、门窗名、第三道尺寸线。明确交通流线、疏散路线，绘制楼梯大样。确定厨、卫布置，厨、卫、阳台、屋面的排水。所有分隔墙、洞口、管沟的定位、风道、烟囱的位置、高度、出风口等各专业的留洞、留孔的标注。复核总平面，经济指标。出图前各专业相互之间进行对图和专业互签，整理节能计算书、各专篇整理（消防专篇、民防专篇、市政专篇等），设计人员出图签字。

第四部施工图进行校对、审核、审定，并根据相关意见进行修改图纸，最后专业负责人、项目负责人签字、校对、审核、审定签字盖章出图。

2.2 建筑制图标准

施工图设计要求制图规范统一，建筑制图标准是施工图设计的基本知识。在建筑施工图设计中我们常用到的制图标准如下：《房屋建筑制图统一标准》GB/T 50001—2017、《总图制图标准》GB/T 50103—2010、《建筑制图标准》GB/T 50104—2010 等（图 2.2–1）。

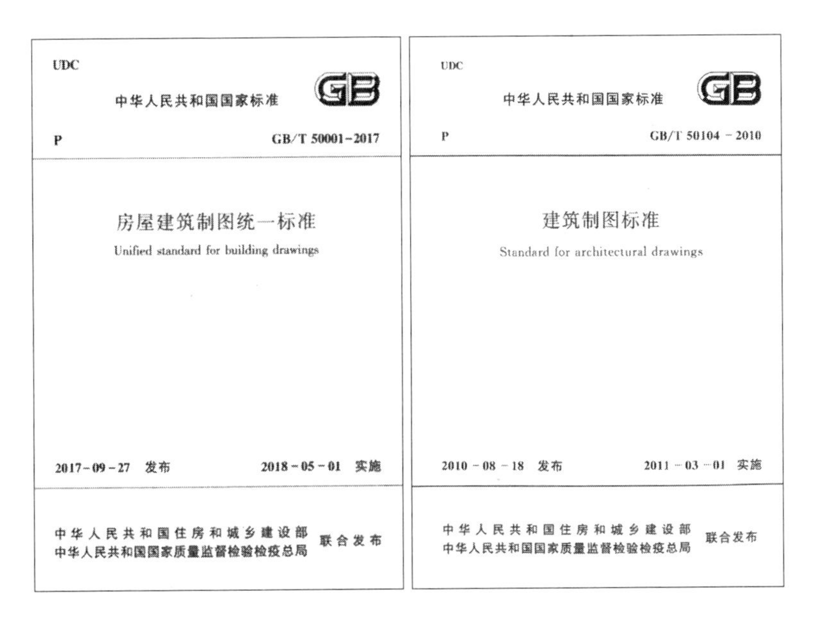

图 2.2–1 建筑制图标准

2.2.1 建筑制图要求的基本内容

建筑制图要求的基本内容有：图幅、图线、字体、比例、剖切符号、索引符号、引出线、指北针、定位轴线、尺寸标注、标高等。

（1）图幅

图纸幅面及图框尺寸，应符合图 2.2–2 规定及有关格式。图纸的短边一般不应加长，长边可加长，但应符合规定。一个工程设计中，每个专业所使用的图纸，一般不宜多于两种幅面，不含目录及表格所采用的 A4 幅面。图纸标题栏示例见图 2.2–3。

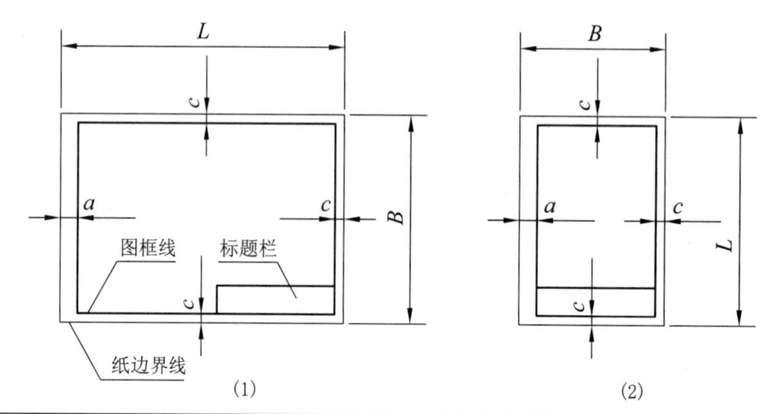

	A0	A1	A2	A3	A4
$b \times l$	841×1189	594×841	420×594	297×420	210×297
c	10			5	
a	25				

图 2.2–2 图纸幅面及图框尺寸（mm）

<table>
<tr><td rowspan="4">××　建筑设计研究院</td><td>工种</td><td>审定</td><td>审核</td><td>项目负责人</td><td>校对</td><td>工程负责人</td><td>设计</td><td rowspan="4">图名</td><td rowspan="4"></td><td rowspan="2">项目名单</td><td rowspan="2"></td><td>编号</td><td></td></tr>
<tr><td rowspan="2">签名</td><td rowspan="2"></td><td rowspan="2"></td><td rowspan="2"></td><td rowspan="2"></td><td rowspan="2"></td><td rowspan="2"></td><td>图例</td><td></td></tr>
<tr><td rowspan="2">工程名单</td><td rowspan="2"></td><td>图号</td><td></td></tr>
<tr><td>日期</td><td></td><td></td><td></td><td></td><td></td><td></td><td>日期</td><td></td></tr>
</table>

图 2.2–3 标题栏

（2）图线

工程建设制图，应按表 2.2–1 中的图线规定选用，参照图 2.2–4 图线宽度选用示例。

图线规定　　**表2.2–1**

名称		线宽	用途
实线	粗	b	1.平、剖面图中被剖切的主要建筑构造（包括构配件）的轮廓线 2.建筑立面图或室内立面图的外轮廓线 3.建筑构造详图中被剖切的主要部分的轮廓线 4.建筑构配件详图中的外轮廓线 5.平、立、剖面图的剖切符号
	中粗	$0.7b$	1.平、剖面图中被剖切的次要建筑构造（包括构配件）的轮廓线 2.建筑平、立、剖面图中建筑构配件的轮廓线 3.建筑构造详图及建筑构配件详图中的一般轮廓线
	中	$0.5b$	小于$0.5b$的图形线、尺寸线、尺寸界线、索引符号、标高符号、详图材料做法引出线、粉刷线、保温层线、地面、墙面的高差分界线等
	细	$0.25b$	图例填充线、家具线、纹样线等

续表

名称		线宽	用途
虚线	中粗	0.7b	1.建筑构造详图及建筑构配件不可见的轮廓线 2.平面图中的起重机（吊车）轮廓线 3.拟建、扩建建筑物轮廓线
	中	0.5b	投影线、小于0.5b的不可见轮廓线
	细	0.25b	图例填充线、家具线等
单点长画线	粗	b	起重机（吊车）轨道线
	细	0.25b	中心线、对称线、定位轴线
折断线	细	0.25b	部分省略表示时的断开界线
波浪线	细	0.25b	1.部分省略表示时的断开界线，曲线形构间断开界限 2.构造层次的断开界限

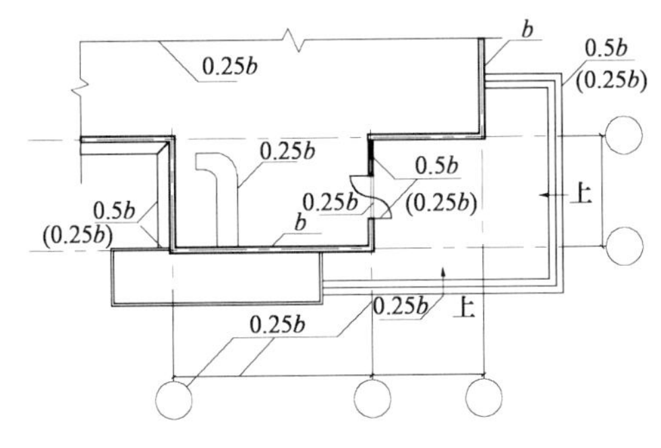

平面图图线宽度选用示例

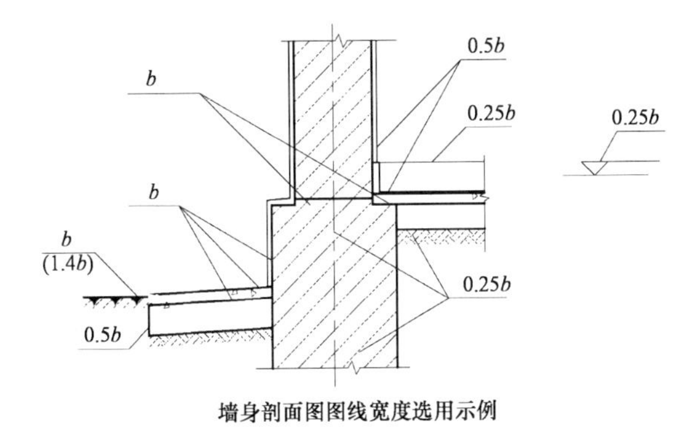

墙身剖面图图线宽度选用示例

图 2.2–4 图线宽度选用示例

(3) 字体

图纸上所需书写的文字、数字或符号等，均应笔画清晰、字体端正、排列整齐；标点符号应清楚正确。文字的字高，应从如下系列中选用：3.5、5、7、10、14、20mm。如需书写更大的字，其高度应按$\sqrt{2}$的比值递增。图样及说明中的汉字，宜采用长仿宋体，宽度与高度的关系应符合规定。大标题、图册封面、地形图等的汉字，也可书写成其他字体，但应易于辨认（图 2.2–5）。

(4) 比例

图样的比例，应为图形与实物相对应的线性尺寸之比。比例的大小，是指其比值的大小，如 1 ：50 大于 1 ：100。比例宜注写在图名的右侧，字的

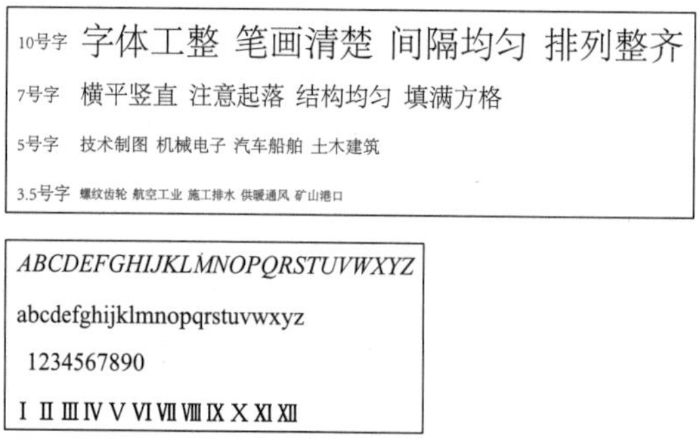

10号字 字体工整 笔画清楚 间隔均匀 排列整齐

7号字 横平竖直 注意起落 结构均匀 填满方格

5号字 技术制图 机械电子 汽车船舶 土木建筑

3.5号字 螺纹齿轮 航空工业 施工排水 供暖通风 矿山港口

ABCDEFGHIJKLMNOPQRSTUVWXYZ

abcdefghijklmnopqrstuvwxyz

1234567890

I II III IV V VI VII VIII IX X XI XII

图 2.2–5 字体字号

平面图 1 : 100 ⑥ 1 : 20

图 2.2–6 比例标注示例

基准线应取平；比例的字高宜比图名的字高小一号或二号，如图 2.2–6 所示。建筑专业图选用的比例，宜符合表 2.2–2 的规定。

（5）剖切符号

剖视的剖切符号应由剖切位置线及投射方向线组成，均应以粗实线绘制示例见图 2.2–7。剖切位置线的长度宜为 6 ~ 10mm；投射方向线应垂直于剖切位置线，长度应短于剖切位置线，宜为 4 ~ 6mm，绘制时，剖视的剖切符号不应与其他图线相接触。剖视剖切符号的编号宜采用阿拉伯数字，按顺序由左至右、由下至上连续编排，并应注写在剖视方向线的端部。需要转折的剖切位置线，应在转角的外侧加注与该符号相同的编号。建（构）筑物剖面图的剖切符号宜注在 ±0.000 标高的平面图上。

（6）详图符号

详图的位置和编号，应以详图符号表示，示例见图 2.2–8。详图符号的圆应以直径为 14mm 的粗实线绘制。详图的编号分为两种情况：第一，详图与被

建筑专业图选用的比例 **表2.2–2**

图名	比例
建筑物或构筑物的平面图、立面图、剖面图	1 : 50 1 : 100 1 : 150 1 : 200 1 : 300
建筑物或构筑物的局部放大图	1 : 10 1 : 20 1 : 25 1 : 30 1 : 50
配件及构造详图	1 : 1 1 : 2 1 : 5 1 : 10 1 : 15 1 : 20 1 : 25 1 : 30 1 : 50

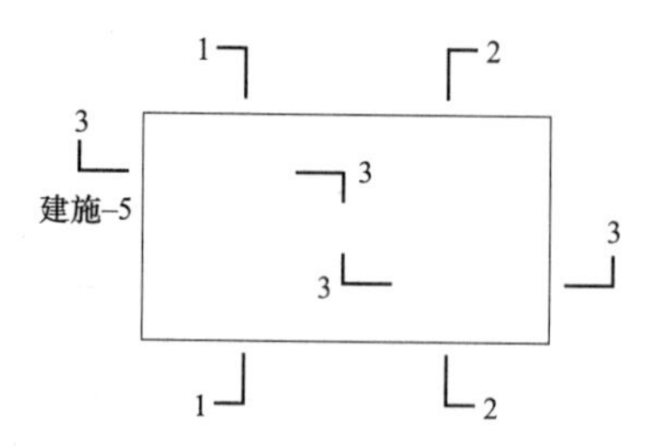

图 2.2–7 剖切符号示例

索引的图样同在一张图纸内时，应在详图符号内用阿拉伯数字注明详图的编号（图 2.2—8*a*）；第二，详图与被索引的图样不在同一张图纸内时，应用细实线在详图符号内画一水平直径，在上半圆中注明详图编号，在下半圆中注明被索引的图纸的编号（图 2.2—8*b*）。

（7）索引符号

设计中的某一局部或构件，如需另见详图，应以索引符号索引，索引编号示例见图 2.2—9。索引符号是由直径为 8 ~ 10mm 的圆和水平直径组成，圆及水平直径线宽宜为 0.25*b*。索引的编号分为三种情况：第一索引出的详图，如与被索引的详图同在一张图纸内，应在索引符号的上半圆中用阿拉伯数字注明该详图的编号，并在下半圆中间画一段水平细实线（图 2.2—9*a*）；第二，索引出的详图，如与被索引的详图不在同一张图纸内，应在索引符号的上半圆中用阿拉伯数字注明该详图的编号，在索引符号的下半圆中用阿拉伯数字注明该详图所在图纸的编号（图 2.2—9*b*）；第三，索引出的详图，如采用标准图，应在索引符号水平直径的延长线上加注该标准图册的编号（图 2.2—9*c*）。

索引符号如用于索引剖视详图，应在被剖切的部位绘制剖切位置线，并以引出线引出索引符号，引出线所在的一侧应为剖视方向（图 2.2—10）。

（8）引出线

引出线线宽宜为 0.25*b*，宜采用水平方向的直线，与水平方向成 30°、

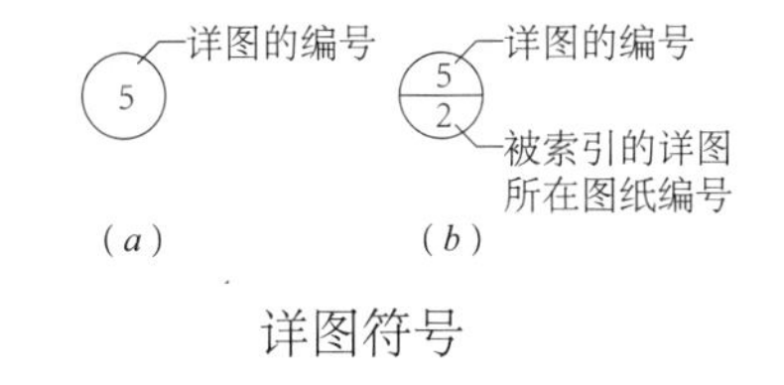

详图符号

图 2.2—8 详图符号示例

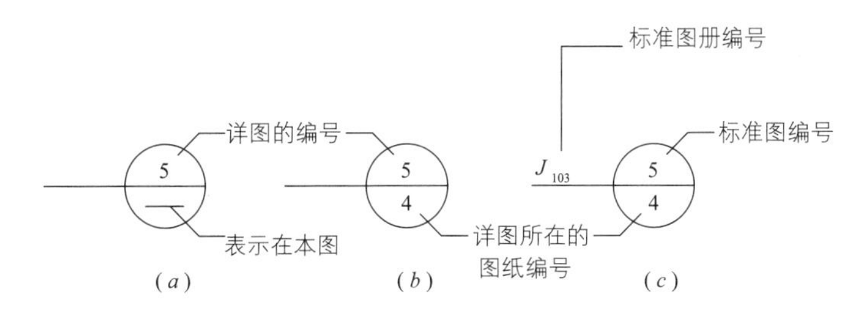

索引符号

图 2.2—9 索引编号示例

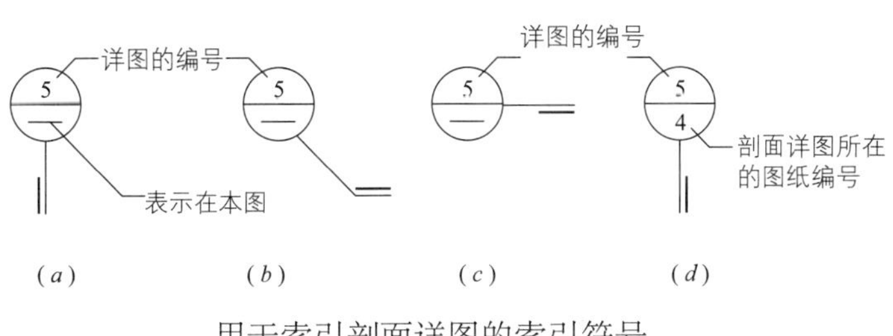

用于索引剖面详图的索引符号

图 2.2—10 索引剖面详图示例

45°、60°、90°的直线，或经上述角度再折为水平线。文字说明宜注写在水平线的上方（图2.2–11a），也可注写在水平线的端部（图2.2–11b）。索引详图的引出线，应与水平直径线相连接（图2.2–11c）。

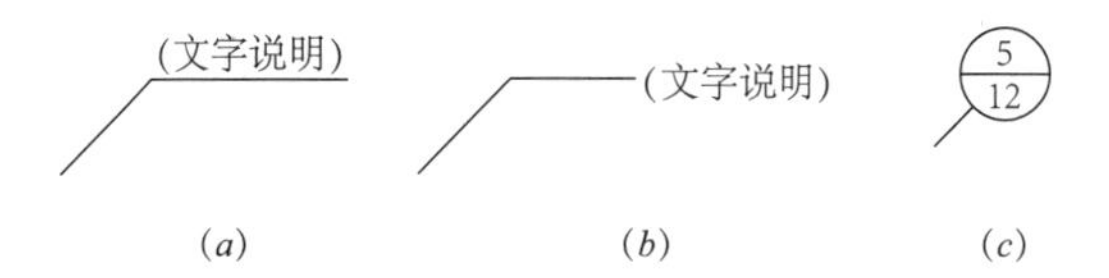

图2.2–11 引出线绘制示例

多层构造或多层管道共用引出线，应通过被引出的各层，并用圆点示意对应各层次。文字说明宜注写在水平线的上方，或注写在水平线的端部，说明的顺序应由上至下，并应与被说明的层次对应一致；如层次为横向排序，则由上至下的说明顺序应与由左至右的层次对应一致，引出线文字说明示例见图2.2–12。

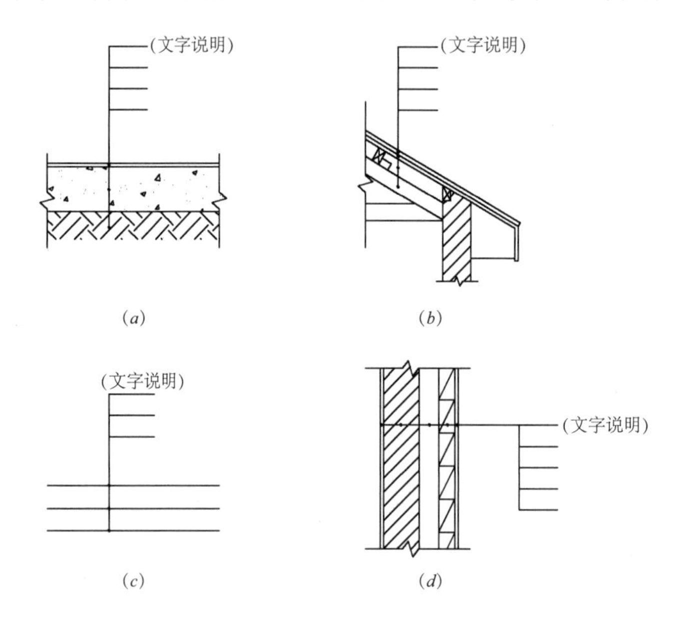

图2.2–12 引出线文字说明

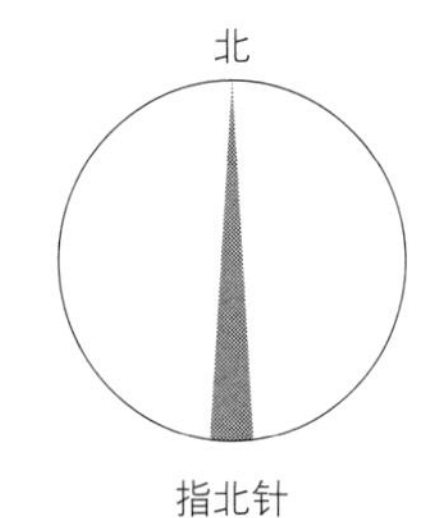

图2.2–13 指北针

（9）指北针

指北针的形状宜如图2.2–13所示，其圆的直径宜为24mm，用细实线绘制；指针尾部的宽度宜为3mm，指针头部应注“北”或“N”字。需用较大直径绘制指北针时，指针尾部宽度宜为直径的1/8。

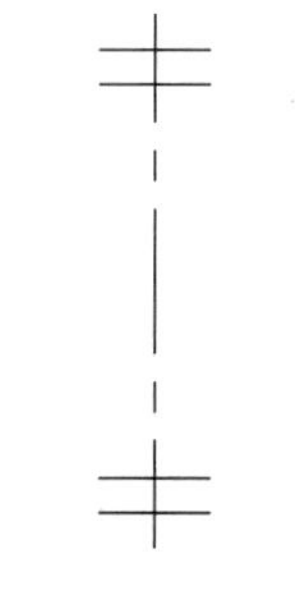

图2.2–14 对称符号

（10）对称符号

对称符号由对称线和两端的两对平行线组成。对称线应用单点长画线绘制，线宽宜为0.25b；平行线应用实线绘制，其长度宜为6～10mm，每对的间距宜为2～3mm，线宽宜为0.5b；对称线垂直平分于两对平行线，两端超出平行线宜为2～3mm。对称符号示例见图2.2–14。

图2.2–15 变更云线

注：1为修改次数

（11）变更云线

图纸中局部变更部分宜采用云线，并宜注明修改版次。修改版次符号宜为边长0.8cm的正等边三角形，修改版次应采用数字表示。变更云线的线宽宜按0.7b绘制。示例见图2.2–15。

(12) 定位轴线

定位轴线应用 0.25b 线宽的单点长画线绘制。定位轴线一般应编号，编号应注写在轴线端部的圆内。圆应用 0.25b 线宽的实线绘制，直径为 8 ~ 10mm。定位轴线圆的圆心，应在定位轴线的延长线上或延长线的折线上。定位轴线和定位线示例见图 2.2–16。

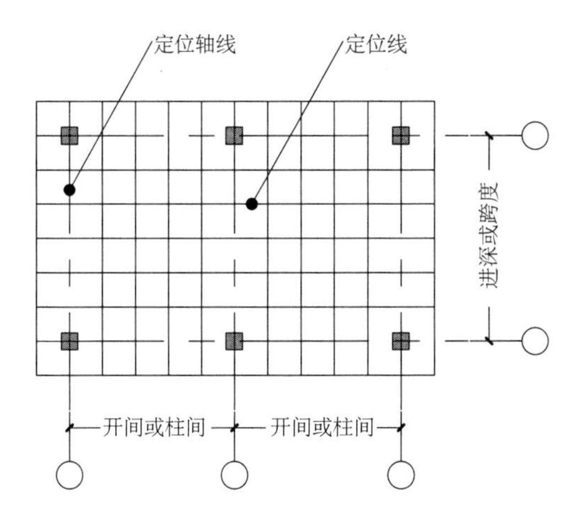

图 2.2–16　定位轴线和定位线

平面图上定位轴线的编号，宜标注在图样的下方与左侧，或在图样的四面标注。横向编号应用阿拉伯数字，从左至右顺序编写，竖向编号应用大写英文字母，从下至上顺序编写。英文字母的 I、O、Z 不得用做轴线编号。如字母数量不够使用，可增用双字母或单字母加数字注脚，如 AA、BA……YA 或 A1、B1……Y1。定位轴线示例见图 2.2–17。

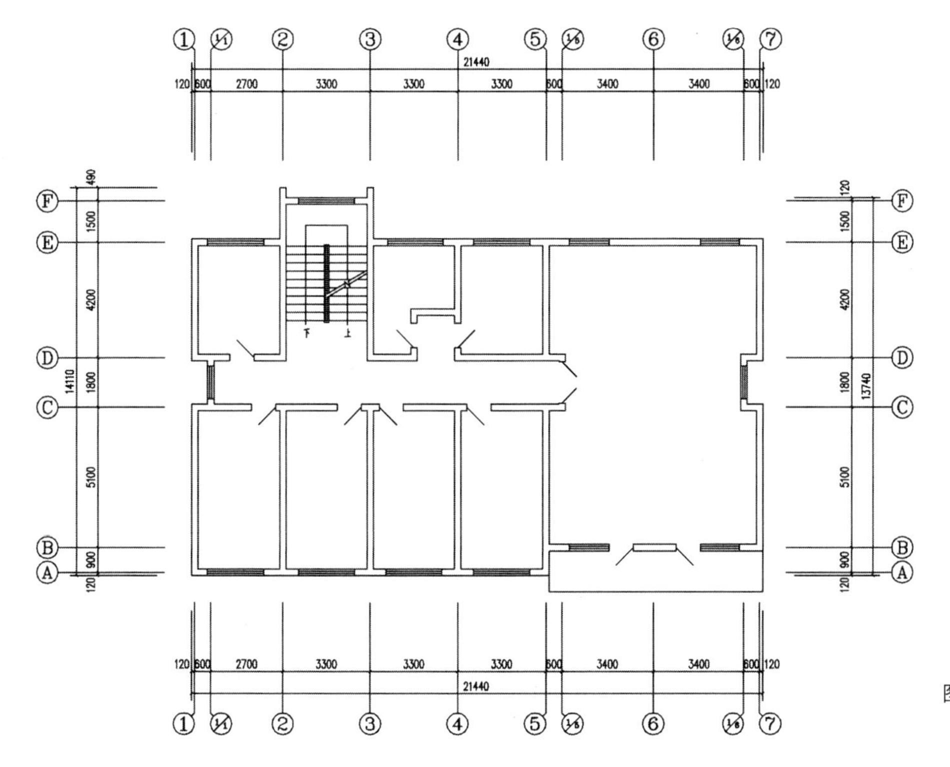

图 2.2–17　定位轴线示例

组合较复杂的平面定位轴线图中定位轴线也可采用分区编号，编号的注写形式应为“分区号—该分区编号”。分区号采用阿拉伯数字或大写英文字母表示。定位轴线分区编号示例见图 2.2–18。

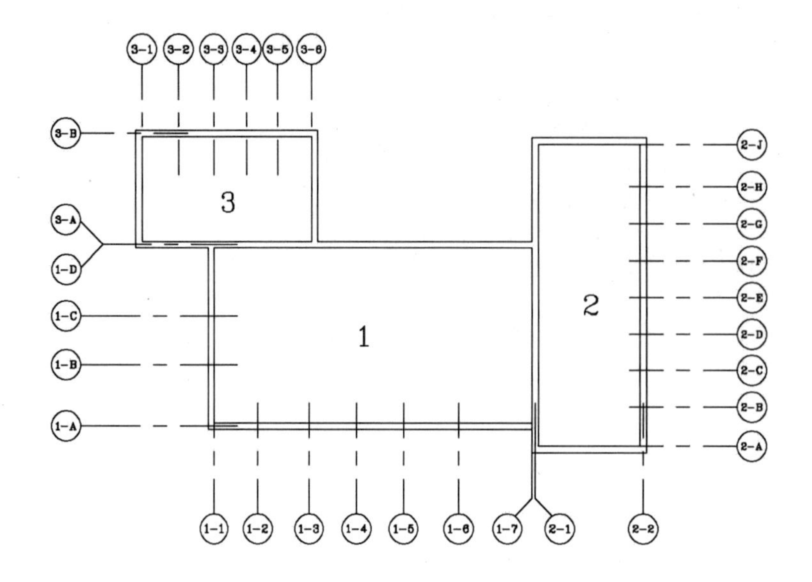

图 2.2–18　定位轴线分区编号示例

附加定位轴线的编号，应以分数形式表示，并应按下列规定编写：两根轴线间的附加轴线，应以分母表示前一轴线的编号，分子表示附加轴线的编号，编号宜用阿拉伯数字顺序编写；1 号轴线或 A 号轴线之前的附加轴线的分母应以 01 或 0A 表示；圆形平面图中定位轴线的编号，其径向轴线宜用阿拉伯数字表示，从左下角开始，按逆时针顺序编写；其圆周轴线宜用大写英文字母表示，从外向内顺序编写。圆形平面图定位轴线示例见图 2.2–19。

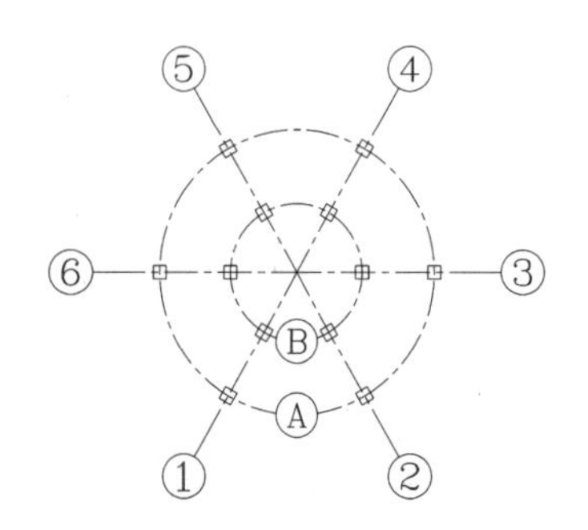

图 2.2–19　圆形平面图定位轴线示例

（13）尺寸标注

图样上的尺寸，包括尺寸界线、尺寸线、尺寸起止符号和尺寸数字（图 2.2–20*a*）。尺寸界线应用细实线绘制，一般应与被注长度垂直，其一端应离开图样轮廓线不小于 2mm，另一端宜超出尺寸线 2 ~ 3mm，图样轮廓线可用作尺寸界线（图 2.2–20*b*）。尺寸线应用细实线绘制，应与被注长度平行，两端宜以尺寸界线为边界，也可超出尺寸界线 2 ~ 3mm。图样本身的任何图线均不得用作尺寸线。尺寸起止符号用中粗斜短线绘制，其倾斜方向应与尺寸界

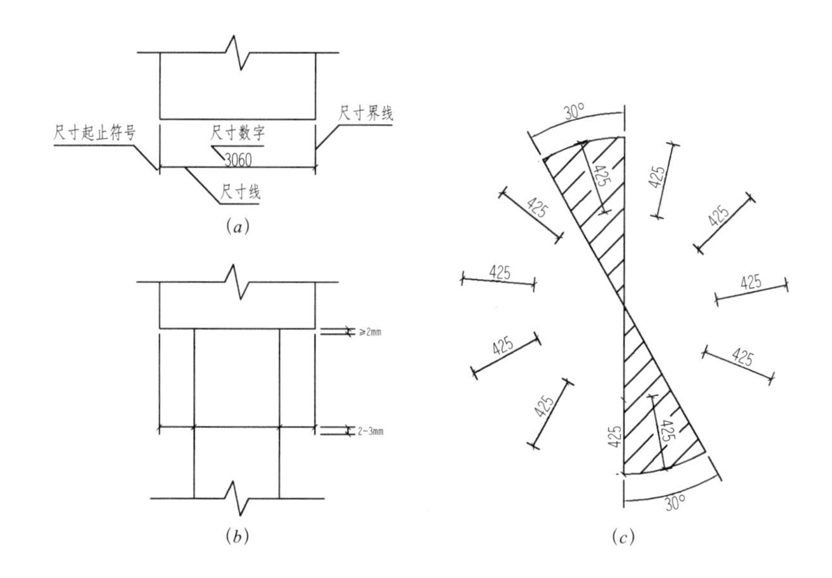

图 2.2–20 尺寸标注

线成顺时针 45° 角，长度宜为 2 ~ 3mm。半径、直径、角度与弧长的尺寸起止符号，宜用箭头表示，箭头宽度不宜小于 1mm。尺寸数字的单位，除标高及总平面以 m 为单位外，其他必须以 mm 为单位，尺寸数字的方向，应按（图 2.2–20*c*）规定注写。

（14）尺寸的排列与布置

尺寸宜标注在图样轮廓以外，不宜与图线、文字及符号等相交。互相平行的尺寸线，应从被注写的图样轮廓线由近向远整齐排列，较小尺寸应离轮廓线较近，较大尺寸应离轮廓线较远。图样轮廓线以外的尺寸界线，距图样最外轮廓之间的距离，不宜小于 10mm。平行排列的尺寸线的间距，宜为 7 ~ 10mm，并应保持一致。总尺寸的尺寸界线应靠近所指部位，中间的分尺寸的尺寸界线可稍短，但其长度应相等。尺寸的排列与布置见图 2.2–21。

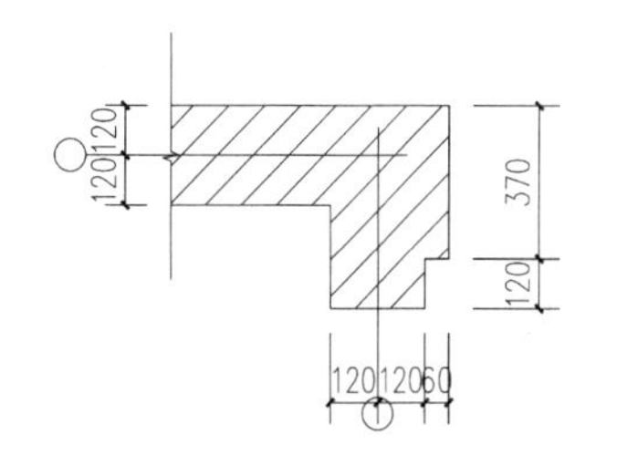

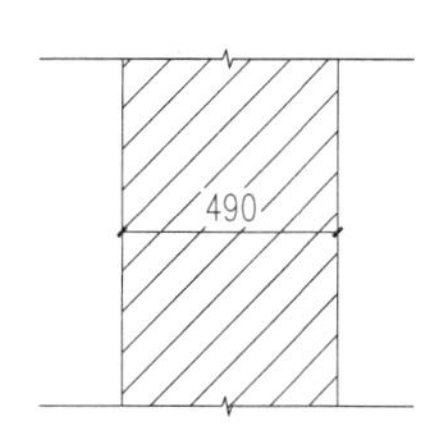

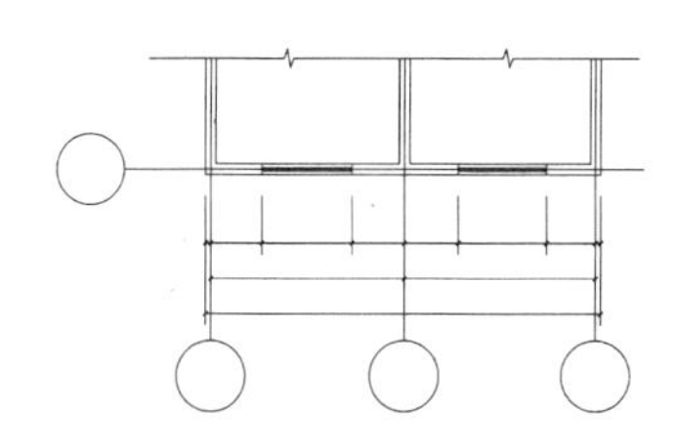

图 2.2–21 尺寸的排列与布置

（15）半径、直径的尺寸标注

半径的尺寸线应一端从圆心开始，另一端画箭头指向圆弧。半径数字前应加注半径符号“*R*”。半径标注较小圆弧的半径标注与较大圆弧的半径标注如图 2.2–22 所示。

标注圆的直径尺寸时，直径数字前应加直径符号“ϕ”。在圆内标注的尺寸线应通过圆心，两端画箭头指至圆弧。较小圆的直径尺寸，可标注在圆外。直径的标注如图 2.2–23 所示。

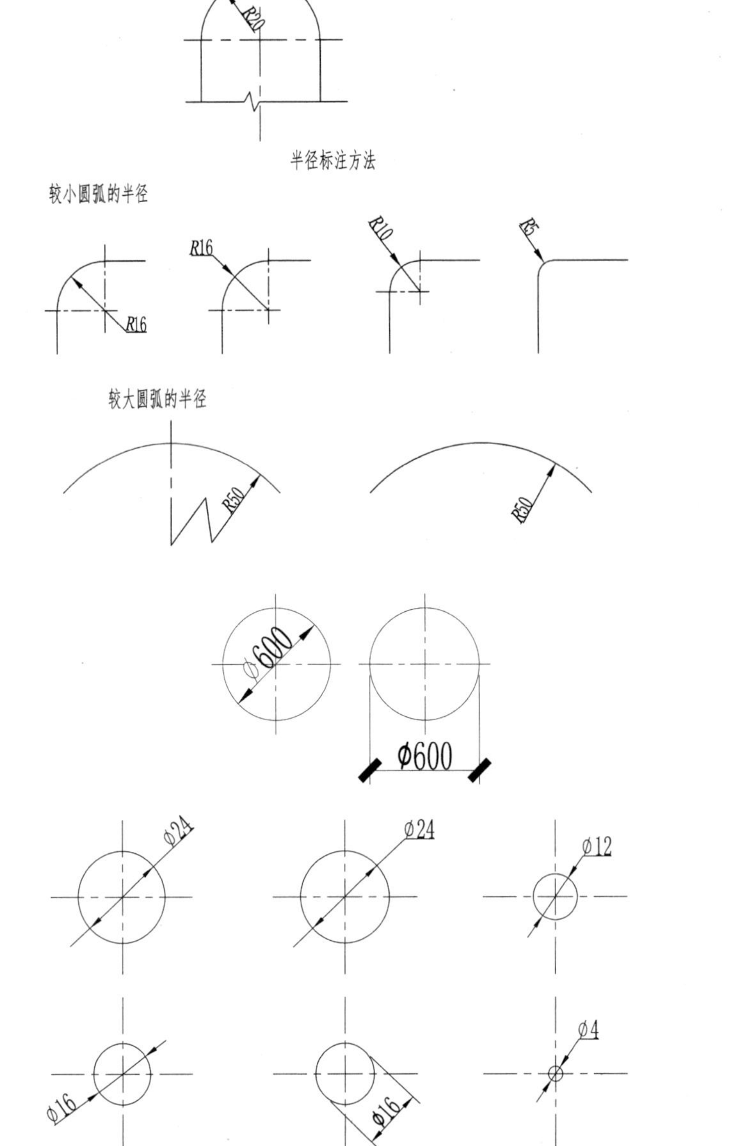

图 2.2-22　半径的标注

图 2.2-23　直径的标注

（16）标高

总平面图室外地坪标高符号，宜用涂黑的三角形表示（图 2.2-24*a*）。标高符号应以直角等腰三角形表示，用细实线绘制（图 2.2-24*b*、*c*、*d*）。标高数字应以 m 为单位，注写到小数点以后第三位。在总平面图中，可注写到小数点以后第两位。零点标高应注写成 ±0.000，正数标高不注“+”，负数标高应注“−”，例如 3.000、−0.600。

图 2.2-24　标高符号

3

单元三　建筑施工图平面图设计

3.1 建筑平面图

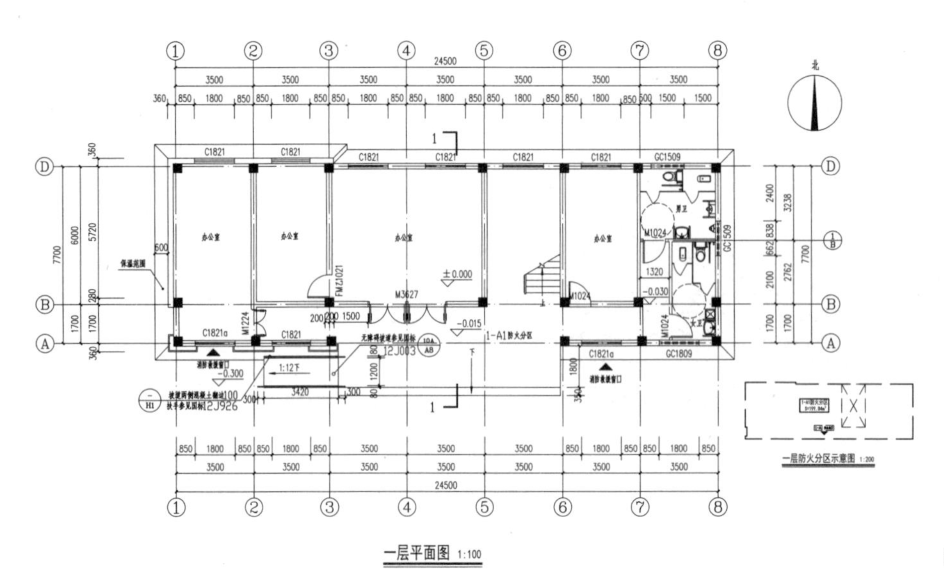

图 3.1–1　平面图示例

建筑平面表示的是建筑物在水平方向房屋各部分的组合关系，并集中反映建筑物的使用功能关系，是建筑设计中的重要一环。建筑平面图是建筑设计的基本图样之一，是对立体空间的反映，而不单纯是平面构成的体系。建筑平面图示例见图 3.1–1。

建筑平面图是用一个假想的水平剖切平面沿房屋窗台以上的部位剖开，移去上部后向下投影所得的水平投影图，称为建筑平面图，如图 3.1–2 所示。对多层楼房，原则上每一楼层均要绘制一个平面图，并在平面图下方注写图名（如一层平面图、二层平面图等）；若房屋某几层平面布置相同，可将其作为标准层，并在图样下方注写适用的楼层图名（如三、四、五层平面图）。若房屋对称，可利用其对称性，在对称符号的两侧各画半个不同楼层平面图。建筑平面图实质上是房屋各层的水平剖面图。平面图虽然是房屋的水平剖面图，但按习惯不必标注其剖切位置，也不称为剖面图。

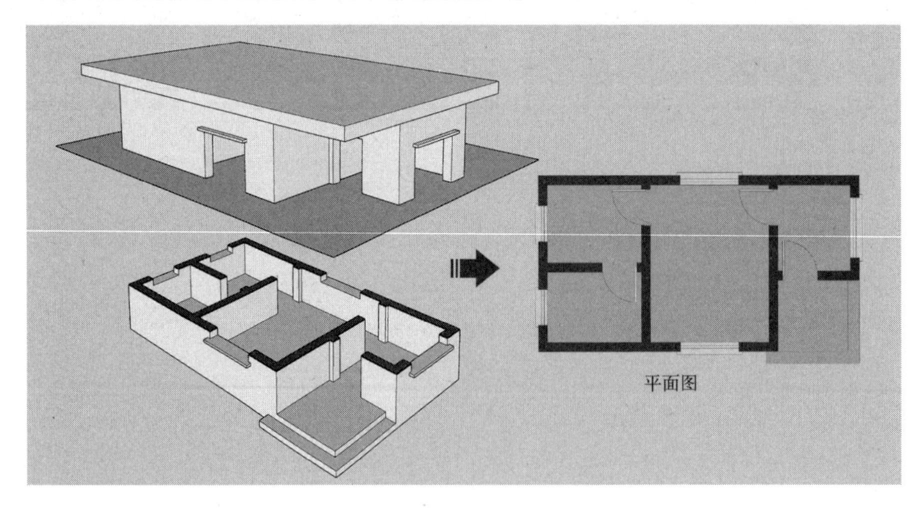

图 3.1–2　平面图的形成

建筑平面图是建筑专业施工图中最主要、最基本的图纸，其他图纸（如立面图、剖面图及某些详图）多是以它为依据派生和深化而成。同时建筑平面图也是其他工种进行相关设计和制图的依据。反之，其他工种（特别是结构和设备）对建筑的技术要求也主要在平面图中表示（如墙厚、柱子断面尺寸、管道竖井、留洞、地沟、地坑等）。因此，平面图与其他建筑施工图相比，则较为复杂，绘制也要求全面、准确、简明。

建筑平面图表明建筑物的平面形状、房间布置和朝向，应包括房间、走道、楼梯、电梯、厕所、卫生间等。有设备的房间如厕所、浴室、盥洗室应画出设备位置。表明墙体、柱子的位置及做法，表明门窗位置及门的开启方向，表示出台阶、散水、花台、坡道、雨水管、散热气管沟、检查井、采光井等投影。有时住宅（或旅馆客房）可以另绘家具布置图，作为设备工种布置管线的依据。

在绘制建筑平面图时各种投影可见部分只表示一次。如首层表示台阶、散水、花台、管沟等；二层则表示雨篷、阳台等；顶层平面应表示出屋顶出入孔（虚线）的位置。退台式建筑屋顶表示在上一层建筑平面中。非固定设施如活动家具、屏风、盆栽等不在各层平面图表达范围之列。建筑平面图需表示剖面图的剖切位置与剖视方向，外墙剖面图的剖切位置也可以在平面图中画出。表明室内地坪标高，首层还应表示室外地坪标高，首层平面图应绘有方向标志。

在绘制建筑平面图时用粗实线和图例表示剖切到的建筑实体断面，并标注相关尺寸，如墙体、柱子等。用细实线表示投影方向所见的建筑部、配件，并标注相关尺寸和标高，如室内楼地面、卫生洁具、台面、窗台等。用细虚线表示高窗、天窗、上部孔洞、地沟等不可见部件。

建筑平面图中墙、柱应绘有轴线和轴线编号，建筑物的各部分尺寸，纵、横方向均应标注三道尺寸，即门窗洞口与轴线的关系尺寸、轴线间尺寸及总外包尺寸。内门的尺寸及其定位尺寸（洞口与临近墙体轴线的关系）。应有墙厚与柱子断面尺寸，及其与轴线的关系尺寸。墙体外侧构造做法（散水、台阶、雨罩、挑檐、窗台等）的尺寸。尺寸以“mm”为单位。图中不必注出“mm”字样。地面、楼面、高窗及墙身留洞需标注标高，标高以“m”为单位，取3位小数。图中不必注出“m”字样。注出图样名称、比例、房间名称或以编号形式注出（应在图外注出编号含义）、指北针、车位示意。注出门窗编号、材料图例，详图索引等。

3.2 建筑施工图平面设计深度要求

在建筑施工图设计阶段，建筑平面图的表达应达到如下深度：

·承重墙、柱及其定位轴线和轴线编号，内外门窗位置、编号及定位尺寸，门的开启方向，注明房间名称或编号，库房（储藏）注明储存物品的火灾危险性类别。

· 轴线总尺寸（或外包总尺寸）、轴线间尺寸（柱距、跨度）、门窗洞口尺寸、分段尺寸。

· 墙身厚度（包括承重墙和非承重墙），柱与壁柱截面尺寸（必要时）及其与轴线关系尺寸。当维护结构为幕墙时，标明幕墙与主体结构的定位关系；玻璃幕墙部分标注立面分格间距的中心尺寸。

· 变形缝的位置、尺寸及做法索引。

· 主要建筑设备和固定家具的位置及相关做法索引，如卫生器具、水池、台、橱、柜、隔断等。

· 电梯、自动扶梯及步道（并注明规格）、楼梯（爬梯）位置和楼梯上下方向示意和编号索引。

· 主要结构和建筑构造部件的位置、尺寸和做法索引，如中庭、天窗、地沟、地坑、重要设备或设备机座的位置尺寸、各种平台、夹层、人孔、阳台、雨篷、台阶、坡道、散水、明沟等。

· 楼地面预留孔洞和通气管道、管线竖井、烟囱、垃圾道等位置、尺寸和做法索引，以及墙体（主要为填充墙、承重砌体墙）预留洞的位置、尺寸与标高或高度等。

· 车库的停车位（无障碍车位）和通行路线。

· 特殊工艺要求的土建配合尺寸及工业建筑中的地面负荷、起重设备的起重量、行车轨距和轨顶标高等。

· 室外地面标高、底层地面标高、各楼层标高、地下室各层标高。

· 底层平面标注剖切线位置、编号及指北针。

· 有关平面节点详图或详图索引号。

· 每层建筑平面中防火分区面积和防火分区分隔位置及安全出口位置示意（宜单独成图，如为一个防火分区，也可不注防火分区面积），或以示意图（简图）形式在各层平面中表示。例如图 3.1–1 中右下角的防火分区示意图。

· 住宅平面中标注各房间使用面积、阳台面积。

· 房屋平面应有女儿墙、檐口、天沟、坡度、坡向、雨水口、屋脊（分水线）、变形缝、楼梯间、水箱间、电梯机房、天窗及挡风板、屋面上人孔、检修梯、室外消防楼梯及其他构筑物，必要的详图索引号、标高等。表达内容单一的屋面可缩小比例绘制。

· 根据工程性质及复杂程度，必要时可选择绘制局部放大平面图。

· 建筑平面较长较大时，可分区绘制，但须在各分区平面图适当位置上绘出分区组合示意图，并明显表示本分区部位编号。

· 图纸名称、比例。

· 图纸的省略：如系对称平面，对称部分的内部尺寸可省略，对称轴部位用对称符号表示，但轴线号不得省略；楼层平面除轴线间等主要尺寸及轴线编号外，与底层相同的尺寸可省略；楼层标准层可共用同一平面，但需注明层次范围及各层的标高。

3.3 建筑平面图设计

3.3.1 民用建筑平面图设计一般要求

建筑施工图设计的依据是已审批通过的建筑方案设计或建筑初步设计为准，但在施工图设计时相关平面布置应根据建筑的使用性质、功能、工艺要求，进行合理布局调整。平面布置的柱网、开间、进深等定位轴线尺寸，应符合现行国家标准《民用建筑设计统一标准》GB 50352—2019、《建筑模数协调标准》GB/T 50002—2013 等有关标准的规定。根据使用功能，应使大多数房间或重要房间布置在有良好日照、采光、通风和景观的部位。对有私密性要求的房间，应防止视线干扰。地震区的建筑，平面布置宜规整，不宜错层。

建筑层高应结合建筑使用功能、工艺要求和技术经济条件综合确定，并符合国家现行相关建筑设计标准的规定。室内净高应按楼地面完成面至吊顶或楼板或梁底面之间的垂直距离计算；当楼盖、屋盖的下悬构件或管道底面影响有效使用空间时，应按楼地面完成面至下悬构件下缘或管道底面之间的垂直距离计算。建筑用房的室内净高应符合国家现行相关建筑设计标准的规定；地下室、局部夹层、走道等有人员正常活动的最低处的净高不应小于 2.0m。层高和室内净高相关图集见图 3.3-1 ～图 3.3-3。

扫码查标准

二维码 1 层高和室内净高

建筑物设计

层高和室内净高

室内净高应按楼地面完成面至吊顶或楼板或梁底面之间的垂直距离计算【图示一】；当楼盖、屋盖的下悬构件或管道底面影响有效使用空间者，应按楼地面完成面至下悬构件下缘或管道底面之间的垂直距离计算【图示二】。

〖条文说明〗

本条款对室内净高计算方法作出规定。除一般规定外，对楼板或屋盖的下悬构件（如密肋板、薄壳模楼板、桁架、网架以及通风管道等）影响有效使用空间者，规定应按楼地面至构件下缘（肋底、下弦或管底等）之间的垂直距离计算。

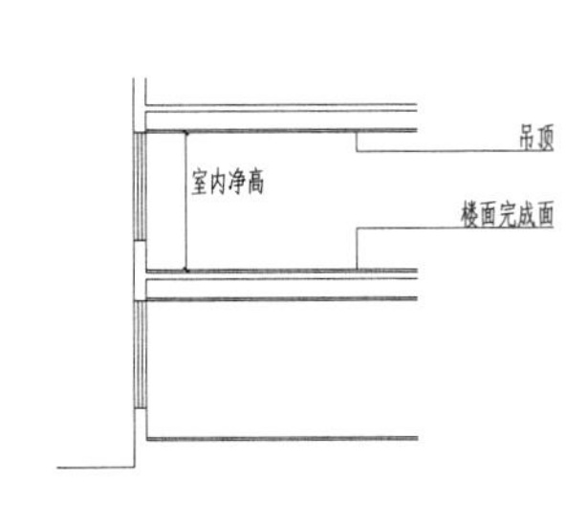

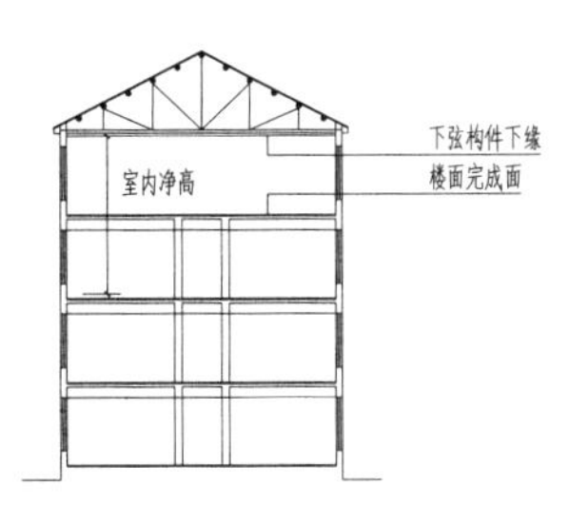

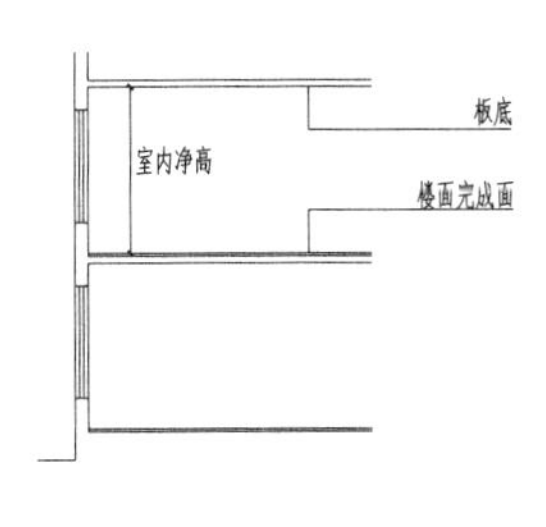

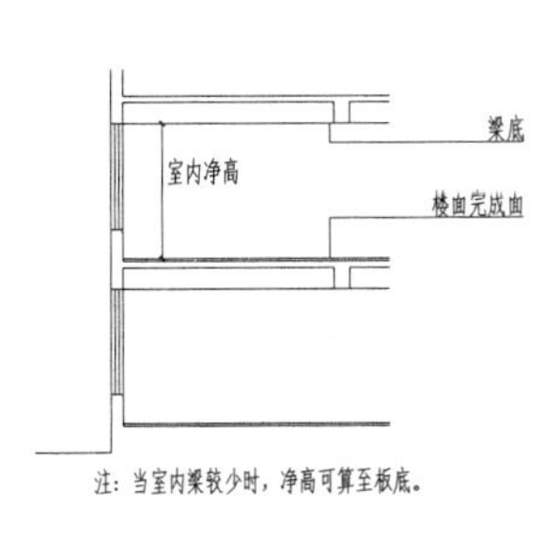

注：当室内梁较少时，净高可算至板底。

图示一

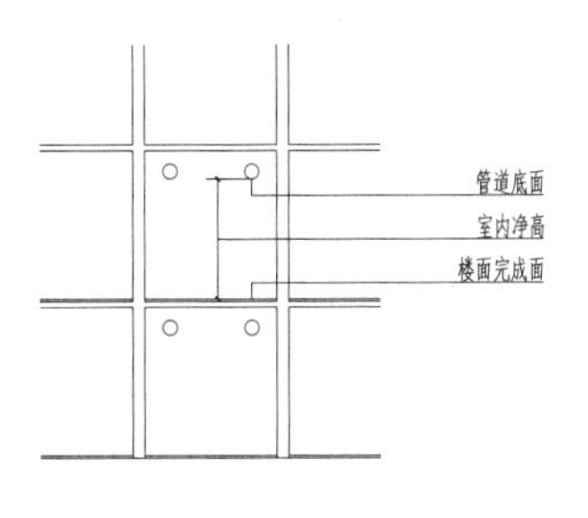

图示二

图 3.3-1 层高和室内净高

建筑物用房的室内净高应符合专用建筑设计的规范；地下室、局部夹层、走道等有人员正常活动的最低处的净高不应小于2m【图示】。

〖条文说明〗

建筑物各类用房的室内净高按使用要求有较大的不同，不易作统一的规定，应符合有关建筑设计规范的规定，地下室、辅助用房、走道等空间带有共同性、规定最低处不应小于2m的净高是考虑人体站立和通行必要的高度和一定的视距。

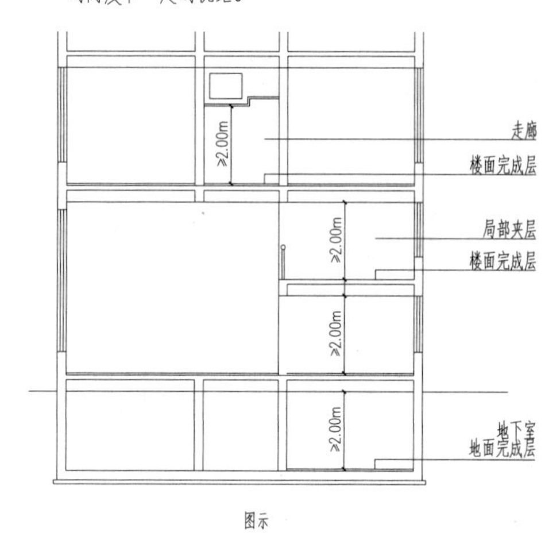

图示

[提示]

1.层高和室内净高

1.1 卧室、起居室（厅）的室内净高不应低于2.40m，局部净高不应低于2.10m，且其面积不应大于室内使用面积的1/3。

1.2 利用坡屋顶内空间作卧室、起居室（厅）时，其1/2面积的室内净高不应低于2.10m。

1.3 厨房、卫生间的室内净高不应低于2.20m。

2.层高和净高

2.1 居室在采用单层床时，净高不应低于2.80m；在采用双层床或高架床时，净高不应低于3.40。

2.2 辅助用房的净高不宜低于2.50m。

3.学校主要用房间的净高应符合下表规定：

主要房间净高

房间名称	净高（m）
小学教室	3.10
中学、中师、幼师教室	3.40
实验室	3.40
舞蹈室	4.50
教学辅助用房	3.10
办公及服务用房	2.80

注：1.合班教室的净高度根据跨度决定，但不应小于3.6m。

2.设双层床的学生宿舍，其净高不应低于3.00m。

图 3.3–2　层高和室内净高

书库、阅览室藏书区净高不得小于2.40m，当有梁或管线时，其底面净高不宜小于2.30m；采用积层书架的书库结构梁(或管线)底面之净高不得小于4.70m。

生活用房的室内净高不应低于下表的规定。

生活用房室内最低净高（m）

房间名称	净高（m）
活动时、寝室、乳儿室	2.50
音体活动室	3.60

注：特殊形状的顶棚，最低处距地面净高不应低于2．20m。

汽车库室内最小净高应符合下表的规定。

汽车库内室内最小净高

车型	最小净高（m）
微型车 小型车	2.20
轻型车	2.80
中大型 纹接客车	3.40
中大型 纹接货车	4.20

注：净高指楼地面表面至顶棚或其他构件底面的距离。未计入设备及管道所需空间。

室内净高。

1 客房居住部分净高度，当设空调时不应低于2.4m，不设空调时不应低于2.6m。

2 利用坡屋顶内空间作为客房时，应至少有8m²面积的净高度不低于2.4m。

3 卫生间及客房内过道净高度不应低于2.1m。

4 客房层公共走道净高度不应低于2.1m。

图 3.3–3　层高和室内净高

卫生用房设计要求主要有：厕所、卫生间、盥洗室、浴室等有水房间不应布置在食品加工与贮存、医药及其原材料生产与贮存、生活供水、电气、档案、文物等有严格卫生、安全要求房间的直接上层；应避免布置在餐厅、医疗用房等有较高卫生要求用房的直接上层，否则应采取同层排水和严格的防水措施；除本套住宅外，住宅卫生间不应直接布置在下层住户的卧室、起居室、厨房和餐厅的直接上层。卫生器具配置的数量应符合国家现行相关建筑设计标准的规定。男女厕位的比例应根据使用特点、使用人数确定。在男女使用人数基本均衡时，男厕厕位（含大、小便器）与女厕厕位数量的比例宜为 1 ：1 ～ 1 ：1.5；在商场、体育场馆、学校、观演建筑、交通建筑、公园等场所，厕位数量比不宜小于 1 ：1.5 ～ 1 ：2。卫生用房宜有天然采光和不向邻室对流的自然通风，无直接自然通风和严寒及寒冷地区用房宜设自然通风道；当自然通风不能满足通风换气要求时，应采用机械通风。楼地面应防滑，楼地面标高宜略低于走道标高，并应有坡度坡向地漏或水沟。公用男女厕所宜分设前室，或有遮挡措施。常用卫生用房尺寸见表 3.3–1，厕所、盥洗室和浴室相关图集见图 3.3–4 ～图 3.3–8。

常用卫生用房尺寸 **表3.3–1**

类别	平面尺寸（宽度m×深度m）
外开门的厕所隔间	0.9×1.2（蹲便器）0.9×1.3（坐便器）
内开门的厕所隔间	0.9×1.4（蹲便器）0.9×1.5（坐便器）
医院患者专用厕所隔间（外开门）	1.1×1.5（门闩应能里外开启）
无障碍厕所隔间（外开门）	1.5×2.0（不应小于1.0×1.8）
外开门的淋浴隔间	1.0×1.2（或1.1×1.1）
内设更衣凳的淋浴隔间	1.0×（1.0+0.6）

扫码查标准

二维码 2　厕所、卫生间、盥洗室、浴室和母婴室

厕所、盥洗室和浴室

厕所、盥洗室、浴室应符合下列规定：

卫生用房宜天然采光和不向邻室对流的自然通风【图示1】，无直接自然通风和严寒及寒冷地区用房宜设自然通风道【图示2】；当自然通风不能满足通风换气要求时，应采用机械通风【图示3】；

〖条文说明〗

本条是对建筑物的公共厕所、盥洗室、浴室及住宅卫生间作出的规定。卫生用房的地面防水层，因施工质量差而发生漏水的现象十分普遍，这些规定对于保证其使用功能和卫生条件是必要的。跃层住宅中允许将卫生间布置在本套内的卧室、起居室(厅)、厨房上层。这类用房在设计上要本满足这些规定，以改变设计上对其处理不善或过于简陋的局面，如加强通风换气防止污气逸散、楼地面严密防水、防渗漏等基本要求。

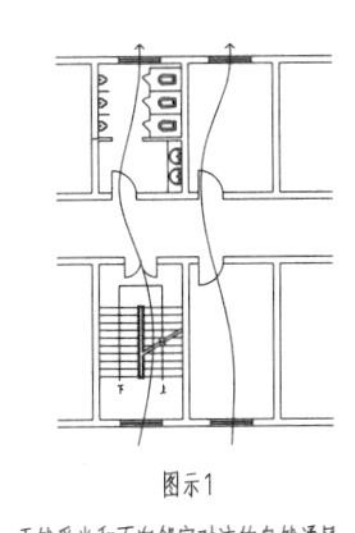

图示1

天然采光和不向邻室对流的自然通风

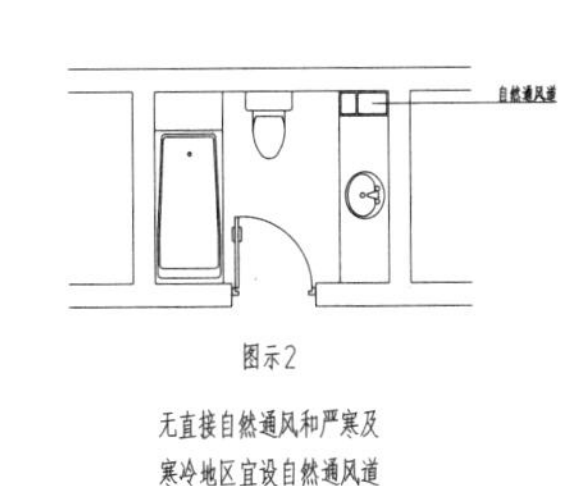

图示2

无直接自然通风和严寒及寒冷地区宜设自然通风道

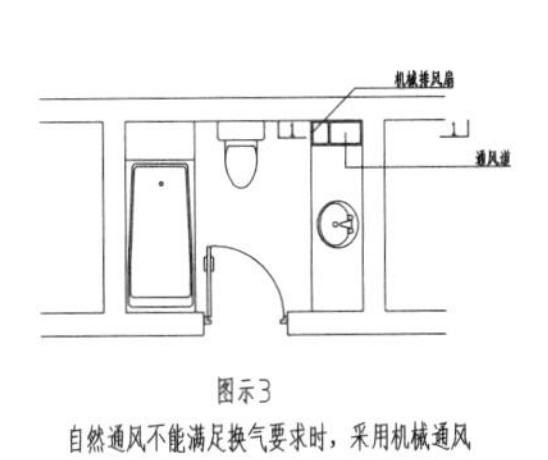

图示3

自然通风不能满足换气要求时，采用机械通风

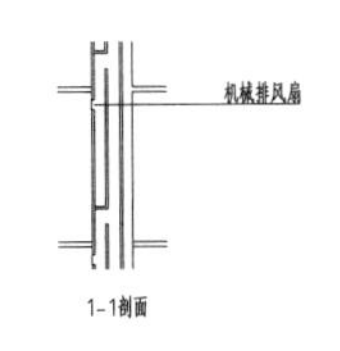

图 3.3–4　厕所、盥洗室和浴室

卫生设备间距应符合下列规定：

1 洗脸盆或盥洗槽水嘴中心与侧墙面净距离不应小于0.55m【图示1】；居住建筑洗手盆水嘴中心与侧墙面净距不应小于0.35m。

2 并列洗手盆或盥洗槽水嘴中心间距不应小于0.7m【图示1】；

3 单侧并列洗手盆或盥洗槽外沿至对面墙的净距不应小于1.25m【图示1】；居住建筑洗手盆外沿至对面墙的净距不应小于0.60m。

4 双侧并列洗手盆或盥洗槽外沿之间的净距不应小于1.80m【图示2】；

〖条文说明〗

卫生设备间距规定依据以下几个尺度：供一个人通过的宽度为0.55m；供一个人洗脸左右所需尺寸为0.70m；前后所需尺寸(离盆边)为0.55m；供一个人捧一只洗脸盆将两肘收紧所需尺寸为0.70m；隔间小门为0.60m宽；各款规定依据如下：

1 考虑靠侧墙的洗脸盆旁留有下水管位置或靠墙活动无障碍距离；

2 弯腰洗脸左右尺寸所需；

3 一人弯腰洗脸，一人捧洗脸盆通过所需；

4 两人弯腰洗脸，一人捧洗脸盆通过所需；

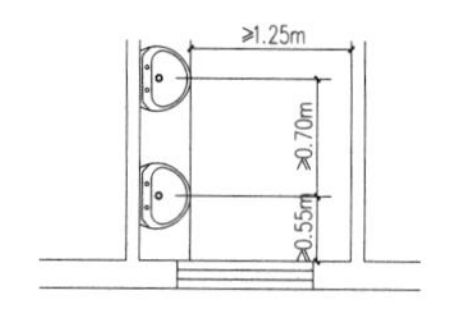

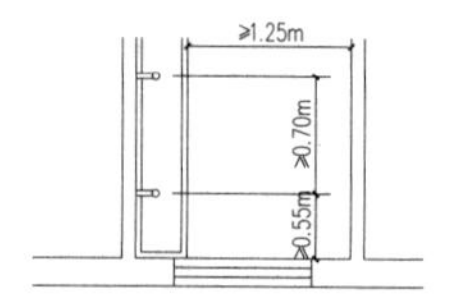

图示1

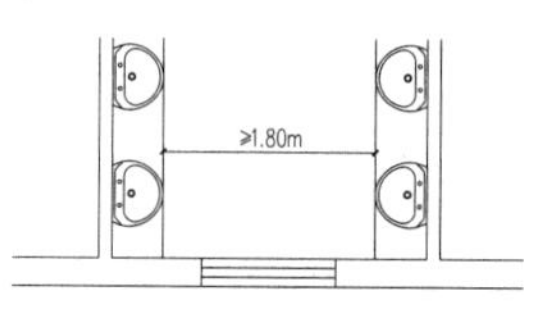

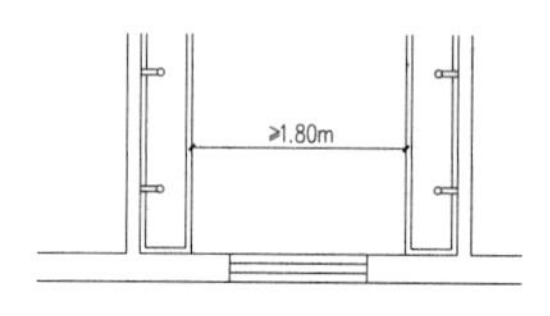

图示2

图 3.3–5 厕所、盥洗室和浴室

5 并列小便器的中心距离不应小于0.7m，小便器之间宜加隔板，小便器中心距侧墙或隔板的距离不应小于0.35m，小便器上方宜设置搁物台【图示1】。

6 单侧厕所隔间至对面洗手盆或盥洗槽的距离，当采用内开门时，不应小于1.3m；当采用外开门时，不应小于1.5m。

7 单侧厕所隔间至对面墙面的净距，当采用内开门时不应小于1.1m，当采用外开门时不应小于1.3m【图示2】；双侧厕所隔间之间的净距，当采用内开门时不应小于1.1m；当采用外开门时不应小于1.3m【图示3】。

〖条文说明〗

7 内开门时两人可同时通过；门外开时，一边开门另一人通过，或两边门同时外开，均留有安全间隙；双侧内开门隔间在4.20m开间中能布置，外开门在3.90m开间中布置。

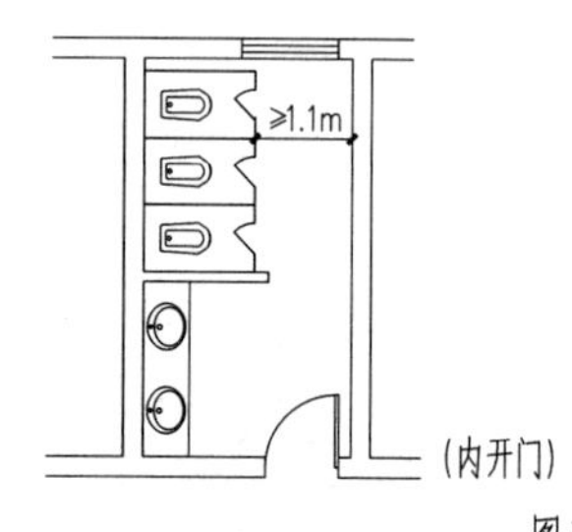

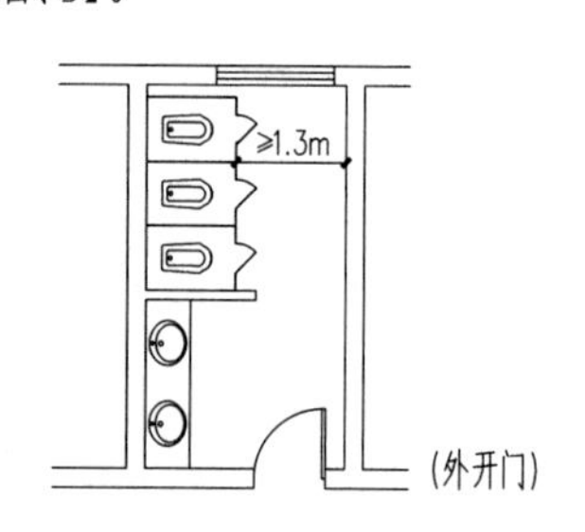

图示2

单侧厕所隔间至对面墙净距

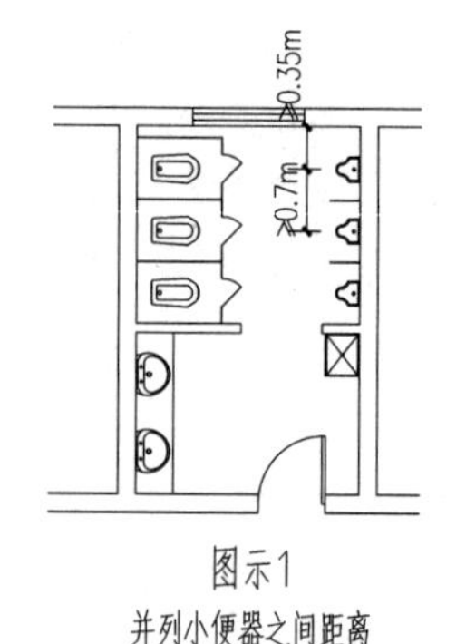

图示1

并列小便器之间距离

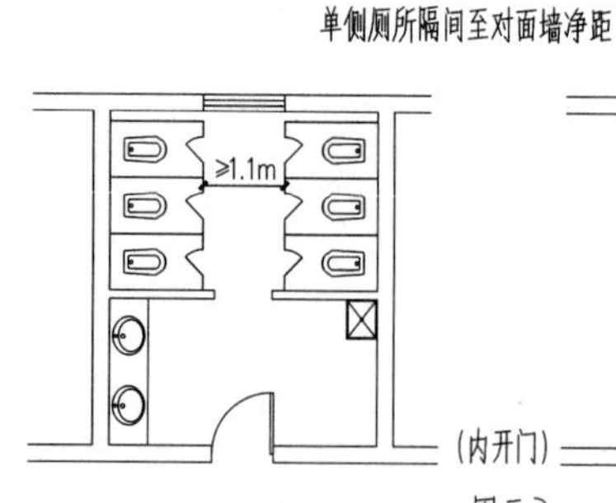

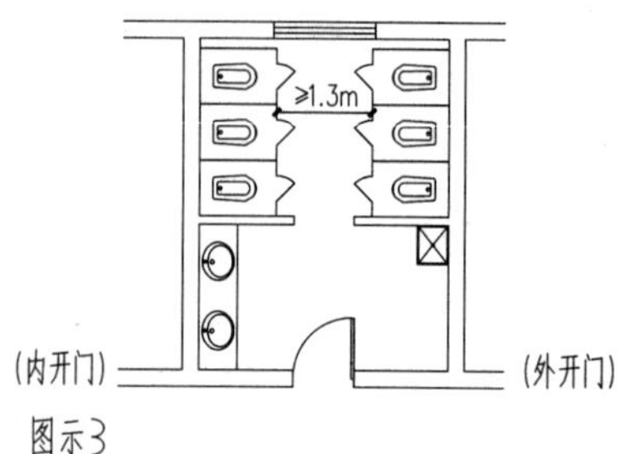

图示3

双侧厕所隔间之间净距

图 3.3–6 厕所、盥洗室和浴室

8 单侧厕所隔间至对面小便器或小便槽外沿的净距，当采用内开门时，不应小于1.1m【图示1】；当采用外开门时，不应小于1.30m【图示2】；小便器或小便槽双侧布置时，外沿之间的净距不应小于1.3m（小便器的进深最小尺寸为350mm）。

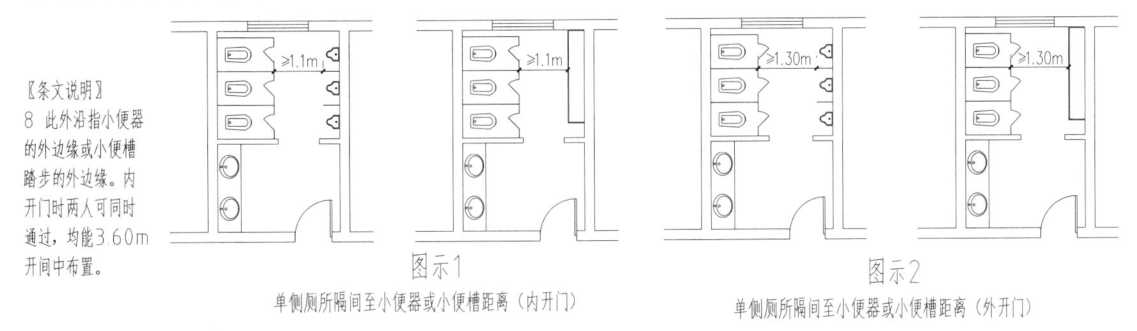

图 3.3-7 厕所、盥洗室和浴室

9 浴盆长边至对面墙面的净距不应小于0.65m；无障碍盆浴间短边净宽度不应小于2.0m，并应在浴盆一端设置方便进入和使用的坐台，其深度不应小于0.4m。

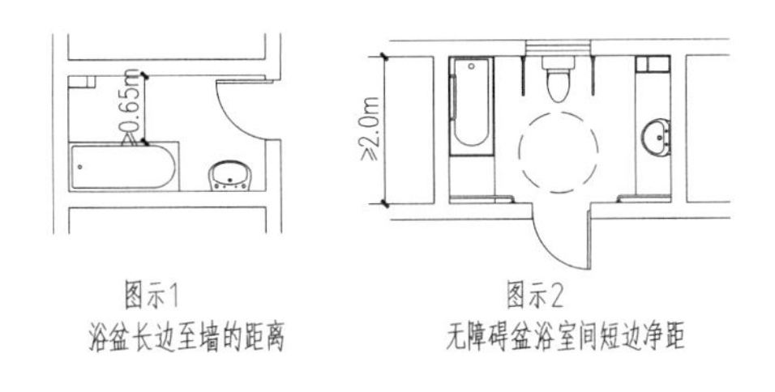

图 3.3-8 厕所、盥洗室和浴室

3.3.2 各层平面图设计

（1）地下层平面图

建筑物的地下部分由于其深入地下，致使采光、通风、防水、结构处理以及安全疏散等问题，均较上层复杂，如住宅地下室设计应包括功能划分、墙体厚度、楼梯表示等。建筑功能上主要考虑设备用房、库房、车库等。

给水排水专业的设备用房主要考虑泵房和地下水池，泵房根据需要设置独立的生活水泵房和消防水泵房，其建筑面积由给水排水专业提供。地下水池根据需要设置独立的生活水池和消防水池，其容量大小由给水排水专业提供。电气专业设备用房主要考虑一些配电房，其面积大小、工艺设计要求由电气专业提供。空调专业设备用房主要考虑中央空调机房，其面积大小、工艺设计要求由暖通专业提供。另外还会根据需要考虑弱电机房、一些管理用房等。在高层建筑设计里面一般还会考虑地下车库的设置，要根据相关的车库设计规范和防火设计规范来进行设计，同时要考虑车辆与人员进出分流、车辆进出流线设计等问题。

在地下层设计时需要注意的问题主要有三个，一是消防上应考虑防火分区的面积限定，每个防火分区应考虑两个出入口；二是地下空间部分按照相关规定应考虑人防工程；三是考虑地下部分排水设施。

地下层平面图示例见图 3.3-9。

（2）底层平面图

底层平面是地上其他各层平面和立、剖面的基本图。因此地上层的柱网及

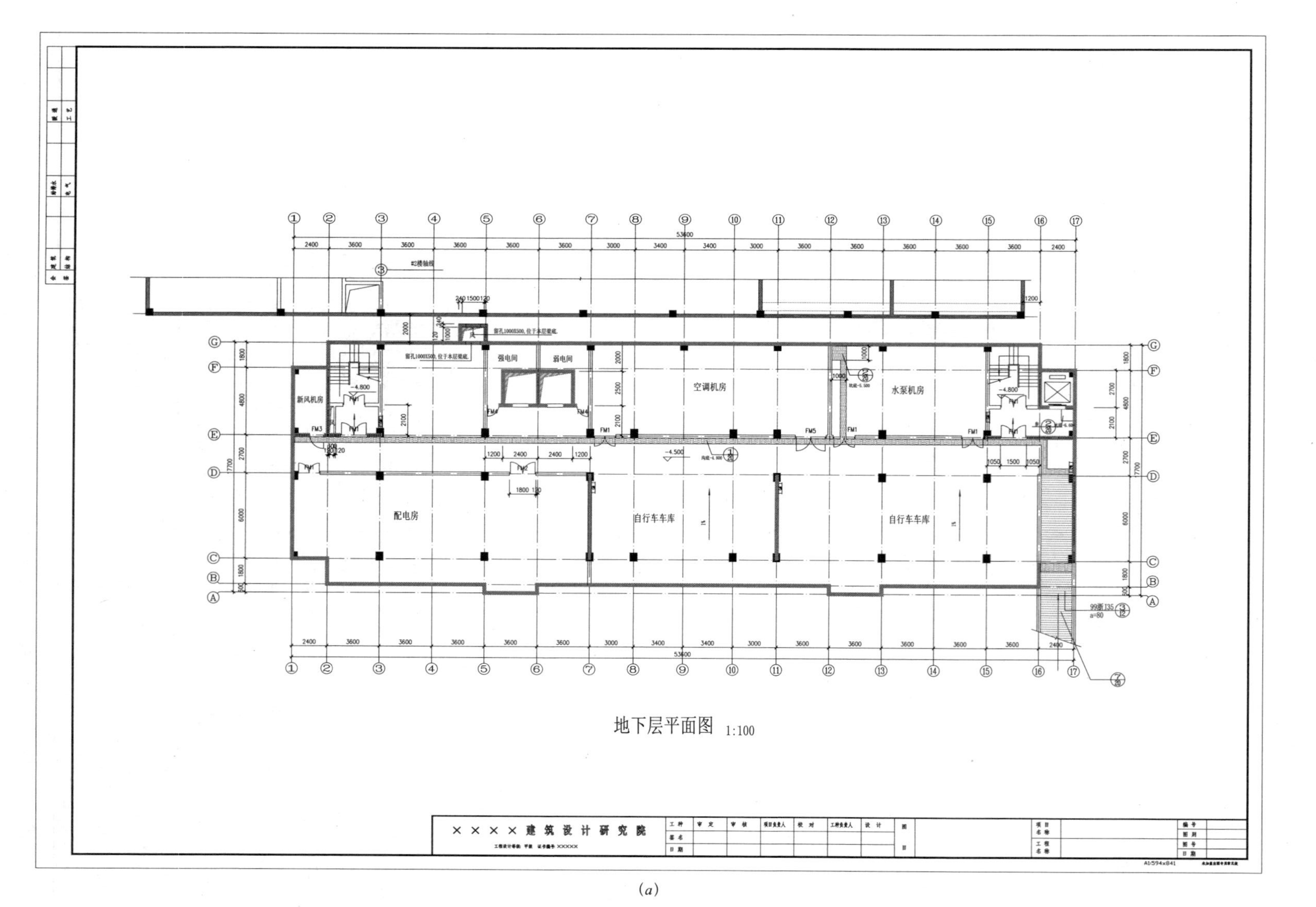

(*a*)

图 3.3-9　地下层平面图

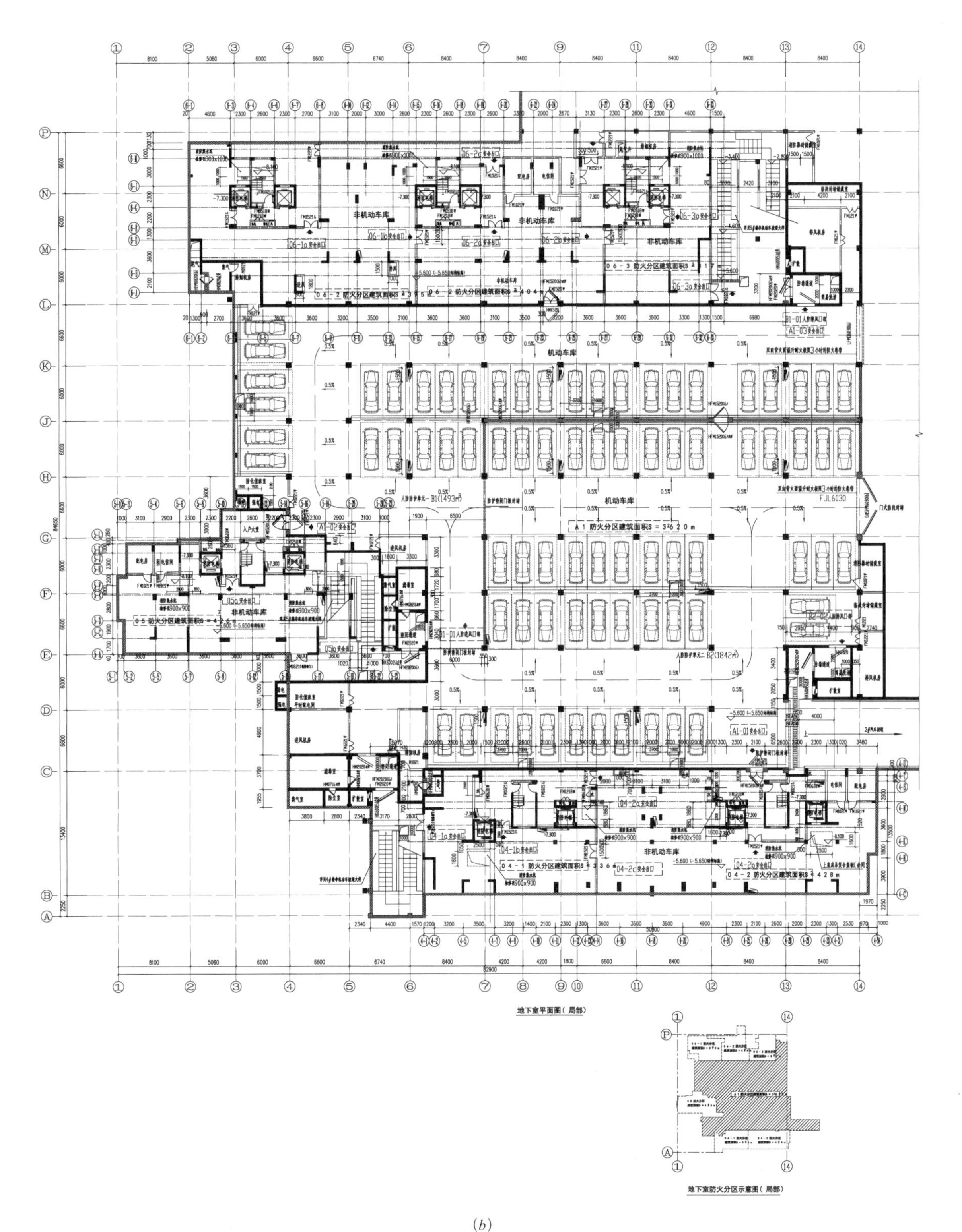

(*b*)

图 3.3-9 地下层平面图（续）

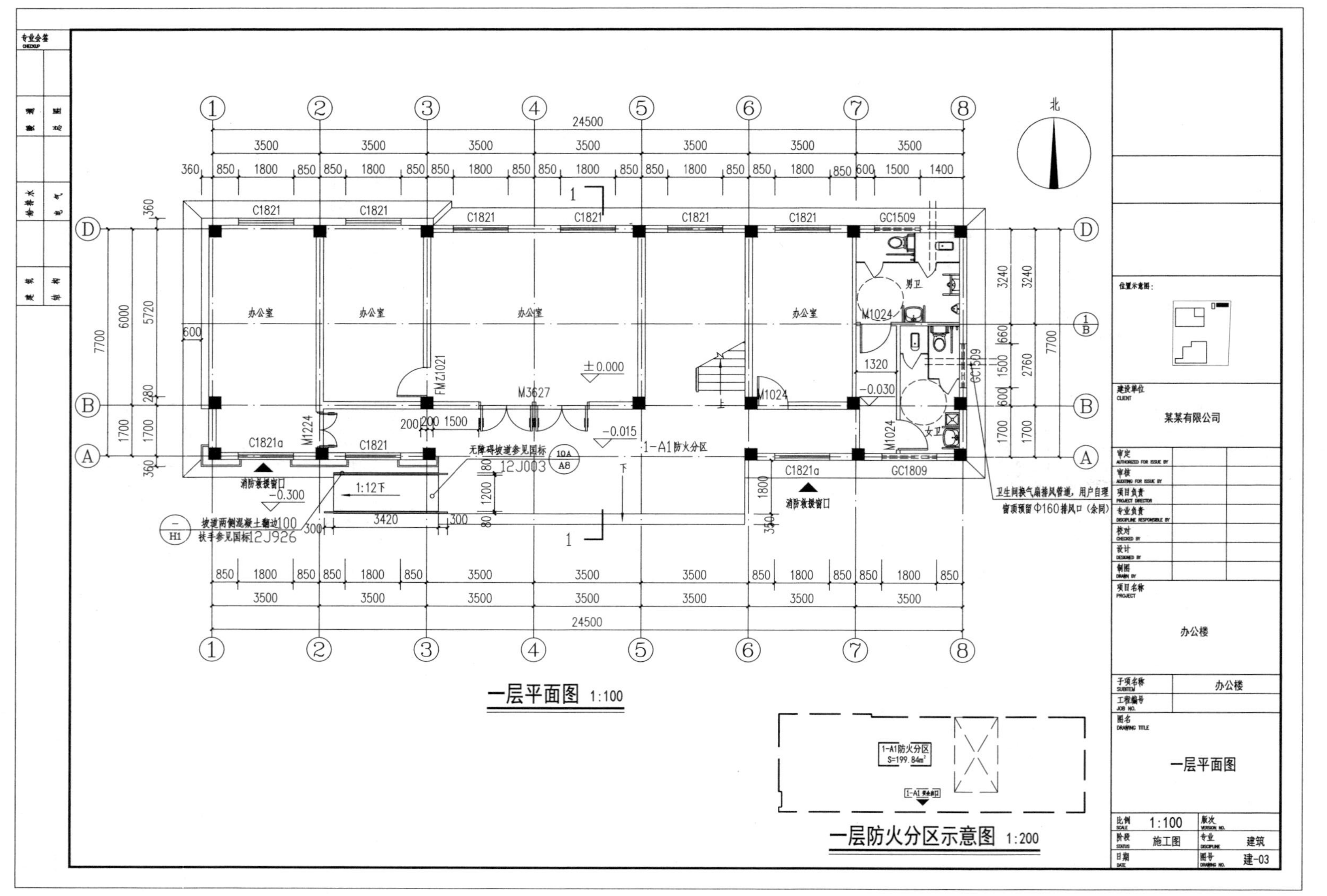

图 3.3-10 底层平面图示例

尺寸、房间布置、交通组织、主要图纸的索引，往往在底层首次表达。底层平面是建筑物与外界联系最多的一层平面，应表示清楚与建筑物连接的周围道路、室外平台、台阶、坡道、挡土墙、明沟、花坛等，并标注定位尺寸，入口处室外标高，其他变化处的标高，标注指北针、建筑剖切位置等。底层平面图示例见图 3.3–10。

另外地下层、底层若设车库，其外墙门洞口上方应设防火挑檐。住宅公共出入口位于开敞楼梯平台下部或阳台下部，应设防止物体坠落伤人的安全措施。

（3）楼层平面图

楼层平面是指建筑物二层及二层以上的各层平面。外轮廓尺寸和内部布置完全相同的楼层可称为标准层，可以共用一个平面图形，但需注明各层的标高，且图名也写明层次范围。除主要轴线编号、轴间尺寸外，与底层相同的尺寸可省略。标注各层标高。底层设有入口部分应考虑雨篷。每层建筑平面中防火分区面积和防火分区分隔位置示意（宜单独成图，如为一个防火分区，可不注防火分区面积）。楼层平面图示例见图 3.3–11。

（4）屋顶平面图

屋顶平面图内容一般可以按不同的标高分别绘制，也可以画在一起，但应注明不同标高。复杂时多用前者，简单时多用后者。屋顶平面图应表示出所有出屋面的构筑物，如采光通风天窗、采光罩、管道、烟道等构筑物，应有定位尺寸和轮廓尺寸及其详图索引号。屋顶平面图表示出屋面的排水方向、排水坡度、天沟、分水线、雨水口。屋顶平面图示例见图 3.3–12。

扫码查标准

二维码 3　屋面

屋面排水设计一般宜采用有组织排水并根据不同的屋面形式和有关要求，确定采用内排水或外排水。屋面排水宜优先采用外排水；高层建筑、多跨及集水面积较大的屋面宜采用内排水；当采用外排水时，水落管的位置应注意与建筑立面协调。室内雨水管的颜色应与内墙面色彩协调。屋顶平面设计应根据当地的气候条件、暴雨强度、屋面汇流分区面积等因素，确定雨水管的管径和数量。每一屋面和天沟，一般不应少于两个排水口。排水管应按照屋顶面积设置，每 200m^2 左右设置一个排水管，水落管内径不应小于 75mm，通常做到 110mm。雨水口间距要求如图 3.3–13 所示。

当有屋顶花园时，应绘出相应固定设施的定位，并索引有关详图。当一部分为室内，另一部分为室外时，应注意室内外交接处的防水处理。屋面水落管的数量、管径应通过验（计）算确定。天沟、檐沟、檐口、水落口、泛水、变形缝和伸出屋面管道等处应采取与工程特点相适应的防水加强构造措施，并应符合有关规范的规定。设保温层的屋面应通过热工验算，并采取防结露、防蒸汽渗透及施工时防保温层受潮等措施。当无楼梯通达屋面时，应设上屋面的检修人孔或低于 10m 时可设外墙爬梯，并应有安全防护和防止儿童攀爬的措施。

高处屋面的雨水允许排到低处屋面上，汇总后再排走，高低跨屋面注意画出钢筋混凝土水簸箕。当有屋顶花园时，应绘出相应固定设施的定位，如灯具、桌椅、水池、山石、花坛、草坪、铺砌等，并应索引有关详图。有擦窗设施的屋面，应绘出相应的轨道或运行范围。也可以仅注明："应与

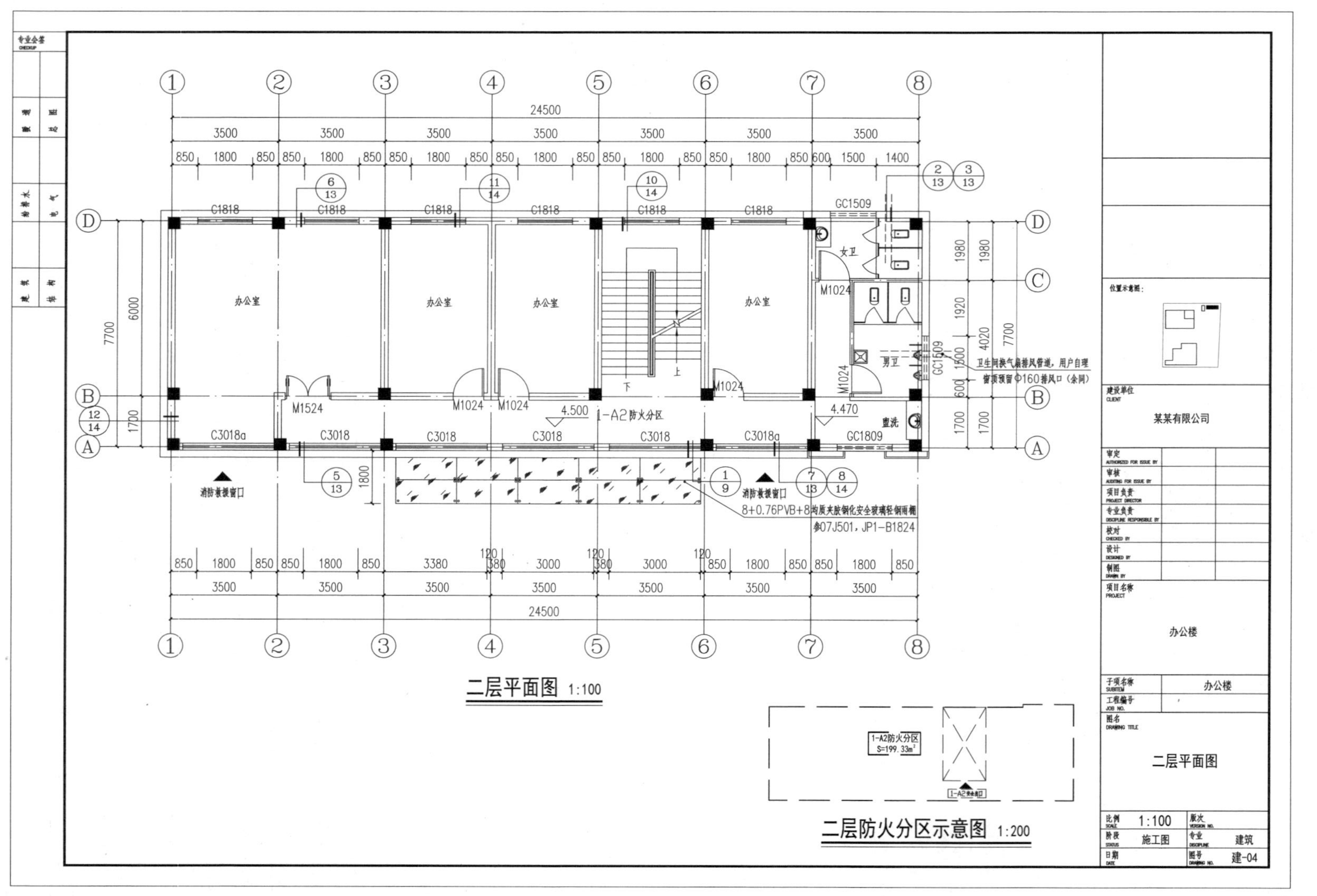

图 3.3-11 楼层平面图示例

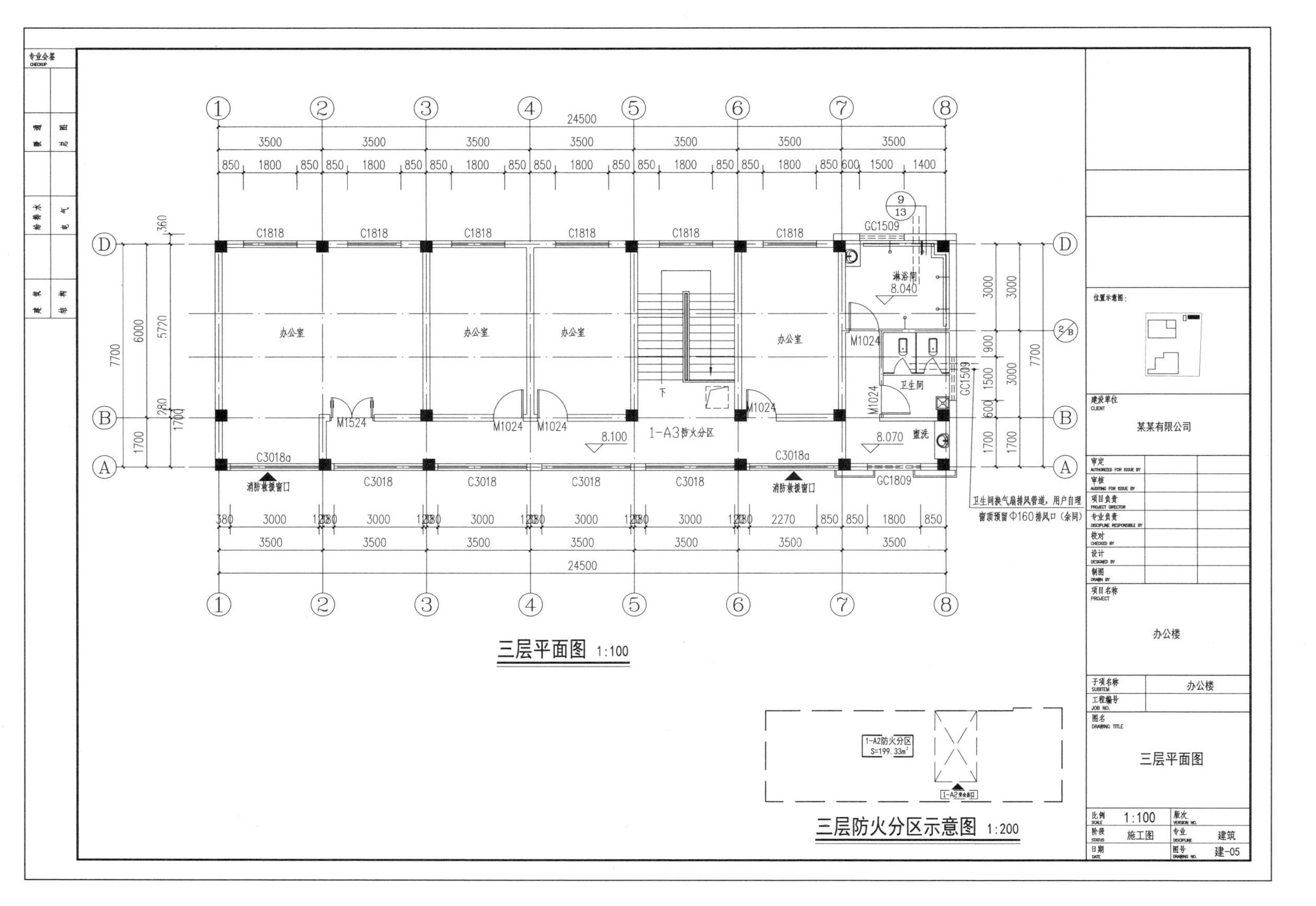

图 3.3-11　楼层平面图示例（续）

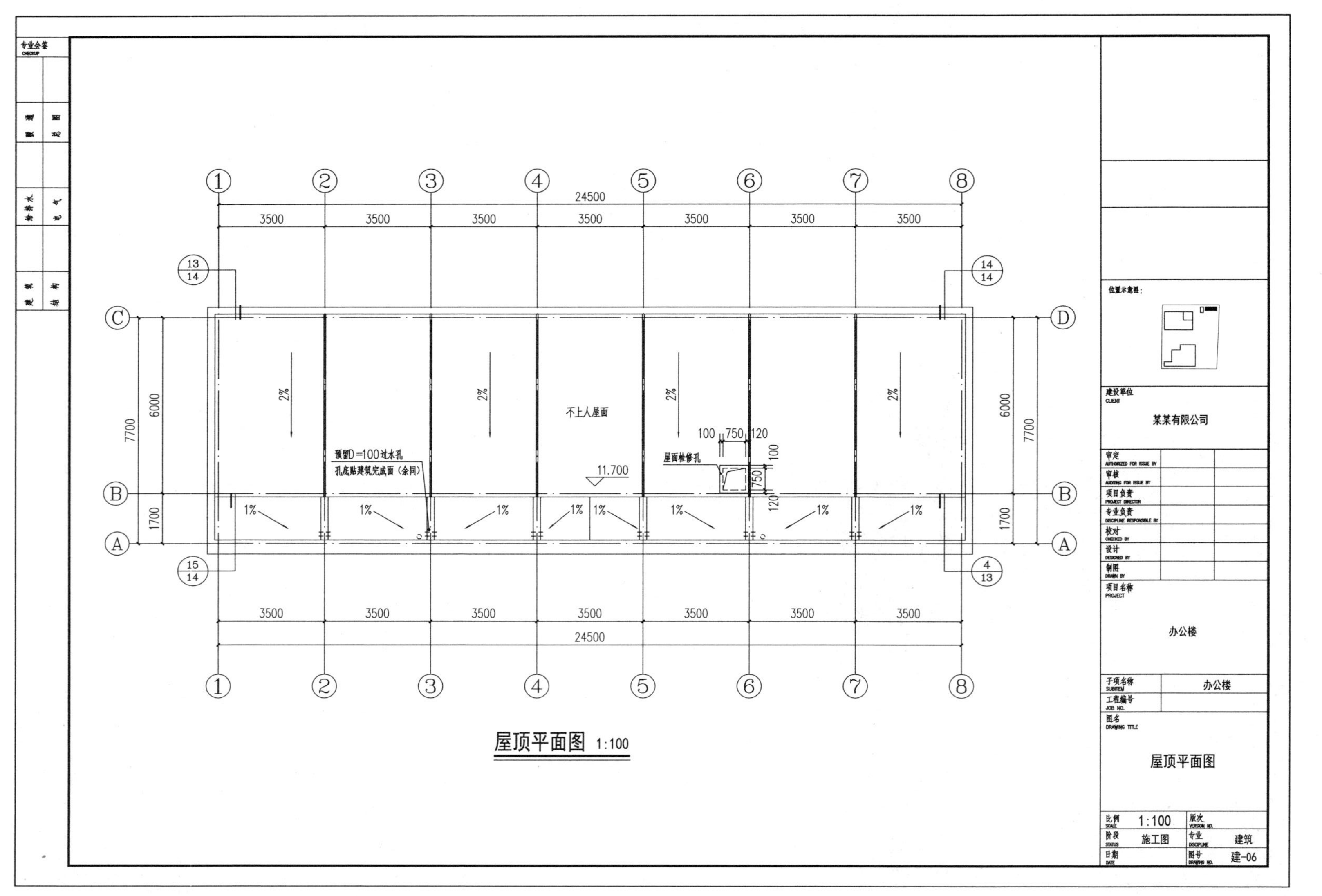

图 3.3-12 屋顶平面图示例

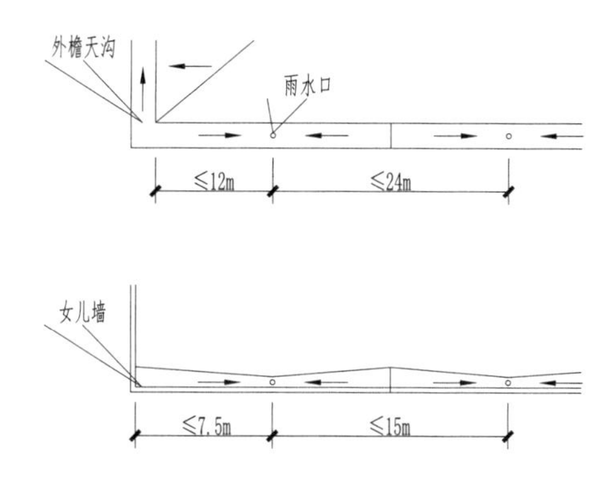

图 3.3–13 雨水口间距

生产厂家配合施工安装"，轨道等固定于屋面的部位应确保防水构造完整无缺。当一部分为室内，另一部分为屋面时，应注意室内外交接处（特别是门口处）的高差与防水处理。例如：室内外楼板结构面即便是同一标高，但因屋面找坡、保温、隔热、防水的需要，此时门口处的室内外均应增加踏步，或者做门槛防水，其高度应能满足屋面泛水节点的要求。檐沟、天沟的布置应以不削弱保温层效果为原则。冷却塔等露天设备除绘制根据工艺提供的设备基础并注明定位尺寸外，宜用细虚线表示该设备的外轮廓。对明显凸现于天际的设备，应与相关工种协商其外观选型和色彩等，以免影响视觉效果。

屋面女儿墙所有转角处及长度不超过 2m 间距均设一构造柱 GZ1。为防止屋面楼板处水平开裂，现多使用钢筋混凝土女儿墙，则不用设置构造柱。女儿墙高度：上人屋面应不小于 1300mm；不上人屋面应不小于 800mm。女儿墙厚度不应小于 240mm，构造柱最大间距为 3900mm。压顶宽度应超出墙厚，每侧为 60mm，并做成内低、外高，坡向平顶内部。压顶用细石混凝土浇筑，钢筋沿长边方向设置 3ϕ6，沿短边方向设置 4ϕ200。防水屋面出入口见图 3.3–14，屋面排水坡度见表 3.3–2，屋面和吊顶相关图集见图 3.3–15、图 3.3–16。

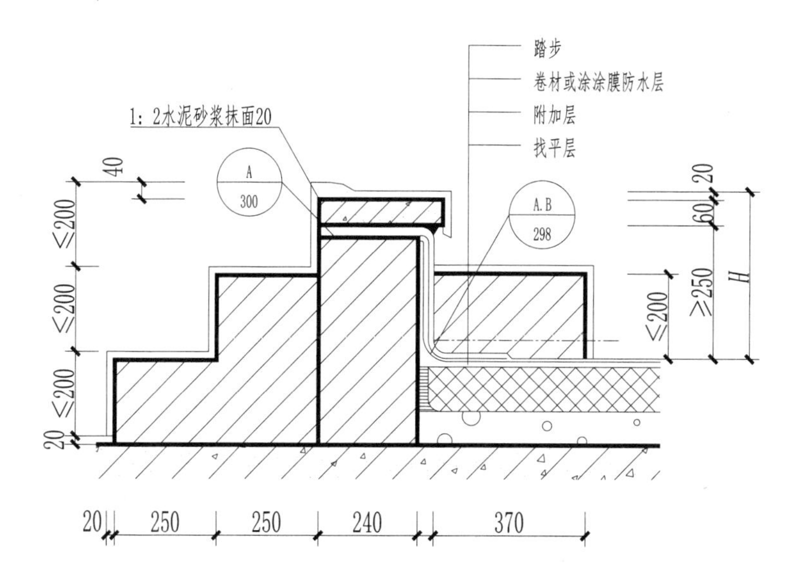

图 3.3–14 防水屋面出入口

屋面排水坡度 **表3.3–2**

屋面类别		屋面排水坡度（%）
平屋面	防水卷材屋面	≥2、<5
瓦屋面	块瓦	≥30
	波形瓦	≥20
	沥青瓦	≥20
金属屋面	压型金属板、金属夹芯板	≥5
	单层防水卷材金属屋面	≥2
种植屋面	种植屋面	≥2、<50
采光屋面	玻璃采光顶	≥5

注：卷材防水屋面天沟、檐沟纵向坡度不应小于1%【图示1】，沟底水落差不得超过200mm【图示2】。天沟、檐沟排水不得流经变形缝和防火墙；

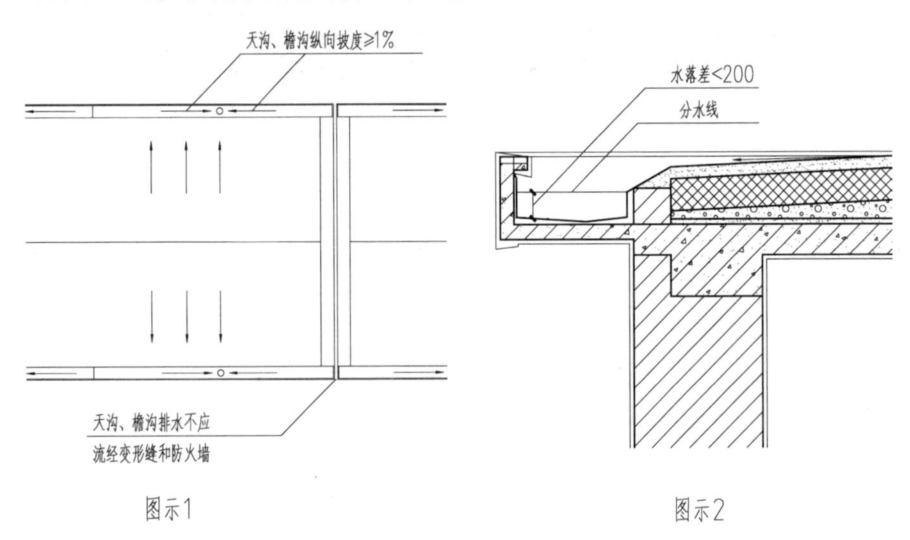

图示1 图示2

图 3.3–15 屋面和吊顶

当无楼梯通达屋面时，应设上屋面的检修人孔或低于10m时可设外墙爬梯，并应有安全防护和防止儿童攀爬的措施【图示1】【图示2】；

图示1 图示2

图 3.3–16 屋面和吊顶

3.3.3 台阶、坡道、栏杆

公共建筑室内外台阶踏步宽度不宜小于 0.30m，踏步高度不宜大于 0.15m，并不宜小于 0.10m，踏步应防滑。室内台阶踏步数不应少于 2 级，当高差不足 2 级时，应按坡道设置。人流密集的场所台阶高度超过 0.70m 并侧面临空时，应有防护设施。阶段教室、体育场馆和影剧院观众厅纵走道的台阶设置应符合国家现行相关标准的规定。

室内坡道坡度不宜大于 1 ： 8，室外坡道坡度不宜大于 1 ： 10。室内坡道水平投影长度超过 15m 时，宜设休息平台，平台宽度应根据使用功能或设备尺寸所需缓冲空间而定。供轮椅使用的坡道不应大于 1 ： 12，困难地段不应大于 1 ： 8。自行车推行坡道每段坡长不宜超过 6m，坡度不宜大于 1 ： 5。坡道应采取防滑措施。

扫码查标准

二维码 4　台阶、坡道和栏杆

栏杆应以坚固、耐久的材料制作，并能承受荷载规范规定的水平荷载。临空高度在 24m 以下时，栏杆高度不应低于 1.05m，临空高度在 24m 及 24m 以上（包括中高层住宅）时，栏杆高度不应低于 1.10m。上人屋面和交通、商业、旅馆、医院、学校等建筑临开敞中庭的栏杆高度不应小于 1.20m。公共场所栏杆离楼面或屋面 0.10m 高度内不宜留空。住宅、托儿所、幼儿园、中小学及少年儿童专用活动场所的栏杆必须采用防止少年儿童攀登的构造，当采用垂直杆件做栏杆时，其杆件净距不应大于 0.11m。文化娱乐建筑、商业服务建筑、体育建筑、园林景观建筑等允许少年儿童进入活动的场所，当采用垂直杆件做栏杆时，其杆件净距也不应大于 0.11m。台阶、坡道和栏杆相关图集见图 3.3–17 ~ 图 3.3–20。

3.3.4 楼梯

楼梯的数量、位置、梯段净宽和楼梯间形式应满足使用方便和安全疏散的要求。当一侧有扶手时，梯段净宽应为墙体装饰面至扶手中心线的水平距

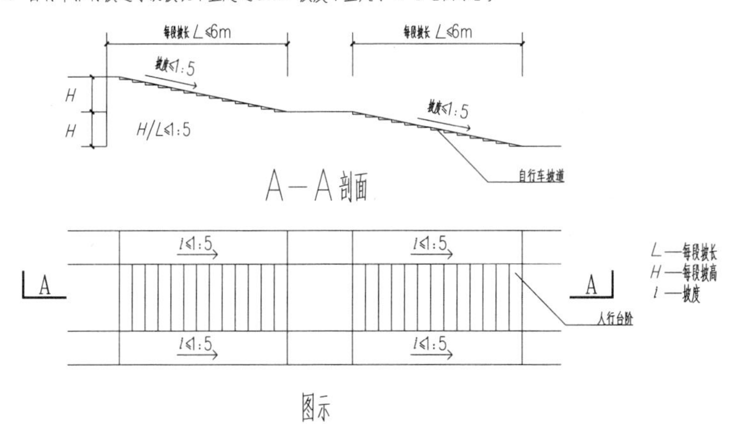

图 3.3–17　台阶、坡道和栏杆

2 临空高度在24m以下时，栏杆高度不应低于1.05m，临空高度在24m及24m以上（包括中高层住宅）时，栏杆高度不应低于1.10m【图示】；

〖条文说明〗
阳台、外廊等临空处栏杆高度应超过人体重心高度，才能避免人体靠近栏杆时因重心外移而坠落。据有关单位1980年对我国14个省人体测量结果，我国男子平均身高为1656.03mm，换算成人体直立状态下的重心高度是994mm，穿鞋子后的重心高度为

994+20=1014mm，故本条规定24m以下临空高度不应低于1.05m，超过24m临空高度（相当于高层及中高层住宅的高度）的栏杆高度不应低于1.10m，对于高层建筑，因高空俯视会有恐惧感，所以加高至1.10m。

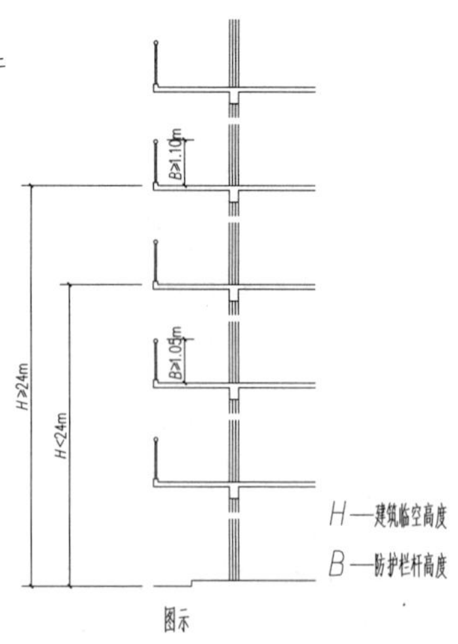

图 3.3–18 台阶、坡道和栏杆

注：栏杆高度应从楼地面或屋面至栏杆扶手顶面垂直高度计算，如底部有宽度大于或等于0.22m，且高度低于或等于0.45m的可踏部位，应从可踏部位顶面算起

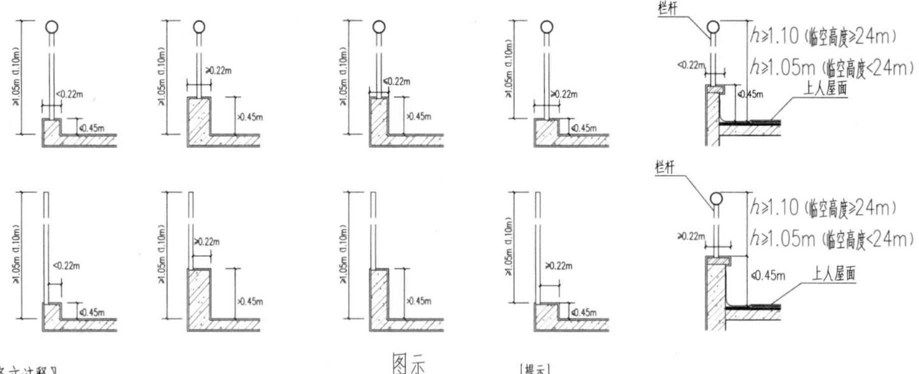

〖条文注释〗
注中说明当栏杆底部有宽度大于或等于0.22m，且高度低于或等于0.45m的可踏部位，按正常人上踏步情况，人很容易踏上并站立眺望（不是攀登），此时，栏杆高度如从楼地面或屋面算起，则至栏杆扶手顶面高度会低于人的重心高度，很不安全，故应从可踏部位顶面起计算。

[提示]
当临空高度在24m以下时，栏杆高度不应低于1.05m；临空高度在24m及24m以上时，栏杆高度不应低于1.10m。

图 3.3–19 台阶、坡道和栏杆

住宅、托儿所、幼儿园、中小学及其他少年儿童专用活动场所的栏杆必须采取防止攀爬的构造，当采用垂直杆件做栏杆时，其杆件净间距不应大于0.11m【图示】。

〖条文说明〗
为保护少年儿童生命安全，他们专用活动场所的栏杆应采用防止攀登的构件，如不宜做横向花饰、女儿墙防水材料收头的小沿砖等。做垂直杆件时，杆件间的净距不应大于0.11m，以防头部带身体穿过而坠落。近几年，在商场等建筑中，有的栏杆垂直杆件间的净距在0.20m左右，时有发生儿童坠落事故，因此少年儿童能去活动的场所，单做垂直栏杆时，杆件间的净距也不应大于0.11m。

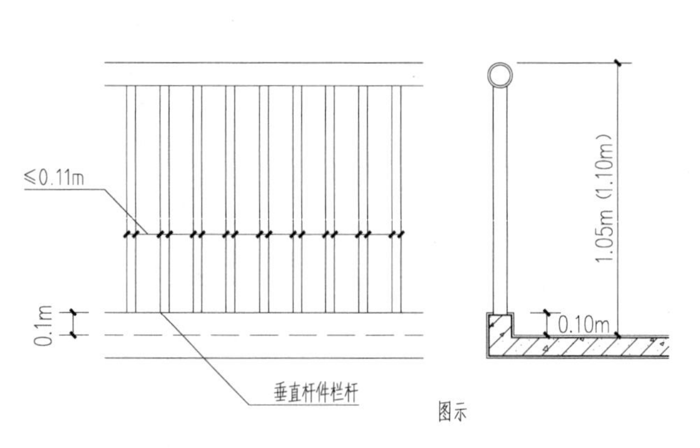

图 3.3–20 台阶、坡道和栏杆

离，当双侧有扶手时，梯段净宽应为两侧扶手中心线之间的水平距离。当有凸出物时，梯段宽度应从凸出物表面算起。梯段净宽除应符合现行国家标准《建筑设计防火规范（2018 年版）》GB 50016—2014 及国家现行相关专用建筑设计标准的规定外，供日常主要交通用的楼梯的梯段净宽应根据建筑物使用特征，按每股人流宽度为 0.55+（0 ~ 0.15）m 的人流股数确定，并不应少于两股人流。0 ~ 0.15m 为人流在行进中人体的摆幅，公共建筑人流众多的场所应取上限值。梯段改变方向时，扶手转向端处的平台最小宽度不应小于梯段净宽，并不得小于 1.20m，当有搬运大型物件需要时应适量加宽。直跑楼梯的中间平台宽度不应小于 0.9m。

每个梯段的踏步不应超过 18 级，亦不应少于 3 级。楼梯平台上部及下部过道处的净高不应小于 2.0m，梯段净高不宜小于 2.20m。楼梯应至少于一侧设扶手，梯段净宽达三股人流时应两侧设扶手，达四股人流时宜加设中间扶手。室内楼梯扶手高度自踏步前缘线量起不宜小于 0.90m。靠楼梯井一侧水平扶手长度超过 0.50m 时，其高度不应小于 1.05m。踏步应采取防滑措施。托儿所、幼儿园、中小学及少年儿童专用活动场所的楼梯，梯井净宽大于 0.20m 时，必须采取防止少年儿童坠落的措施。楼梯相关图集见图 3.3-21 ~图 3.3-26。

扫码查标准

二维码 5　楼梯

楼梯

梯段净宽除应符合现行国家标准《建筑设计防火规范》GB50016及国家现行相关专用建筑设计标准的规定外，供日常主要交通用的楼梯的梯段净宽应根据建筑物使用特征，按每股人流宽度为0.55+(0~0.15)m的人流股数确定，并不应少于两股人流。(0~0.15) m为人流在行进中人体的摆幅，公共建筑人流众多的场所应取上限值【图示1】【图示2】【图示3】。

楼梯应至少于一侧设扶手，梯段净宽达三股人流时应两侧设扶手，达四股人流时宜加设中间扶手【图示2】【图示3】。

〖条文说明〗

楼梯梯段净宽在防火规范中是以每股人流为0.55m计算，并规定按两股人流最小宽度不应小于1.10m，这对疏散楼梯是适用的，而对平时用作交通的楼梯不完全适用，尤其是人员密集的公共建筑（如商场、剧场、体育馆等）主要楼梯应考虑多股人流通行。使垂直交通不造成拥挤和阻塞现象。此外，人流宽度按0.55m计算是最小值，实际上人体在行进中有一定摆幅和相互间空隙，因此本条规定每股人流为0.55m+（0~0.15）m，0~0.15即为人流众多时的附加值，单人行走楼梯梯段宽度还需要适当加大。

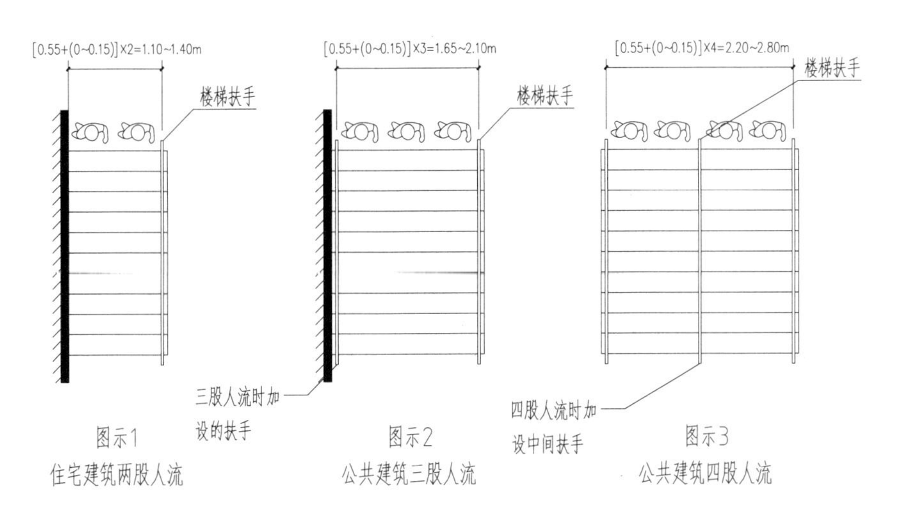

图 3.3-21　楼梯

梯段改变方向时，扶手转向端处的平台最小宽度不应小于梯段宽度，并不得小于1.20m【图示1】【图示2】，当有搬运大型物件需要时应适当加宽【图示3】。

〖条文说明〗

梯段改变方向时，扶手转向端处的最小平台宽度不应小于梯段宽度，并不得小于1.20m，当有搬运大型物件需要时应适量加宽，以保持疏散宽度的一致，并能使家具等大型物件通过。

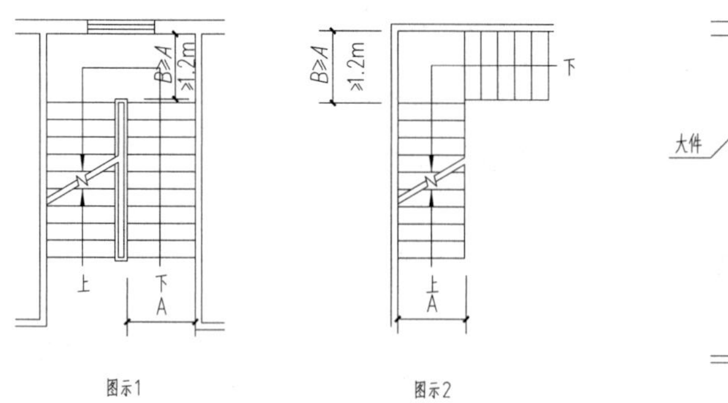

A——梯段宽度
B——扶手转向端处平台最小宽度

图 3.3–22　楼梯

楼梯平台上部及下部过道处的净高不应小于2m，梯段净高不宜小于2.20m【图示1】。

注：梯段净高为自踏步前缘(包括最低和最高一级踏步前缘线以外0.30m范围内)量至上方突出物下缘间的垂直高度。

〖条文说明〗

由于建筑竖向处理和楼梯做法变化，楼梯平台上部及下部净高不一定与各层净高一致，此时其净高不应小于2m，使人行进时不碰头。梯段净高一般应满足人在楼梯上伸直手臂向上旋升时手指刚触及上方突出物下缘一点为限，为保证人在行进时不碰头和产生压抑感，故按常用楼梯坡度，梯段净高宜为2.20m。

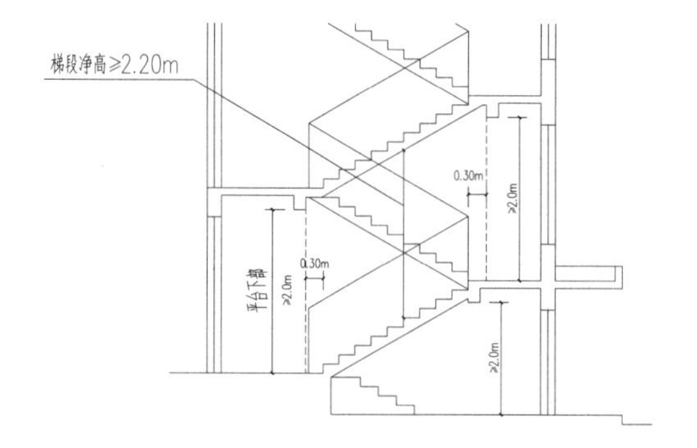

图示1　楼梯净高

图 3.3–23　楼梯

室内楼梯扶手高度自踏步前缘线量起不宜小于0.90m【图示1】。靠楼梯井一侧水平扶手长度超过0.50m时，其高度不应小于1.05m【图示2】【图示3】。

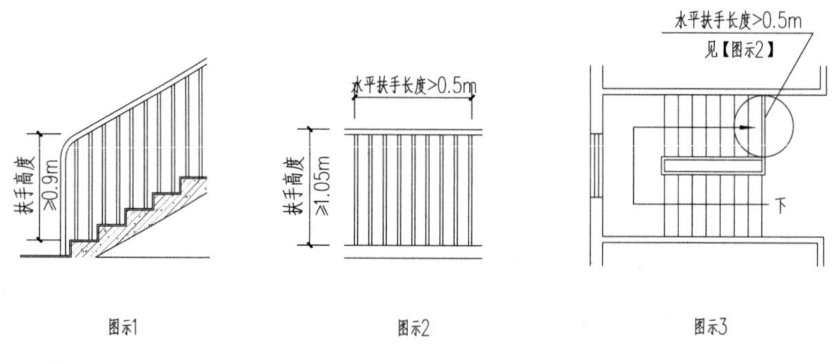

[提示]
楼梯是指室内供公共交通疏散用的楼梯，室内公共楼梯、疏散楼梯等。

图 3.3–24　楼梯

托儿所、幼儿园、中小学及少年儿童专用活动场所的楼梯,梯井净宽大于0.20m时， 必须采取防止少年儿童攀滑的措施【图示1】，楼梯栏杆应采取不宜攀登的构造，当采用垂直杆件做栏杆时，其杆件净距不应大于0.11m【图示2】。

〖条文说明〗

为了保护少年儿童安全，幼儿园等少年儿童专用活动场所的楼梯，其梯井净宽大于0.20m(少儿胸背厚度),必须采取防止少年儿童攀滑措施，防止其跌落楼梯井底，楼梯栏杆应采取不易攀登的构造，一般做垂直杆件其净距不应大于0.11m(少儿头宽度)，防止穿越坠落。

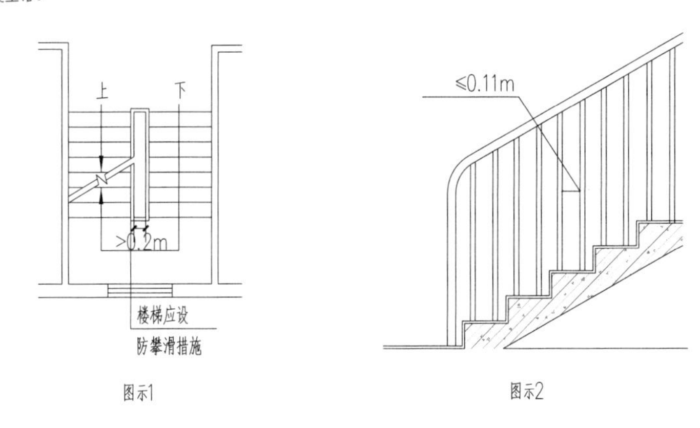

图示1　　图示2

[提示]

图示1的防攀爬措施，包括防攀爬栏杆、栏杆无水平划分杆件等。

图 3.3–25　楼梯

楼梯踏步的高宽比应符合下表的规定：

楼梯踏步最小宽度和最大高度（m）

楼 梯 类 别	最小宽度	最大高度
住宅公共楼梯	0.26	0.175
幼儿园、小学校等楼梯	0.26	0.15
电影院、剧院、体育场、商场、医院、旅馆和大中学校等楼梯	0.28	0.16
其他建筑楼梯	0.26	0.17
专用建筑楼梯	0.25	0.18
服务楼梯、住宅套内楼梯	0.22	0.20

注：无中柱螺旋楼梯和弧形楼梯离内扶手中0.25m处的踏步宽度不应小于0.22m【图示1】【图示2】。

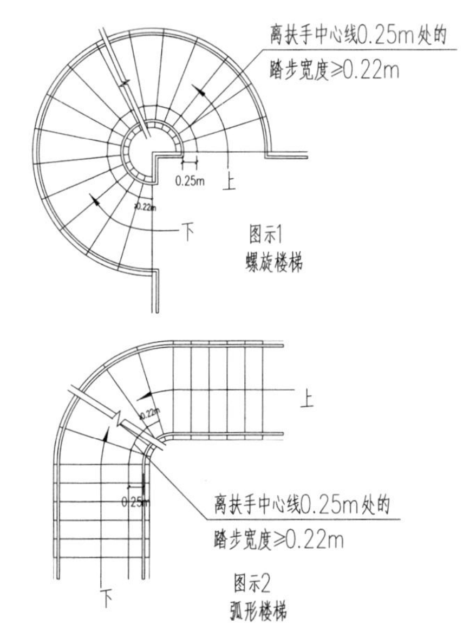

图 3.3–26　楼梯

3.3.5　电梯、自动扶梯、自动人行道

电梯不得计作安全出口。高层公共建筑和 12 层及 12 层以上的高层住宅，每栋楼设置电梯的台数不应少于 2 台。电梯的设置，单侧排列时不宜超过 4 台，双侧排列时不宜超过 2 排 ×4 台；高层建筑电梯分区服

务时，每服务区的电梯单侧排列时不宜超过 4 台，双侧排列时不宜超过 2 排 ×4 台；电梯不应在转角处贴邻布置，且电梯井不宜被楼梯环绕设置；电梯候梯厅的深度应规定，并不得小于 1.50m。电梯井道和机房不宜与有安静要求的用房贴邻布置，否则应采取隔振、隔声措施。机房应为专用的房间，其围护结构应保温隔热，室内应有良好通风、防尘，宜有自然采光，不得将机房顶板作水箱底板及在机房内直接穿越水管或蒸汽管。消防电梯的布置应符合防火规范的有关规定。电梯相关图集见图 3.3–27、图 3.3–28。

扫码查标准

二维码 6　电梯、自动扶梯和自动人行道

电梯、自动扶梯和自动人行道

电梯设置应符合下列规定：

3 建筑物每个服务区单侧排列的电梯不宜超过4台【图示1】，双侧排列的电梯不宜超过2×4台【图示2】；电梯不应在转角处贴邻布置【图示3】；

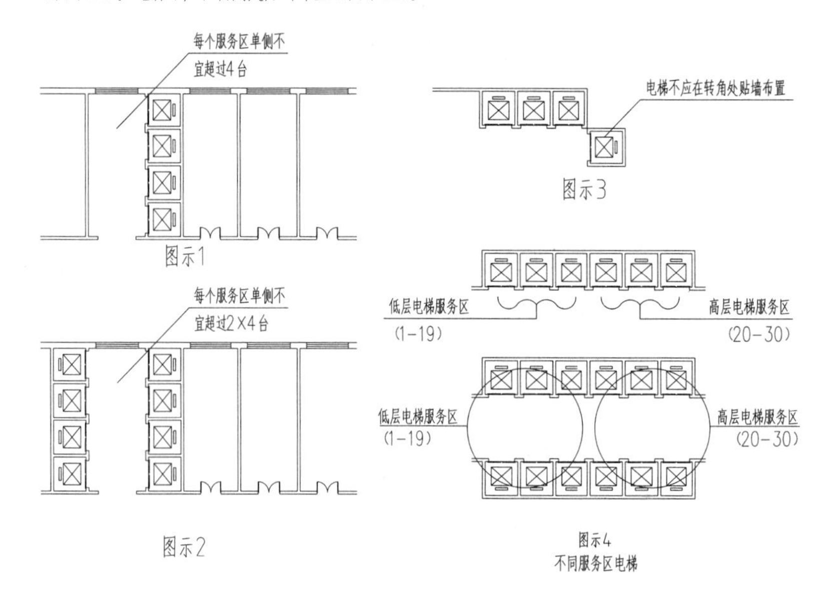

图 3.3–27　电梯、自动扶梯和自动人行道

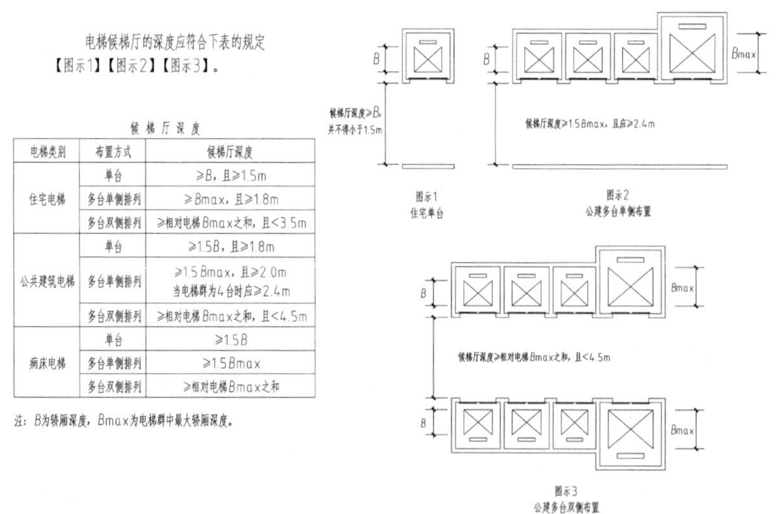

电梯候梯厅的深度应符合下表的规定【图示1】【图示2】【图示3】。

候梯厅深度

电梯类别	布置方式	候梯厅深度
住宅电梯	单台	≥B，且≥1.5m
	多台单侧排列	≥Bmax，且≥1.8m
	多台双侧排列	≥相对电梯Bmax之和，且<3.5m
公共建筑电梯	单台	≥1.5B，且≥1.8m
	多台单侧排列	≥1.5Bmax，且≥2.0m 当电梯群为4台时应≥2.4m
	多台双侧排列	≥相对电梯Bmax之和，且<4.5m
病床电梯	单台	≥1.5B
	多台单侧排列	≥1.5Bmax
	多台双侧排列	≥相对电梯Bmax之和

注：B为轿厢深度，Bmax为电梯群中最大轿厢深度。

图 3.3–28　电梯、自动扶梯和自动人行道

自动扶梯和自动人行道不得计作安全出口。出人口畅通区的宽度从扶手带端部算起不应小于 2.50m，人员密集的公共场所其通畅区宽度不宜小于 3.5m。栏板应平整、光滑和无突出物；扶手带顶面距自动扶梯前缘、自动人行道踏板面或胶带面的垂直高度不应小于 0.90m。扶手带中心线与平行墙面或楼板开口边缘间的距离；当相邻平行交叉设置时，两梯（道）之间扶手带中心线的水平距离不应小于 0.50m，否则应采取措施防止障碍物引起人员伤害。

自动扶梯的梯级、自动人行道的踏板或胶带上空，垂直净高不应小于 2.30m。自动扶梯的倾斜角不宜超过 30°，额定速度不宜大于 0.75m/s；当提升高度不超过 6m，倾斜角小于等于 35°时，额定速度不宜大于 0.50m/s；当自动扶梯速度大于 0.65m/s 时，在其端部应有不小于 1.6m 的水平移动距离作为导向行程段。倾斜式自动人行道的倾斜角不应超过 12°，额定速度不应大于 0.75m/s。

自动扶梯和层间相通的自动人行道单向设置时，应就近布置相匹配的楼梯。设置自动扶梯或自动人行道所形成的上下层贯通空间，应符合现行国家标准《建筑设计防火规范（2018 年版）》GB 50016—2014 的有关规定。自动扶梯和自动人行道相关图集见图 3.3–29 ～图 3.3–33。

自动扶梯、自动人行道应符合下列规定：

2 出入口畅通区的宽度不应小于2.50m【图示1】，畅通区有密集人流穿行时，其宽度加大【图示2】；

〖条文说明〗

乘客在设备运行过程中进出自动扶梯或自动人行道，有一个准备进入和带着运动惯性走出的过程，为保障乘客安全，出入口需要设置畅通区，一些公共建筑如商场，常有密集人流穿过畅通区，应增加人流通过的宽度，适当加大畅通区的深度。

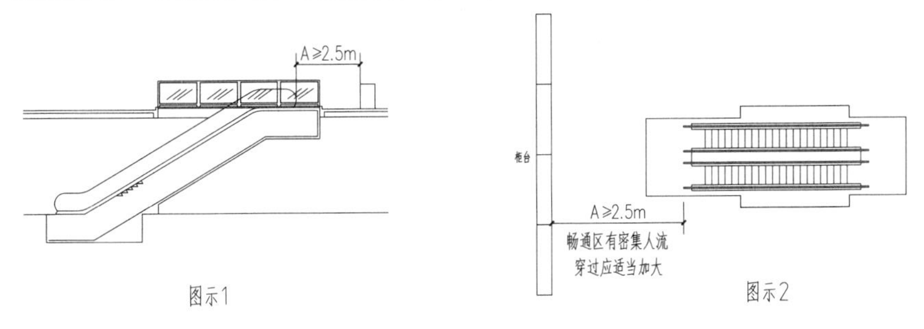

图 3.3–29 电梯、自动扶梯和自动人行道

3 栏板应平整、光滑和无突出物；扶手带顶面距自动扶梯前缘、自动人行道踏板或胶带面的垂直高度不应小于0.9m【图示1】【图示2】；扶手带外边至任何障碍物不应小于0.50m，否则应采取措施防止障碍物引起人员伤害【图示3】；

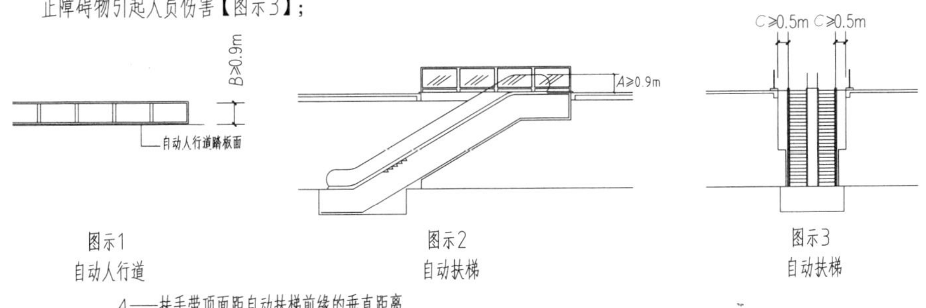

A——扶手带顶面距自动扶梯前缘的垂直距离

B——自动人行道踏板面或胶带面的垂直高度

C——扶手带外边至任何障碍物的距离

图 3.3–30 电梯、自动扶梯和自动人行道

4 扶手带中心线与平行墙面或楼板开口边缘间的距离、相邻平行交叉设置时两梯（道）之间扶手带中心线的水平距离不宜小于0.50m，否则应采取措施防止障碍物引起人员伤害【图示1】【图示2】；

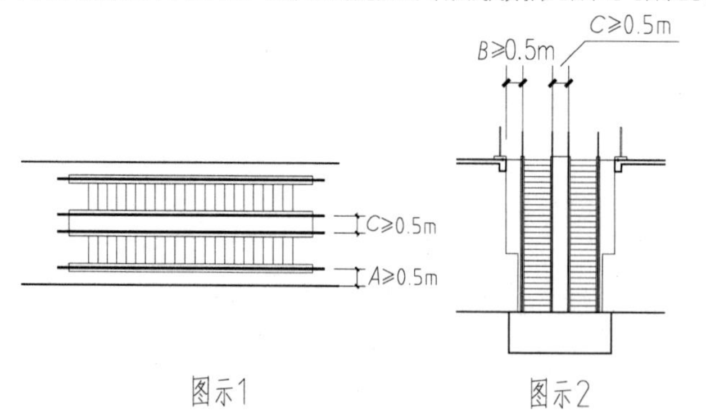

A——扶手带中心线与平行墙面间的距离
B——扶手带中心线与楼板开口边缘间的距离
C——相邻两梯扶手带中心线的水平距离

图3.3-31 电梯、自动扶梯和自动人行道

5 自动扶梯的梯级、自动人行道的踏板或胶带上空，垂直净高不应小于2.30m【图示1】【图示2】；

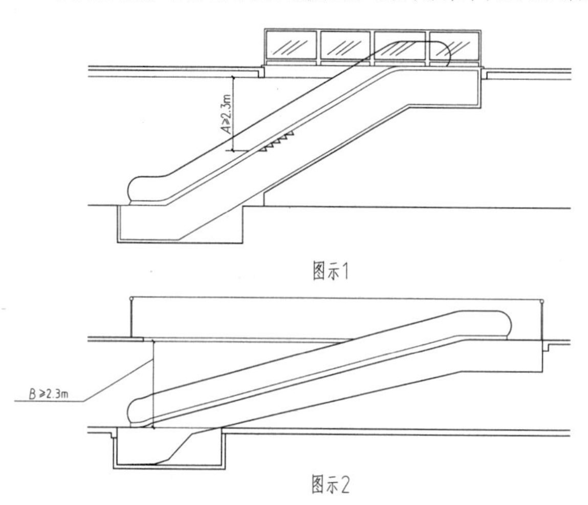

A——自动扶梯梯级上空的垂直净高
B——自动人行道的踏板或胶带上空垂直净高

图3.3-32 电梯、自动扶梯和自动人行道

6 自动扶梯的倾斜角不应超过30°，当提升高度不超过6m，额定速度不超过0.50m/s时，倾斜角允许增至35°【图示1】；倾斜式自动人行道的倾斜角不应超过12°【图示2】；

〖条文说明〗
因倾斜角度过大的自动扶梯，会造成人的心理紧张，对安全不利，倾斜角度过大的自动人行道，人站立其中会失去平衡，容易发生安全事故，故对倾斜角的最大值作出规定。

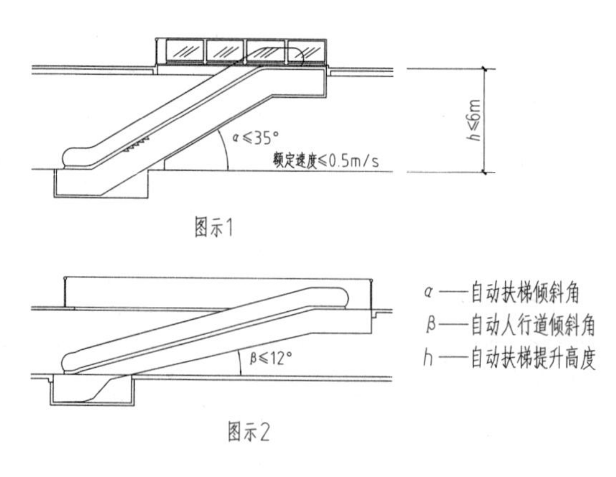

图3.3-33 电梯、自动扶梯和自动人行道

3.3.6 门窗设计

窗在设计时，窗扇的开启形式应方便使用，安全和易于维修、清洗；当采用外开窗时应加强牢固窗扇的措施。公共走道的窗扇，开启时不得影响人员通行，其底面距走道地面高度不应低于 2m。公共建筑临空外窗的窗台距楼地面净高低于 0.80m，否则应设置防护设施，防护设施的高度由地面起算不应低于 0.80m；居住建筑临空外窗的窗台距楼地面净高不得低于 0.9m，否则应设置防护设施，防护设施的高度由地面起算不应低于 0.90m。当凸窗窗台高度低于或等于 0.45m 时，其防护高度从窗台面起算不应低于 0.9m；当凸窗窗台高度高于 0.45m 时，其防护高度从窗台面起算不应低于 0.6m，防火墙上必须开设窗洞时，应按防火规范设置。窗的设置要求见图 3.3–34、图 3.3–35。

扫码查标准

二维码 7　门窗

门在设计时，外门构造应开启方便，坚固耐用。手动开启的大门扇应有制动装置，推拉门应有防脱轨的措施。双面弹簧门应在可视高度部分装透明安全玻璃。推拉门、旋转门、电动门、卷帘门、吊门、折叠门不应作为疏散门。开向疏散走道及楼梯间的门扇开足时，不应影响走道及楼梯平台的疏散宽度。门的开启不应跨越变形缝。门窗玻璃选用应符合《建筑玻璃应用技术规程》JGJ 113—2015 的规定。其中，7 层及 7 层以上建筑物外开窗单块玻璃面积大于 1.5m，门玻璃和固定门玻璃，距离可踏面高度 900mm 以下的窗玻璃、倾斜窗、天窗及易遭受撞击、

门窗

窗的设置应符合下列规定:

3　开向公共走道的窗扇，其底面高度不应低于2.0m【图示1】；

4　临空的窗台低于0.80m时，应采取防护措施，防护高度由楼地面起计算不应低于0.80m【图示2】；

〖条文说明〗

临空的窗台低于0.80(住宅为0.90m)时(窗台外无阳台、平台、走廊等)，应采取防护措施，并确保从楼地面起计算的0.80m(住宅0.90m)防护高度，低窗台、凸窗等下部有能上人站立的窗台面时，贴窗护栏或固定窗的防护高度应从窗台面起计算，这是为了保障安全，防止过低的宽窗台面使人容易爬上去而从窗户坠地。

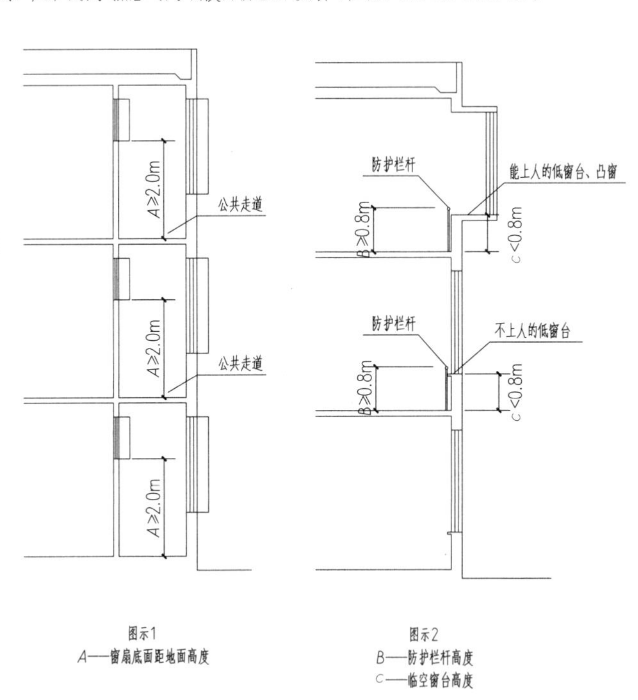

图 3.3–34　门窗

冲击而造成人体伤害的其他部位窗均使用安全玻璃，并应设防撞提示标志。门的设置要求见图 3.3–36。

注：1 住宅窗台低于0.90m时，应采取防护措施【图示1】；

2 低窗台、凸窗等下部有能上人站立的宽窗台面时，贴窗户栏或固定窗的防护高度应从窗台面起计算【图示2】；

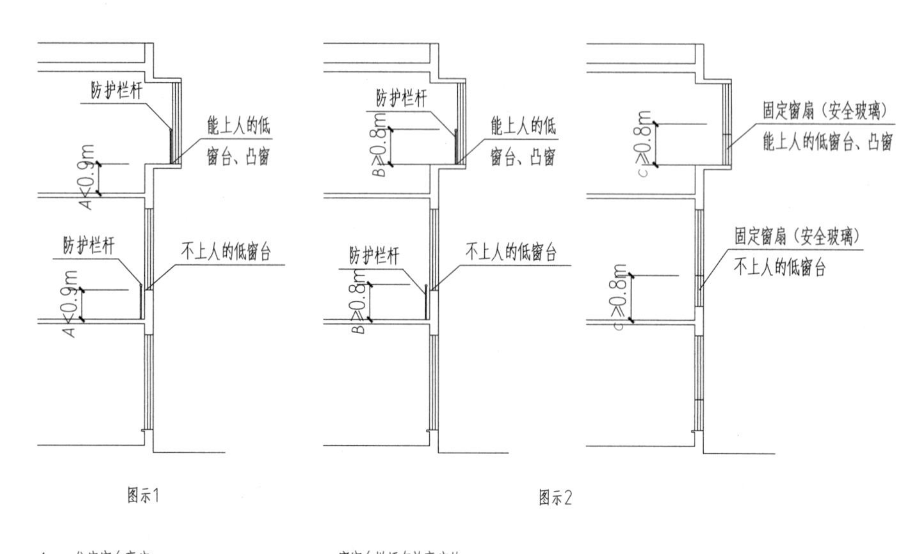

图 3.3–35 门窗

门的设置应符合下列规定：

5 开向疏散走道及楼梯间的门扇开足时，不应影响走道及楼梯平台的疏散宽度【图示1】【图示2】；

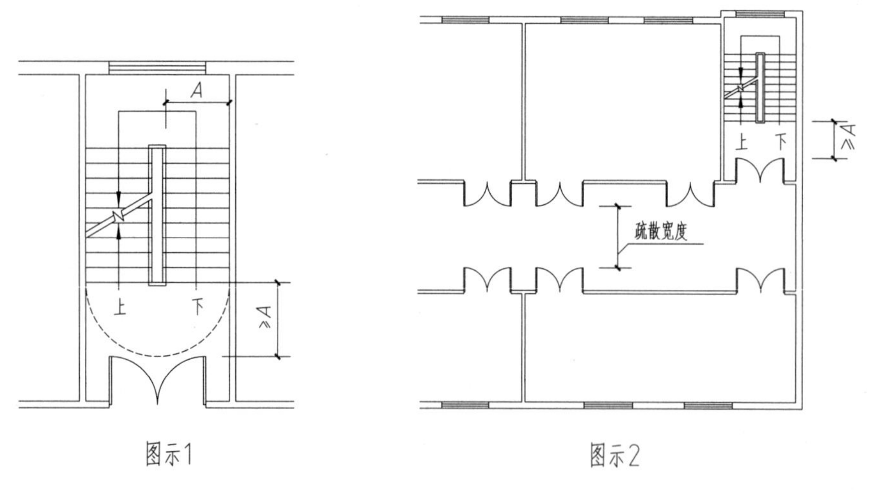

图 3.3–36 门窗

3.4 建筑平面图设计防火要求

3.4.1 一般要求

民用建筑的安全出口和疏散门应分散布置，且建筑内每个防火分区或一个防火分区的每个楼层、每个住宅单元每层相邻两个安全出口以及每个房间相邻两个疏散门最近边缘之间的水平距离不应小于 5m。建筑的楼梯间宜通至屋面，通向屋面的门或窗应向外开启。自动扶梯和电梯不应计作安全疏散设施。

3.4.2 公共建筑

（1）公共建筑内每个防火分区或一个防火分区的每个楼层，其安全出口的数量应经计算确定，且不应少于 2 个。符合下列条件之一的公共建筑，可设 1 个安全出口或 1 部疏散楼梯：

· 除托儿所、幼儿园外，建筑面积小于或等于 200m^2 且人数不超过 50 人的单层公共建筑或多层公共建筑的首层；

· 除医疗建筑，老年人建筑，托儿所、幼儿园的儿童用房，儿童游乐厅等儿童活动场所和歌舞娱乐放映游艺场所等外，符合表 3.4–1 规定的公共建筑。

可设置1部疏散楼梯的公共建筑　　表3.4–1

耐火等级	最多层数	每层最大建筑面积（m^2）	人数
一、二级	3层	200	第二、三层的人数之和不超过 50人
三级	3层	200	第二、三层的人数之和不超过 25人
四级	2层	200	第二层人数不超过15人

（2）一类高层公共建筑和建筑高度大于 32m 的二类高层公共建筑，其疏散楼梯应采用防烟楼梯间。裙房和建筑高度不大于 32m 的二类高层公共建筑，其疏散楼梯应采用封闭楼梯间。

（3）下列多层公共建筑的疏散楼梯，除与敞开式外廊直接相连的楼梯间外，均应采用封闭楼梯间：医疗建筑、旅馆、老年人建筑及类似使用功能的建筑；设置歌舞娱乐放映游艺场所的建筑；商店、图书馆、展览建筑、会议中心及类似使用功能的建筑；6 层及以上的其他建筑。

（4）公共建筑内房间的疏散门数量应经计算确定且不应少于 2 个。除托儿所、幼儿园、老年人建筑、医疗建筑、教学建筑内位于走道尽端的房间外，符合下列条件之一的房间可设置 1 个疏散门：

· 位于两个安全出口之间或袋形走道两侧的房间，对于托儿所、幼儿园、老年人建筑，建筑面积不大于 50m^2；对于医疗建筑、教学建筑，建筑面积不大于 75m^2；对于其他建筑或场所，建筑面积不大于 120m^2。

· 位于走道尽端的房间，建筑面积小于 50m^2 且疏散门的净宽度不小于 0.9m，或由房间内任一点至疏散门的直线距离不大于 15m、建筑面积不大于 200m^2 且疏散门的净宽度不小于 1.40m。

· 歌舞娱乐放映游艺场所内建筑面积不大于 50m² 且经常停留人数不超过 15 人的厅、室。

(5) 公共建筑的安全疏散距离应符合下列规定：

直通疏散走道的房间疏散门至最近安全出口的直线距离不应大于表 3.4–2 的规定。

直通疏散走道的房间疏散门至最近安全出口的直线距离（m）　　表3.4–2

名称			位于两个安全出口之间的疏散门			位于袋形走道两侧或尽端的疏散门		
			一、二级	三级	四级	一、二级	三级	四级
托儿所、幼儿园、老年人建筑			25	20	15	20	15	10
歌舞娱乐放映游艺场所			25	20	15	9	—	—
医疗建筑	单、多层		35	30	25	20	15	10
	高层	病房部分	24	—	—	12	—	—
		其他部分	30	—	—	15	—	—
教学建筑	单、多层		35	30	25	22	20	10
	高层		30	—	—	15	—	—
高层旅馆、展览建筑			30	—	—	15	—	—
其他建筑	单、多层		40	35	25	22	20	15
	高层		40	—	—	20	—	—

(6) 公共建筑内疏散门和安全出口的净宽度不应小于 0.90m，疏散走道和疏散楼梯的净宽度不应小于 1.10m。高层公共建筑内楼梯间的首层疏散门、首层疏散外门、疏散走道和疏散楼梯的最小净宽度应符合表 3.4–3 的规定。

高层公共建筑内楼梯间的首层疏散门、首层疏散外门、疏散走道和疏散楼梯的最小净宽度（m）　　表3.4–3

建筑类别	楼梯间的首层疏散门、首层疏散外门	走道		疏散楼梯
		单面布房	双面布房	
高层医疗建筑	1.30	1.40	1.50	1.30
其他高层公共建筑	1.20	1.30	1.40	1.20

3.4.3 住宅建筑

(1) 住宅建筑安全出口的设置应符合下列规定：

· 建筑高度不大于 27m 的建筑，当每个单元任一层的建筑面积大于 650m²，或任一户门至最近安全出口的距离大于 15m 时，每个单元每层的安全出口不应少于 2 个；

· 建筑高度大于 27m、不大于 54m 的建筑，当每个单元任一层的建筑面积大于 650m^2，或任一户门至最近安全出口的距离大于 10m 时，每个单元每层的安全出口不应少于 2 个；

· 建筑高度大于 54m 的建筑，每个单元每层的安全出口不应少于 2 个。

(2) 建筑高度大于 27m，但不大于 54m 的住宅建筑，每个单元设置一座疏散楼梯时，疏散楼梯应通至屋面，且单元之间的疏散楼梯应能通过屋面连通通户门应采用乙级防火门。当不能通至屋面或不能通过屋面连通时，应设置 2 个安全出口。

(3) 住宅建筑的安全疏散距离应符合下列规定：

· 直通疏散走道的户门至最近安全出口的直线距离不应大于表 3.4—4 的规定：

住宅建筑直通疏散走道的户门至最近安全出口的直线距离（m）　　表3.4—4

住宅建筑类别	位于两个安全出口之间的户门			位于袋形走道两侧或尽端的户门		
	一、二级	三级	四级	一、二级	三级	四级
单、多层	40	35	25	22	20	15
高层	40	—	—	20	—	—

· 楼梯间应在首层直通室外，或在首层采用扩大的封闭楼梯间或防烟楼梯间前室。层数不超过 4 层时，可将直通室外的门设置在离楼梯间不大于 15m 处。

· 户内任一点至直通疏散走道的户门的直线距离不应大于表 3.4—4 规定的袋形走道两侧或尽端的疏散门至最近安全出口的最大直线距离。

(4) 住宅建筑的户门、安全出口、疏散走道和疏散楼梯的各自总净宽度应经计算确定，且户门和安全出口的净宽度不应小于 0.90m，疏散走道、疏散楼梯和首层疏散外门的净宽度不应小于 1.10m。建筑高度不大于 18m 的住宅中一边设置栏杆的疏散楼梯，其净宽度不应小于 1.0m。

3.5 民用建筑平面图无障碍设计要求

无障碍设计强调在科学技术高度发展的现代社会，一切有关人类衣食住行的公共空间环境以及各类建筑设施、设备的规划设计，都必须充分考虑具有不同程度生理伤残缺陷者和正常活动能力衰退者（如残疾人、老年人）的使用需求，配备能够应答、满足这些需求的服务功能与装置，营造一个充满爱与关怀、切实保障人类安全、方便、舒适的现代生活环境。

《无障碍设计规范》GB 50763—2012 中规定民用建筑中实施无障碍的范围是办公、科研、司法、教育、医疗康复、商业服务、文化、纪念、观演、体育、交通、园林、居住建筑；汽车加油加气站、高速公路服务区、城市公共厕所等。无障碍要求是建筑入口、走道、平台、门、门厅、楼梯、电梯、公共厕所、浴室、电话、客房、住房、标志、盲道、轮椅席等应依据建筑性能配有相关无障碍设施，提供方便。具体可在设计时参看相应规范。

无障碍入口包括三种类别：平坡出入口、同时设置台阶和轮椅坡道的出入口、同时设置台阶和升降平台的出入口。

建筑入口为平坡出入口时，入口室外的地面坡度不应大于 1 ：20。公共建筑与高层、中高层建筑入口设台阶时，必须设轮椅坡道和扶手。建筑入口轮椅通行平台最小宽度应符合表 3.5–1 的规定。无障碍入口和轮椅通行平台应设雨篷。建筑入口无障碍坡道示意见图 3.5–1，建筑入口轮椅通行平台最小宽度见表 3.5–1。

图 3.5–1　无障碍坡道

建筑入口轮椅通行平台最小宽度　　表3.5–1

建筑类别	入口平台最小宽度（m）
1 大、中型公共建筑	≥2.00
2 小型公共建筑	≥1.50
3 中、高层建筑，公寓建筑	≥2.00
4 多、低层无障碍住宅，公寓建筑	≥1.50
5 无障碍宿舍建筑	≥1.50

供轮椅通行的坡道应设计成直线型、直角型或折返型，不宜设计弧型。坡道两侧应设扶手，坡道与休息平台的扶手应保持连贯。坡道侧面凌空时，在扶手栏杆下端宜设高不小于 50mm 的坡道安全挡台。不同位置的坡道，其坡度和宽度应符合表 3.5–2 的规定。

轮椅坡道的最大高度和水平长度应符合表 3.5–3 的要求，1 ：10 ~ 1 ：8 坡道应只限用于受场地限制改建的建筑物和室外通路。坡道面应平整，不应光滑。坡道起点、终点和中间休息平台的水平长度不应小于 1.50m。

供使用的走道与地面应符合下列规定：走道宽度不应小于 1.80m；走道两侧应设扶手；走道两侧墙面应设高 0.35m 护墙板；走道及室内地面应平整，并应选用遇水不滑的地面材料；走道转弯处的阳角应为弧墙面或切角墙面；走道内不得设置障碍物，光照度不应小于 120lx。在走道一侧或尽端与其他地坪有高差时，应设置栏杆或栏板等安全设施。

无障碍坡道规定　　表3.5–2

坡道位置	最大坡度	最小宽度（m）
1 有台阶的建筑入口	1：12	≥1.20
2 只设坡道的建筑入口	1：20	≥1.50
3 室内走道	1：12	≥1.00
4 室外通路	1：20	≥1.50
5 困难地段	1：10～1：8	≥1.20

轮椅坡道的最大高度和水平长度　　表3.5–3

坡度	1：20	1：16	1：12	1：10	1：8
最大高度（m）	1.20	0.90	0.75	0.60	0.30
水平长度（m）	24.00	14.40	9.00	6.00	2.40

供残疾人使用的门应符合下列规定：应采用自动门，也可采用推拉门、折叠门或平开门，不应采用力度大的弹簧门；在旋转门一侧应加设残疾人使用的门；轮椅通行门的净宽应符合表3.5–4的规定。乘轮椅者开启的推拉门和平开门，在门把手一侧的墙面应留有不小于0.5m的墙面宽度；乘轮椅者开启的门扇，应安装视线观察玻璃、横执把手和关门拉手，在门扇的下方应安装高0.35m的护门板；门扇在一只手操纵下应易于开启，门槛高度及门内外地面高差不应大于15mm，并应以斜面过渡。

轮椅通行的门净宽　　表3.5–4

类别	净宽（m）
1 自动门	≥1.00
2 推拉门、折叠门	≥0.80
3 平开门	≥0.80
4 弹簧门（小力度）	≥0.80

供残疾人使用的扶手应符合下列规定：坡道、台阶及楼梯两侧应设高0.85m的扶手；设两层扶手时，下层扶手高应为0.65m；扶手起点与终点处延伸应大于或等于0.30m；扶手末端应向内拐到墙面，或向下延伸0.10m。栏杆式扶手应向下成弧形或延伸到地面上固定；扶手内侧与墙面的距离应为40～50mm；扶手应安装坚固，形状易于抓握。安装在墙面的扶手托件应为L形，扶手和托件的总高度宜为70～80mm。交通建筑、医疗建筑和政府接待部门等公共建筑，在扶手的起点与终点应设盲文说明牌。

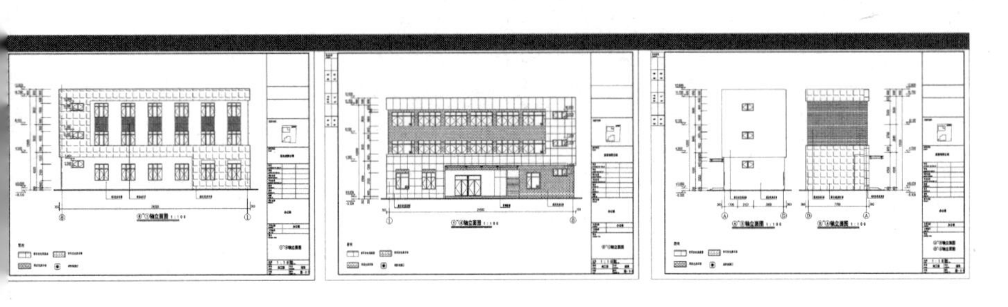

4

单元四　建筑施工图立面图设计

4.1 建筑立面图

图 4.1–1　立面图示例

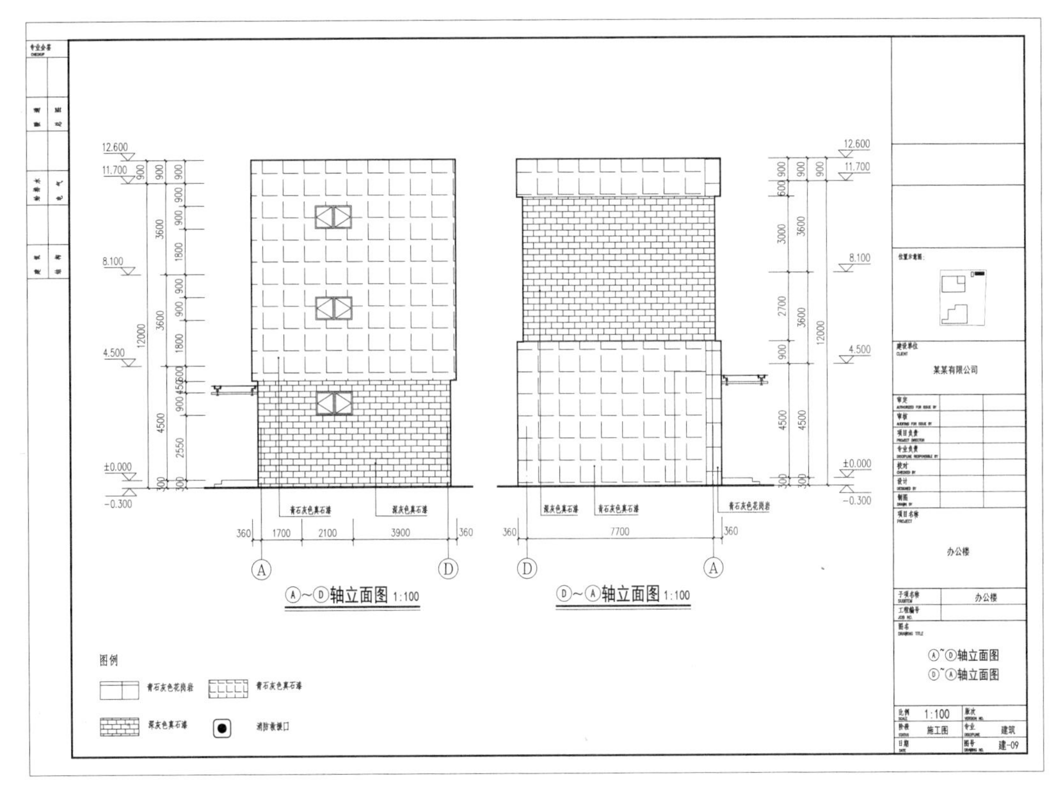

图 4.1–1　立面图示例（续）

建筑立面图是建筑物的外视图，用以表达建筑的外形效果，为建筑外垂直面正投影可视部分，应按直接投影法绘制（图 4.1–1）。建筑立面图是展示建筑物外貌特征及外墙面装饰的工程图样，是建筑施工中进行高度控制与外墙装修的技术依据。一般工程项目四个方向的立面均应表示，仅在某些立面基本相同时，可合并表示。当建筑物有曲线或折线形的侧面时，可以将曲线或折线形的立向，绘成展开立面图，以使各部分反映实形。内部院落的局部立面，可在相关剖面图上表示，如剖面图未能表示完全的，需单独绘出。立面图以表示建筑投影方向可见的建筑外轮廓线和建筑构配件为主，其中包括门窗、阳台、雨罩、台阶、花台、门头、勒脚、檐口、女儿墙、雨水管、烟风道、室外楼梯等形式。建筑立面图示例见图 4.1–1。

立面图的定位应表示出建筑两端、转折、凸凹部位及立面高度变化位置的定位轴线编号。应把定位轴线范围内正投影方向所见的建筑外轮廓、门窗、阳台、雨篷等建筑构件、所有突出墙面的线脚，用实线表示。前后有距离的或有凸凹的部位，采用不同粗细的实线表示，粗线宜往外加粗，最前面的主要部分用最粗线表示，粉刷线用最细线表示。粗细线的运用，使立面更有层次、更清晰。立面图还应用细实线表示出外墙上较大的留洞、与其他建筑相连的部分、雨水管、爬梯等建筑构件。立面图上采用不同装饰材料时应表示清楚（包括做法、颜色、部位）。

立面图的标注、标高主要包括几个内容：室内外地面设计标高，建筑物外沿轮廓变化处和最高处标高，立面上可见的门窗洞口的上下标高，雨篷、阳台、挑檐、坡顶的檐口最高处等突出部分标高，必要时可标注出楼层标高，以全面反映立面各部分与楼层关系，一般可不注高度间距尺寸。应标注建筑主体部分的总高度。

建筑立面图的线型有以下要求：定位轴线范围内正投影方向所见的建筑外轮廓、门窗、阳台、雨篷等建筑构件、所有突出墙面的线脚，用实线表示。前后有距离的或有凸凹的部位，采用不同粗细的实线表示、粗线宜往外加粗、最前面的主要部分用最粗线表示，粉刷线用最细线表示。立面图还应用细实线表示出外墙上较大的留洞、与其他建筑相连的部分、雨水管、爬梯等建筑构件。立面图上采用不同装饰材料时应表示清楚（包括做法、颜色、部位）。

建筑立面图的命名方式。建筑立面图的命名，一般是根据平面图的朝向、外貌特征和两端的定位轴线编号三种命名方式进行编注的。用朝向命名：建筑物的某个立面面向哪个方向，就称为哪个方向的立面图。如南立面图、北立面图等。按外貌特征命名：将建筑物反映主要出入口或比较显著地反映外貌特征的那一面称为正立面图，其余立面图依次为背立面图、左立面图和右立面图。用建筑平面图中两端的定位轴线编号命名：按照观察者面向建筑物从左到右的轴线编号顺序命名。如⑦～①立面图等。施工图中这三种命名方式都可使用，但每套施工图只能采用其一种方式命名。对于展开立面图，应在图名后注写“展开”两字。目前，比较流行使用建筑平面图中两端的定位轴线编号来命名。

建筑立面图的设计内容。建筑立面图的设计内容有：图名、比例；建筑物两端的定位轴线及编号；建筑物在室外地坪线以上的全貌，包括地面线、建筑物外轮廓形状、构配件的形式与位置及外墙面的装修做法、材料、装饰图线、色调等；必要的尺寸标注与标高；其他，如详图索引符号文字说明等。

4.2 建筑施工图立面设计深度要求

1）两端轴线编号，立面转折较复杂时可用展开立面表示，但应准确注明转角处的轴线编号。

2）立面外轮廓及主要结构和建筑构造部件的位置，如女儿墙顶、檐口、柱、变形缝、室外楼梯和垂直爬梯、室外空调机搁板、阳台、栏杆、台阶、坡道、花台、雨篷、烟囱、勒脚、门窗、幕墙、洞口、门头、雨水管，以及其他装饰构件、线脚和粉刷分格线等。

3）建筑的总高度、楼层位置辅助线、楼层数和标高及关键控制标高的标注，如女儿墙或檐口标高等；外墙的留洞应注尺寸与标高或高度尺寸（宽 × 高 × 深及定位关系尺寸）。

4）平、剖面未能表示出来的屋顶、檐口、女儿墙、窗台以及其他装饰构件、线脚等的标高或尺寸。

5）在平面图上表达不清的窗编号。

6）各部分装饰用料名称或代号，剖面图上无法表达的构造节点详图索引。

7）图纸名称、比例。

8）各个方向的立面应绘齐全，但差异小、左右对称的立面或部分不难推定的立面可简略；内部院落或看不到的局部立面，可在相关剖面图上表示，若剖面图未能表示完全时，则需单独绘出。

4.3 建筑立面图设计

4.3.1 建筑立面图设计的一般要求

定位轴线的要求：建筑立面图中，一般只标出图两端的定位轴线及编号，并注意与平面图中的编号一致。

图线的设计要求：立面图的外形轮廓用粗实线表示；室外地坪线用1.4倍的加粗实线（线宽为粗实线的1.4倍左右）表示；门窗洞口、檐口、阳台、雨篷、台阶等用中实线表示；其余的，如墙面分隔线、门窗格子、雨水管以及引出线等均用细实线表示。

尺寸注法与标高的设计要求：建筑立面图中，一般仅标注必要的竖向尺寸和标高，该标高指相对标高，即相对于首层室内主要地面（标高值为零）的标高。对于楼地面、地下层地面、阳台、平台、檐口、屋脊、女儿墙、台阶等处的高度尺寸及标高，在立面图、剖面图及其详图中应注写完成面标高及高度方向的尺寸。竖向尺寸的尺寸界线位置应与所注标高的位置一致，尺寸数值就是标高之差，但两者的单位不同，尺寸标注中尺寸数值的单位为毫米（mm），而标高的单位为米（m）。

其他设计要求：在平面图上表示不出的窗编号，应在立面图上标注；平、剖面图未能表示出来的屋顶、檐口、女儿墙、窗台等标高或高度，应在立面图上分别注明。各部分构造、装饰节点详图索引，用料名称或符号。外墙装修做法，外墙面根据设计要求可选用不同的材料及做法，在图面上，外墙表面分格线应表示清楚，各部位面材及色彩应选用带有指引线的文字进行说明。

4.3.2 建筑立面图设计

立面图（施工图）中不得加绘阴影和配景，如树木、车辆、人物等。立面图应把定位轴线范围内正投影方向可见的建筑外轮廓（包括有前后变化的轮廓）、门窗、阳台、雨篷等建筑构件、所有突出墙面的线角，用实线表示。前后有距离的，或有凹凸的部位（如门窗洞、柱廊、挑台等），采用不同粗细的实线区分，粗线宜往外加粗，最前面的主要部分用最粗线表示，粉刷分格线应用最细线表示。粗细线的运用可以使立面更有层次、更清晰。前后立面重叠时，前者的外轮廓线宜向外侧加粗，以示区别。

立面图上标高、尺寸、索引的标注方法及要点：立面图主要标注标高，即室内、外地面设计标高、建筑物外沿轮廓线变化处和最高处标高、立面上可见的门窗洞口的上下标高、雨篷、阳台、挑檐、坡顶的檐口最高点等突出部分楼层标高，以全面反映立面各部分与楼层关系，一般可不注高度间距尺寸，立面图应标注建筑主体部分的总高度。立面图中外墙留洞，应标注出底标高或中心标高，如平面未能表示其定位和尺寸时也应在立面图中表示清楚。必须控制的粉刷线的尺寸、标高也应在立面图中表示清楚。在剖面图上未能表示清楚的外檐构造节点索引，应在立面图上补全，立面上的粉刷节点做法也应有索引表示，平面未能表示清楚的门窗编号也应在立面图上标注。

立面图的简化有以下方法：前后或左右完全相同的立面，可以只画一个，另一个注明即可。立面图上相同的门窗、阳台、外装饰构件、构造作法等，可在局部重点表示，其他部分可只画轮廓线。完全对称的立面，可只画一半，在对称轴处加绘对称符号即可。但由于外形不完整，一般较少采用。立面图的比例宜与平面图采取同一比例，也可按制图规定确定立面图比例，但应在图名后注明。建筑物平面有较大转折时，转折处的轴线编号立面图上也宜注出。裸露于建筑物外部的设备构架（如空调室外机），应根据室内功能结合建筑立面统一设计布置，以免建成后用户各行其是，影响建筑外观。门窗洞口轮廓线宜粗于粉刷分格线，使立面更为清晰。

4.3.3 建筑立面图设计中常见通病

立面图与平面不一致。立面图两端无轴线编号，立面图除图名还需标注比例。

立面图外轮廓尺寸及主要结构和建筑构造的部位。如女儿墙顶、檐口、烟囱、雨篷、阳台、栏杆、空调隔板、台阶、坡道、花坛、勒脚、门窗、幕墙、洞口、雨水立管、粉刷分格线条等以及关键控制标高的标注都应表示清楚。而多数立面图只表示层高的标高。立面图上应该把平面图上、剖面图上未能表达清楚的标高和高度均标注清楚。

在平面图上未能表示清楚的窗口位置，在立面图上也应该加以标注，但往往没有表示。

立面图上装饰材料名称、颜色在立面图上标注不全。特别是底层的台阶、雨篷、橱窗细部较为复杂的未能标注，也未标注构造索引。

5

单元五 建筑施工图剖面图设计

5.1 建筑剖面图

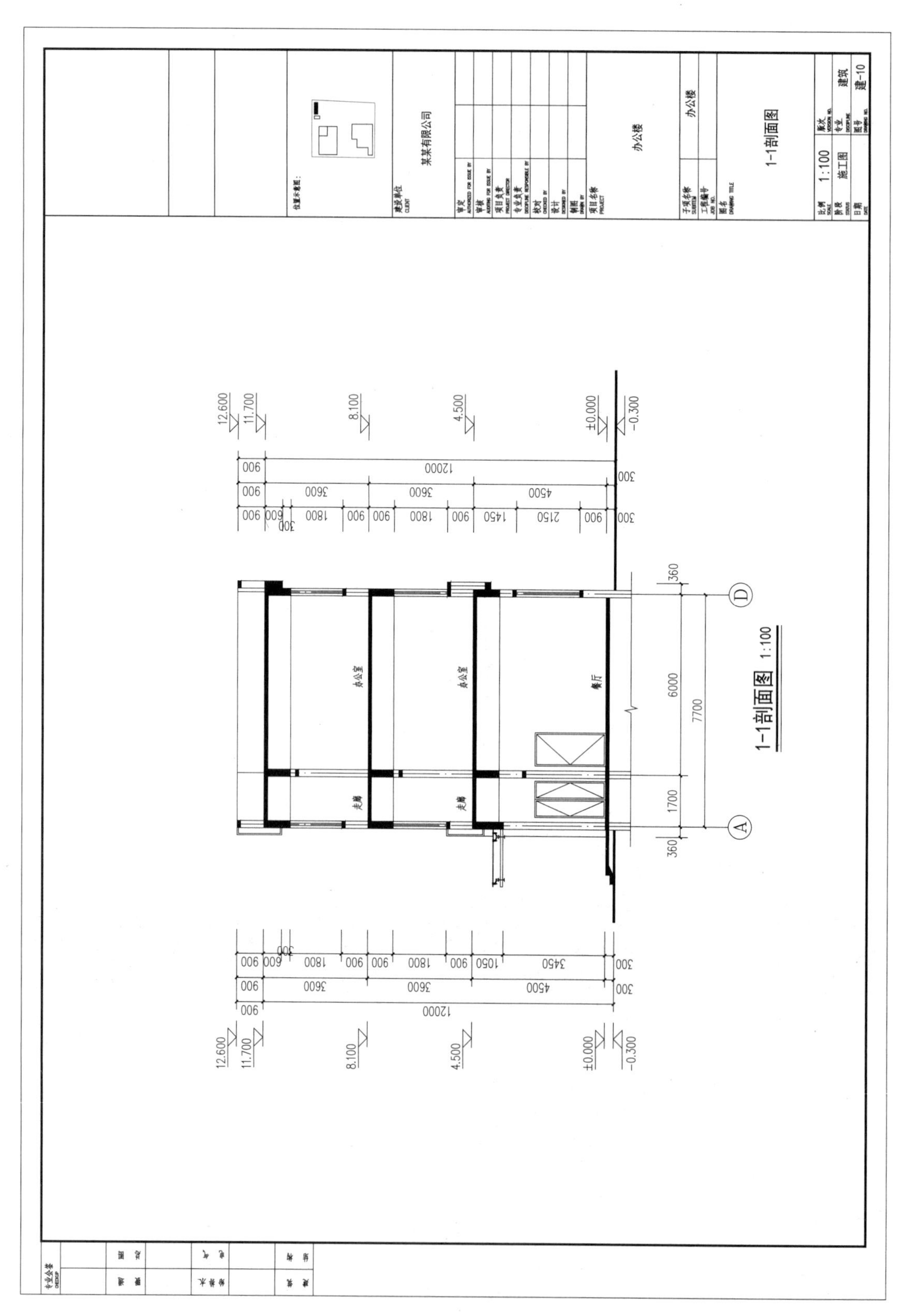

图 5.1-1 剖面图示例

建筑剖面图是表示建筑物垂直方向房屋各部分组成关系的图纸，是建筑物的竖向剖视图，建筑剖面图用以表示建筑各部分的高度、层数、建筑空间的组合利用，以及建筑剖面中的结构、构造关系、垂直方向的分层情况、各层楼地面、屋顶的构造做法及相关尺寸、标高等，建筑剖面图是与建筑平面图、立面图相配套的，表达建筑物整体概况的基本图样之一（图 5.1–1）。

建筑剖面图是假想用一铅垂面剖切，将房屋剖切开后移去靠近观察者的部分，作出剩下部分的投影图（图 5.1–2）。剖面图用以表示房屋内部的结构或构造方式、分层情况、材料、做法、高度尺寸及各部位的联系等。它与平、立面图互相配合用于计算工程量、指导各层楼板和屋面施工、门窗安装和内部装修等。剖面图的数量是根据房屋的复杂情况和施工实际需要决定的。剖切面的位置，选择在房屋内部构造比较复杂的位置，有代表性的部位，如门窗洞口和楼梯间等代表性强的部位。剖面图的图名符号应与底层平面图上剖切符号相对应。

剖面图剖切位置线应在底层平面图中表示，剖切编号写在剖视方向一侧，宜向左、向上剖视。建筑剖面图的剖切位置应选在层高不同、层数不同、内外部空间比较复杂、最有代表性的部位，使之能充分反映建筑内部的空间变化和构造特征。通常取楼梯间、门窗洞口、入口门厅、中庭、错层等构造比较复杂的典型部位。剖切平面一般应平行于建筑物的宽向，必要时也可平行于建筑物的长向，并宜通过门窗洞口。投射方向宜向左、向上。为了表达建筑物不同部位的构造差异，全面反映工程项目的内容，剖面图也可根据空间变化情况转折剖切。剖面图的数量，在一般规模不大的工程中，通常只有一两个。当工程规模较大或平面形状较复杂时，则要根据实际需要确定剖面图的数量，可能有多个。如果房屋的局部构造有变化，还要画出局部剖面图。

剖面图表示的内容必须是按剖切线所剖切到的内容，必须标注所剖切到的外围最外处的轴线编号。转折剖切时应标注转折处的轴线号。在剖切线表示的剖切位置所剖切到的墙柱、结构构件、建筑配件应用粗实线表示，可见的主要建筑构配件用细实线表示。无地下室时剖切面应绘制至室外地面以下，基础部分可不表示，有地下室时剖切面应绘制至地下室底板下的基土，以下部分可不表示。

剖面图标注时有以下内容：标注所剖切到的外围最外处的轴线编号，转折剖切时应标注转折处的轴线号。垂直方向的尺寸。外部尺寸为三道，即窗台、

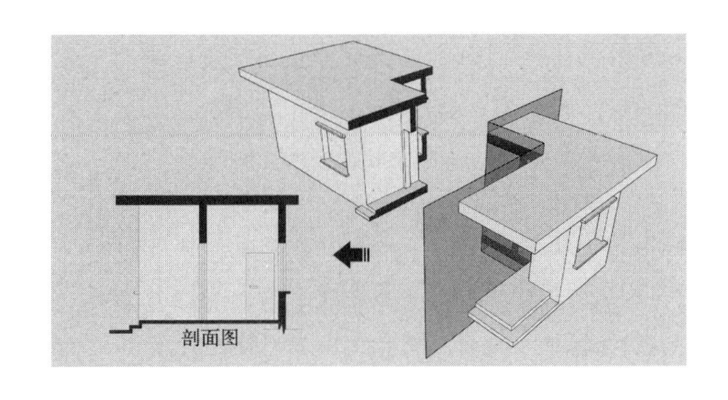

图 5.1–2 剖面图的形成

窗口、窗上部，室内外高差及细部尺寸；室内外高差及层间尺寸；总外包尺寸（总高度，从室外地坪至檐部）。内部尺寸为门、高窗等尺寸。水平方向的尺寸，只注轴线间尺寸，轴线圆内应编号。室内地坪、室外地坪、各层楼面、檐口顶部的标高。

5.2 建筑施工图剖面设计深度要求

1）剖视位置应选在层高不同、层数不同、内外部空间比较复杂，具有代表性的部位，建筑空间局部不同处以及平面、立面均表达不清的部位，可绘制局部剖面图。

2）墙、柱轴线和轴线编号。

3）剖切到或可见的主要结构和建筑构造部件，如室外地面、底层地（楼）面、地坑、地沟、各层楼板、夹层、平台、吊顶、屋架、屋顶、出屋顶烟囱、天窗、挡风板、檐口、女儿墙、爬梯、门、窗、外遮阳构件、楼梯、台阶、坡道、散水、平台、阳台、雨篷、洞口及其他装修等可见的内容。

4）高度尺寸。

①外部尺寸：门窗洞口高度、层间高度、室内外高差、女儿墙高度、阳台栏杆高度、总高度。

②内部尺寸：地坑（沟）深度、隔断、内窗、洞口、平台、吊顶等。

5）标高。主要结构和建筑构造部件的标高，如地面、楼面（含地下室）、平台、雨篷、吊顶、屋面板、屋面檐口、女儿墙顶、高出屋面的建筑物、构筑物及其他屋面特殊构件等的标高，室外地面标高。

6）节点构造详图索引号。

7）图纸名称、比例。

5.3 建筑剖面图设计

5.3.1 建筑剖面图设计的一般要求

建筑剖面图的设计内容：建筑物内部的分层情况及层高，水平方向的分隔；剖切线的室内外地面、楼板层、屋顶层、内外墙、楼梯，以及其他剖切到的构配件（如台阶、雨篷等）的位置、形状、相互关系；投影可见部分的形状、位置等；地面、楼面、屋面的分层构造，可用文字说明或图例表示；外墙（或柱）的定位轴线和编号；垂直方向的尺寸和标高；详图索引符号；图名和比例。建筑剖面图一般不表达地面以下的基础。墙身只画到基础即用断开线断开。有地下室时剖切面应绘制至地下室底板下的基土，其以下部分可不表示。

图线的设计要求：室内外地坪线用加粗实线表示。地面以下部分，从基础墙处断开，另由结构施工图表示。剖面图的比例应与平面图、立面图的比例一致，比例小于 1 ：50 的剖面图，可不画出抹灰层，但宜画出楼地面、屋面的面层线；比例大于 1 ： 50 的剖面图，应画出抹灰层、楼地面、屋面的面层线，并宜画出材料图例；比例等于 1 ： 50 的剖面图，宜画出楼地面、屋面的面层线，抹灰层的面层线应根据需要而定。在剖面图中一般不画材料图例符号，被剖切平面剖切到的墙、梁、板等轮廓线用粗实线表示，没有被剖切到但可见的部分用细实线表示，被剖切断的钢筋混凝土梁、板涂黑。但宜画出楼地面、屋面的面层线。

尺寸注法的要求：应注出被剖切到的各承重墙（柱）的定位轴线及与平面图一致的轴线编号和尺寸。在剖面图中，应注出垂直方向上的分段尺寸和标高。垂直分段尺寸一般分三道，最外一道是总高尺寸，它表示室外地坪到楼顶部女儿墙的压顶抹灰完成后的顶面的总高度；中间一道是层高尺寸，主要表示各层的高度；最里一道是门窗洞、窗间墙及勒脚等的高度尺寸。标高应标注被剖切到的外墙门窗口的标高，室外地面的标高，檐口、女儿墙顶的标高，以及各层楼地面的标高。

5.3.2 建筑剖面图设计

建筑主体剖面图的剖切符号一般应画在底层平面图内。剖视的方向宜向左、向上，以利看图。标高系指建筑完成面的标高，否则应加注说明（如：楼面为面层标高，屋面为结构板面标高）。

坡屋面檐口至屋脊高度单注，屋顶上的水箱间、电梯机房、排烟机房和楼梯出口小间等局部升起的高度不计入总高度，可另行标注。当室外地面有变化时，应以剖面所在处的室外地面标高为准。剖面图中标注的三道尺寸应与立面图相吻合，并应各居其道，不要跳道混注。其他部件（如：雨篷、栏杆、装饰件等）的相关尺寸，也不要混入，应另行标注，以保证清晰明确。另外还需要用标高符号标出各层楼面、楼梯休息平台等的标高。

内部高度尺寸应标注以下内容：顶棚下净高尺寸；楼梯休息平台梁下通行人时的净高尺寸；特殊用房及锅炉房、机房、阶梯教室等空间的大梁下皮高度尺寸；临空护栏的高度尺寸。

标注尺寸的简化：当两道相对外墙的洞口尺寸、层间尺寸、建筑总高度尺寸相同时，仅标注一侧即可；当两者仅有局部不同时，只标注变化处的不同尺寸即可。

高层建筑的剖面图上，最好标注层数，以便于查看图纸。隔数层或在变化层标注也可。

关于墙身详图索引方法：凡按墙身节点详图编号者，可索引在剖面图上（也有索引在立面图上的），凡按墙身剖断详图编号者，一定要索引到立面图上。各设计院做法不同，难以统一，原则上还是要以方便施工、易于查找墙身详图为准。

鉴于剖视位置应选在内外空间比较复杂和最有代表性的部位，因此墙身大样或局部节点大样多应从剖面图中引出、放大绘制，这样表达最为清楚。有转折的剖面，在剖面图上应画出转折线。

5.3.3 建筑剖面图设计中常见通病

剖面位置不是选择在层高不同、层数不同、内外空间比较复杂，具有代表性的部位；局部较复杂的建筑空间以及平面、立面表达不清楚的部位，没有绘制局部的剖面图。总之剖面图偏少。

剖面图漏注墙、柱、轴线编号及相应尺寸，特别是厂房，其墙、柱、轴线之间的尺寸关系未标注清楚。

剖切到或可见的主要结构和建筑构造部位。如室外地面、底层地坑、地沟、夹层、吊顶、屋架、天窗、女儿墙、台阶、坡道、散水及其他装修等可见的内容没能完整表达。

高度尺寸标注不完整。一般只注外部尺寸及标高，而内部尺寸，如地沟深度、隔断、内窗、内洞口、平台、吊顶等平立面不能表达清楚的尺寸未表示。

有些节点构造详图索引号在平面图上、立面图上表示不清楚。而应在剖面图上标注详图索引的，也未标注。

6

单元六　建筑施工图详图设计

6.1 建筑施工图详图设计一般要求

建筑详图是整套施工图不可或缺的部分，是施工时准确完成设计意图的依据之一。建筑物建成后的真实效果，不只是取决于平、立、剖面，而是更取决于详图设计的优劣，因为真正的推敲要通过细部用料尺度比例的设计才能体现。好的建筑应该“远看有势，近看有形”，不仅要处理好宏观的体形关系，也要处理好微观的细部节点。

建筑详图分为构造详图、构件或设施详图、装饰详图三类。构造详图指屋面、墙身、吊顶、地面、地沟、地下工程防水、楼梯等建筑部位的用料和构造做法，其中部分可以直接引用或参见相应的标准图（图 6.1–1）。构件或设施详图指门窗、幕墙、浴厕设施等的用料、形式、尺寸和构造。装饰详图指为了美化室内外环境和视觉效果，在建筑上专门所做的艺术处理，如花格窗、柱头等的尺寸和构造等。

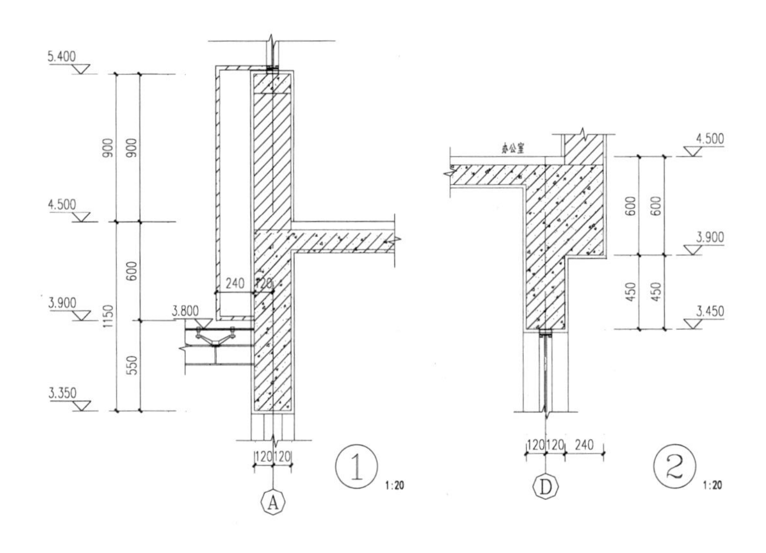

图 6.1–1　构造详图

墙身大样图实际是典型剖面上典型部位从上而下连续的放大节点详图，一般取外墙部位，以便完整、系统、清楚地交代立面的细部构成（图 6.1–2）。

外墙详图。外墙详图包括的内容为室内外地坪交接处的做法、楼层处节点做法、屋顶檐口处做法。

室内外地坪交接处的做法。该处节点必须标明基础墙的厚度、室内地坪的位置以及明沟、散水、坡道（或台阶）、墙身防潮层、首层地面等的做法；并且必须标明踢脚、勒脚、墙裙等部位的装修做法；本层窗台内的全部内容，包括门窗过梁、室内窗台、室外窗台等的做法。

楼层处节点做法。该处节点的表达范围，包括从下层窗过梁至上层顶棚范围内的各种构件、部位的做法；其间包括属于下层的雨罩、楼板、圈梁、阳台板、阳台栏杆或栏板，以及属于上层的楼地面、踢脚、墙裙、内外窗台、吊顶，也包括相应范围内的内外墙做法。

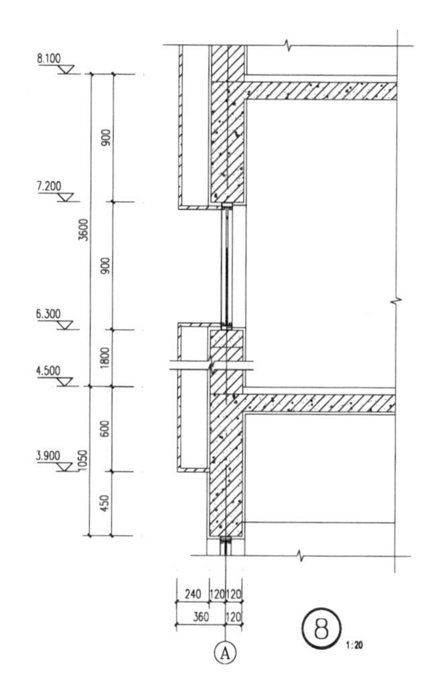

图 6.1–2　墙身大样图

屋顶檐口处做法。该处节点应包括自顶层窗过梁至檐口、女儿墙上皮范围内的全部内容，根据具体情况，可能包括下述全部或部分内容：顶层窗台过梁、圈梁、顶层屋面（屋架）、檐口、女儿墙、天沟、排水口、集水斗或雨水管等（图 6.1–3）。

内外墙、屋面等节点，绘出不同构造层次，表达节能设计内容，标注各材料名称及具体技术要求，注明细部和厚度尺寸等；楼梯、电梯、厨房、卫生间等局部平面放大和构造详图，注明相关的轴线和轴线编号以及细部尺寸、设施的布置和定位，相互的构造关系及具体技术要求等；室内外装饰方面的构造、

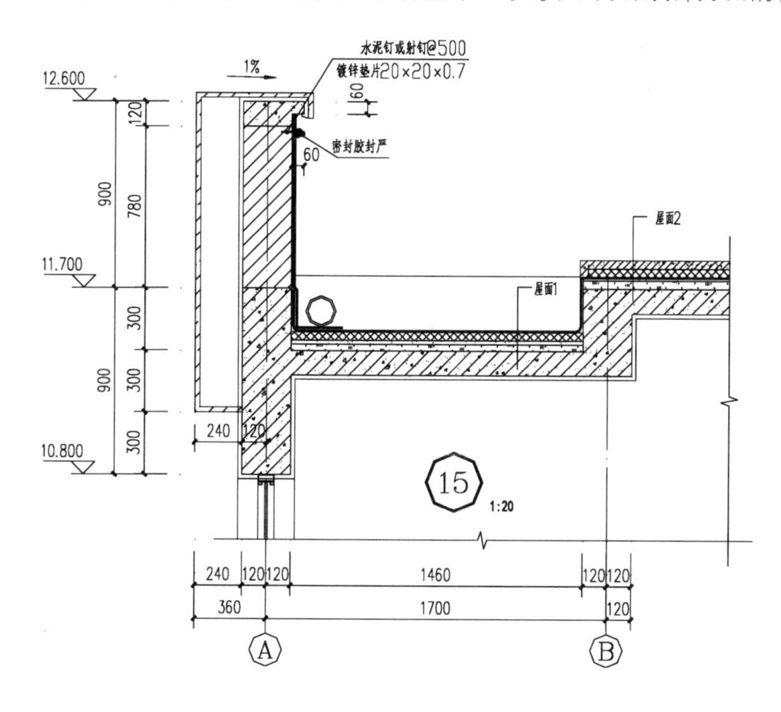

图 6.1–3　檐口详图

线脚、图案等；标注材料及细部尺寸、与主体结构的连接构造等；门、窗、幕墙绘制立面图，对开启面积大小和开启方式，与主体结构的连接方式、用料材质、颜色等作出规定；对另行委托的幕墙、特殊门窗，应提出相应的技术要求；其他凡在平、立、剖面图或文字说明中无法交代或交代不清的建筑构配件和建筑构造。

外墙详图标注的内容主要包括墙与轴线的关系尺寸，轴线编号，墙厚或梁宽。标注出细部尺寸，其中包括散水宽度、窗台高度、窗上口尺寸、挑出窗口过梁、挑檐的细部尺寸、挑檐板的挑出尺寸、女儿墙的高度尺寸、层高尺寸及总高度尺寸。标注出主要标高，其中包括室外地坪、室内地坪、楼层标高、顶板标高。应标出室内地面、楼面、吊顶、内墙面、踢脚、墙裙、散水、台阶、外墙面、内墙面、屋面、突出线脚的构造做法代号。

6.2 楼梯详图设计

6.2.1 楼梯详图设计

楼梯详图包括楼梯平面、楼梯剖面、楼梯节点。楼梯平面一般应包括三个，即首层、标准层、顶层平面。在这些图中，应该包括楼梯段、休息板、楼梯井、楼层平台及窗、门位置等，并注有楼梯间的墙厚及轴线编号。楼梯剖面表明休息板和楼层标高、各跑楼梯的构造、步数、构件的搭接做法、楼梯栏杆的式样和扶手高度、楼梯间门窗洞口、详图索引及材料图例。楼梯节点一般包括踏步防滑、底层踏步、栏杆（板）及扶手连接、休息板处护窗栏杆、顶层扶手入墙等，在这些节点中应注明式样、高度、尺寸、材料等细部要求。楼梯的组成见图 6.2–1。

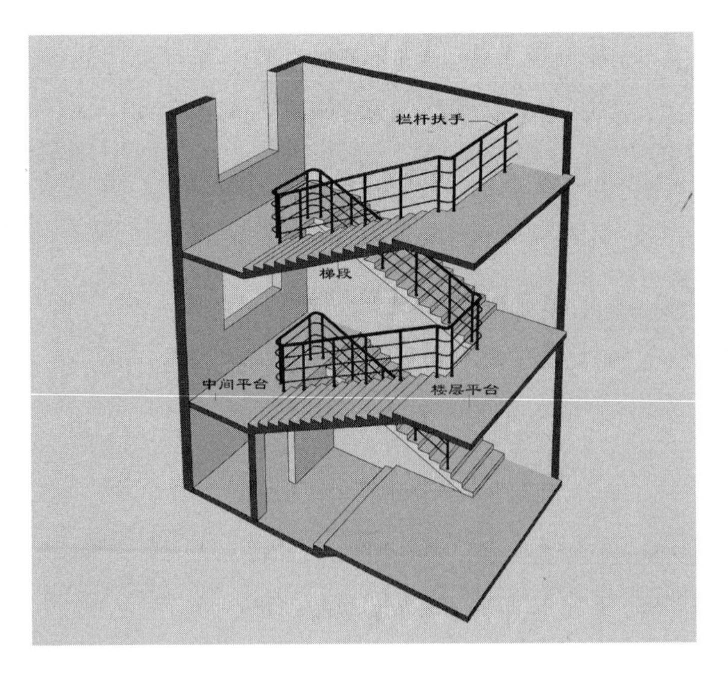

图 6.2–1　楼梯的组成

楼梯详图标注的内容在平面和剖面上共同表示。楼层平面应标出休息板、楼梯段的宽度，标出楼梯井尺寸、楼梯段水平投影长度、首层及楼层的平面标高、楼梯的上下方向、上下步数、墙厚与轴线的关系，标出门窗编号或代号、轴线圆及编号、剖切线等。楼层剖面应标出室内地面、室外地面、楼地面、休息板的标高及做法代号，栏杆高度、进深尺寸及轴线圆等。楼梯详图应标注出详细尺寸及做法层次等。楼梯梯段、平台、梯井示意见图 6.2–2。

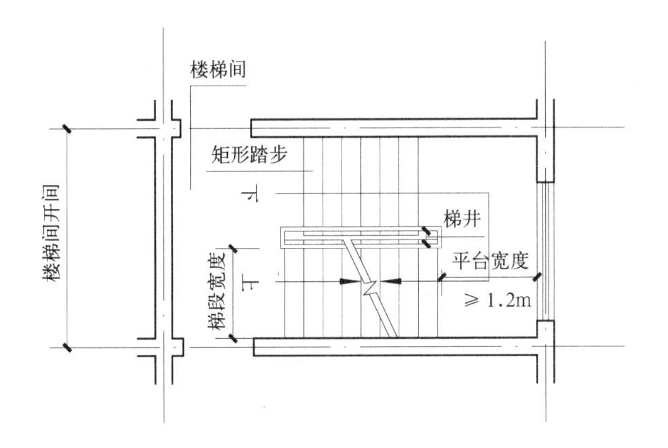

图 6.2–2　楼梯梯段、平台、梯井

楼梯设计尺寸有一些具体要求。楼梯梯段净宽不应小于 1.10m，六层及六层以下住宅，一边设有栏杆的梯段净宽不应小于 1m，楼梯梯段净宽系指墙面至扶手中心之间的水平距离。楼梯踏步宽度不应小于 0.26m，踏步高度不应大于 0.175m，扶手高度不宜小于 0.90m，楼梯水平段栏杆长度大于 0.50m 时，其扶手高度不应小于 1.05m，楼梯栏杆垂直杆件间净空不应大于 0.11m。楼梯平台净宽不应小于楼梯梯段净宽，并不得小于 1.20m。楼梯井宽度大于 0.20m 时，必须采取防止儿童攀滑的措施。楼梯平台上部和下部过道处的净高不应低于 2m，楼梯段净高不应低于 2.2m，见图 6.2–3。

注意：在 1 ：50 的楼梯详图中，楼梯平面图通常不绘制粉刷层。所以在平面尺寸设计中，应充分考虑扣除粉刷层以后的尺寸需满足楼梯设计规范的要求。避免因为没有考虑粉刷层的厚度，而导致最终施工完成后实际的净宽、净高的误差。

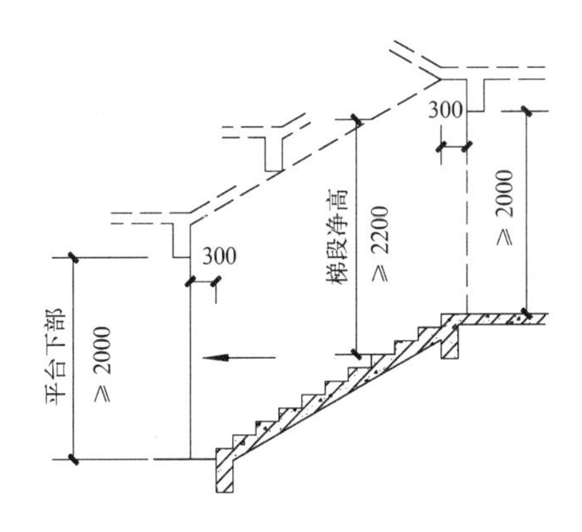

图 6.2–3　梯段净高要求

6.2.2 双跑楼梯详图设计

楼梯的构造比较复杂，在建筑平面图和建筑剖面图中不易表达清楚，一般需要另绘楼梯大样图。楼梯大样图表示楼梯的组成和结构形式，一般包括楼梯平面图、楼梯剖面图和踏步、栏杆扶手详图等。这些图应尽量绘在同一张图纸内，以方便施工人员对照阅读。结构设计师也需要仔细分析楼梯各部分的构成，是否能够构成一个整体，在进行楼梯计算的时候，楼梯大样图就是唯一的依据，所有的计算数据都取之于楼梯大样图。

（1）楼梯平面图

楼梯平面图是各层楼梯的水平剖视图。其剖切位置位于本层向上走的第一梯段内，在该层窗台上和休息平台下的范围，被剖切梯段的断开处按规定以倾斜 45° 的折断线表示。对楼梯的每一层一般都应绘出平面图，但当多层楼梯的中间各层相同时，也可以用一个楼梯平面图表示中间各层平面。因此，多层房屋一般应绘出一层楼梯平面图、中间层楼梯平面图和顶层楼梯平面图。由于楼梯段的最高一级踏面与平台面或楼面重合，因此楼梯平面图上每一梯段的踏面格数总比踏步级数少一个。

楼梯平面图的设计内容：标注楼梯间的定位轴线，以反映楼梯间在建筑物中的位置；确定楼梯间的开间、进深及墙体的厚度、门窗的位置；确定楼梯段、楼梯井和休息平台的平面形式、位置及踏步的宽度和数量；标注楼梯的走向以及上下行的起步位置；标注楼梯段各层平台的标高；在底层平面图中标注楼梯剖面图的剖切位置及剖视方向。

楼梯平面图的设计实例如图 6.2–4 所示。

（2）楼梯剖面图

楼梯剖面图是用假想的垂直剖切平面，通过各层的一个梯段和门窗洞口，将楼梯垂直剖切，向另一侧未剖到的梯段方向作投影后所得到的剖面图。其剖切位置和剖视方向应在楼梯一层平面图上标出。楼梯剖面图应表达出楼梯间的层数、梯段数、各梯段的踏步级数、楼梯的类型、结构形式、平台的构造、栏杆的形状以及相关尺寸。梯段的高度尺寸是以踏步高和踏步级数的乘积表示的。

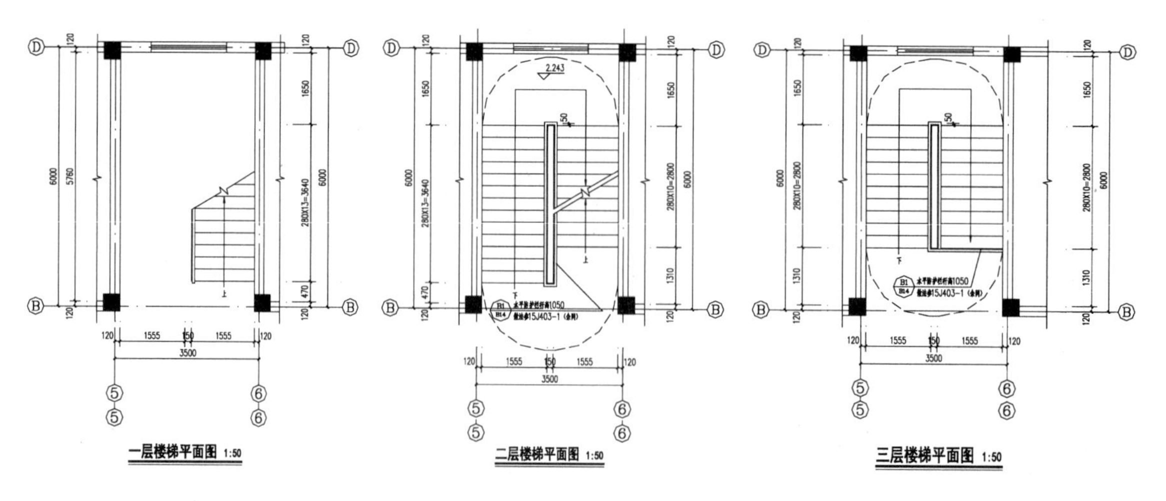

图 6.2–4 楼梯平面图

楼梯剖面图的设计内容：确定楼梯的构造形式；标注楼梯在竖向和进深方向的有关尺寸；标注楼梯段、平台、栏杆、扶手等的构造和用料说明；标注被剖切梯段的踏步级数；标注索引符号，选择楼梯细部做法。

楼梯剖面图的设计实例如图 6.2–5 所示。

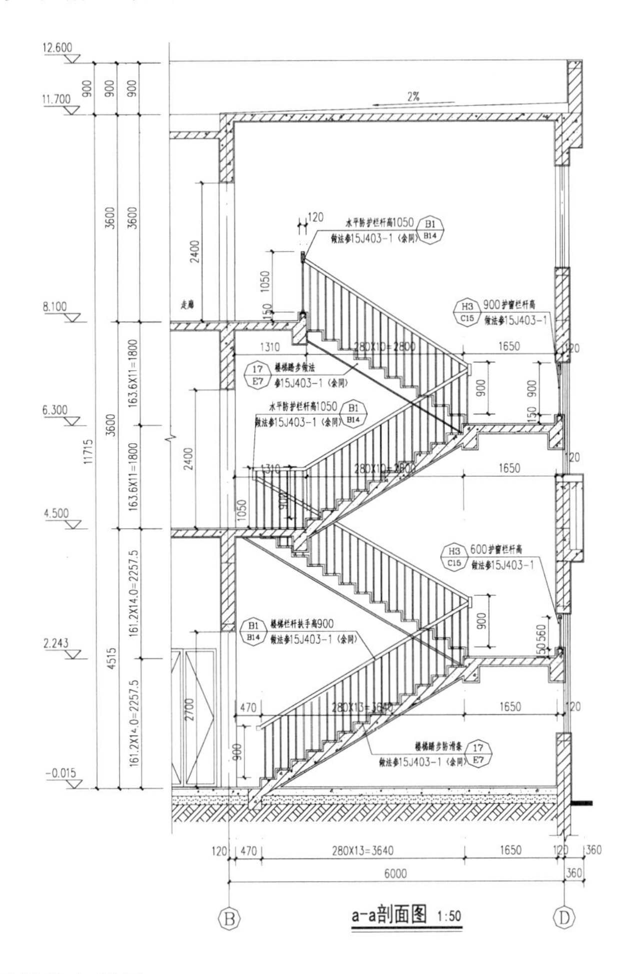

图 6.2–5　楼梯剖面图

(3) 楼梯节点详图

在楼梯平面图和剖视图中，楼梯的一些细部构造仍不能表达清楚，需要另绘节点详图表达。楼梯节点详图主要表明楼梯栏杆、扶手及踏步的形状、构造与尺寸。如果是标准做法也可以索引至相应的标准图集。

楼梯节点详图的设计实例如图 6.2–6 所示。

(4) 楼梯大样图的标高与尺寸

楼梯平面图：注明楼梯间四周墙的轴线号、墙厚与轴线关系尺寸。在开间方向应标明楼梯梯段宽、楼梯井宽。在进深方向应标明休息平台宽，每级踏步宽 ×（踏步数 –1）= 尺寸数，并标明上、下行方向箭头。标注楼层和休息平台标高及可见门窗高度。

楼梯剖面图：剖面图高度方向所注尺寸为建筑物尺寸。垂直方向注明楼层、休息平台标高，每跑踏步宽 × 踏步数 = 尺寸数。水平方向注明轴号、墙厚、

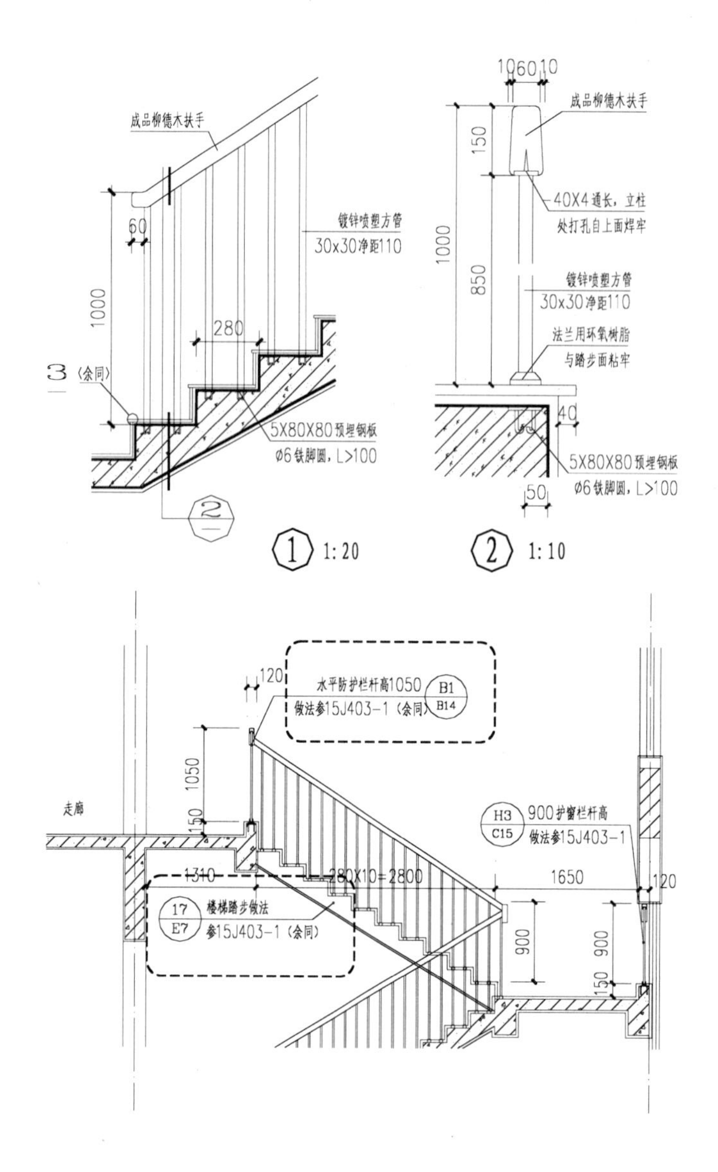

图 6.2–6　楼梯节点详图

休息平台宽，梯段长 = 每级踏步宽 ×（踏步数 –1）。应注明各处扶手的高度、形式和节点详图索引。

当平台上有护窗栏杆时，其高度、形式和节点详图索引也应注明。

6.3　电梯详图设计

电梯详图的内容包括：各层电梯平面详图中，对相同的电梯平面图可注明（ ）～（ ）层电梯平面图；电梯机房平面详图；全程井道剖面图。

电梯详图的深度要求：

1）电梯基坑和各层电梯井道平面详图中，包括电梯编号、墙、柱、电梯门洞、电梯轿厢和平衡重，轴线、轴线编号、轴线尺寸，以及井道尺寸（宽和深）、预留门洞尺寸、井道壁厚尺寸和材料、基坑标高、各楼层电梯厅标高。

2）电梯机房平面详图，包括墙、柱、门、窗、幕墙、机房名称、电梯井道位置、电梯编号、电梯机房净尺寸、电梯机房尺寸与井道位置的关系尺寸、电梯机房标高。

3）电梯剖面详图，包括电梯井道壁、电梯门洞、电梯厅楼地面、电梯基坑底板、电梯机房楼面和顶面、门窗、幕墙、消防电梯集水井、各层层名和标高、电梯基坑标高、各层层高尺寸、基坑深度尺寸、缓冲层高度尺寸、提升高度尺寸、预留门洞高度尺寸。

4）电梯选用说明，包括选用依据、电梯编号和名称、类型和控制方式、载重量、速度、轿厢尺寸、井道尺寸、基坑深度、缓冲层高度、提升高度、停站层数、主站位置、电梯门尺寸、电梯门土建预留门洞尺寸及电梯轿厢、厅门和门套装修要求。

5）待电梯承包商提供电梯土建工艺资料后，需补充电梯机房牵引机支架、控制柜、分体空调、排风扇布置位置和留洞图，电梯门洞牛腿节点详图，门框埋件图，呼唤钮和层显留洞图及电梯基坑检修梯，消防电梯集水井和排水口，电梯门框装修节点。

6）电梯间详图也可以与楼梯间详图合并成图。

电梯详图的设计实例如图 6.3–1 所示。

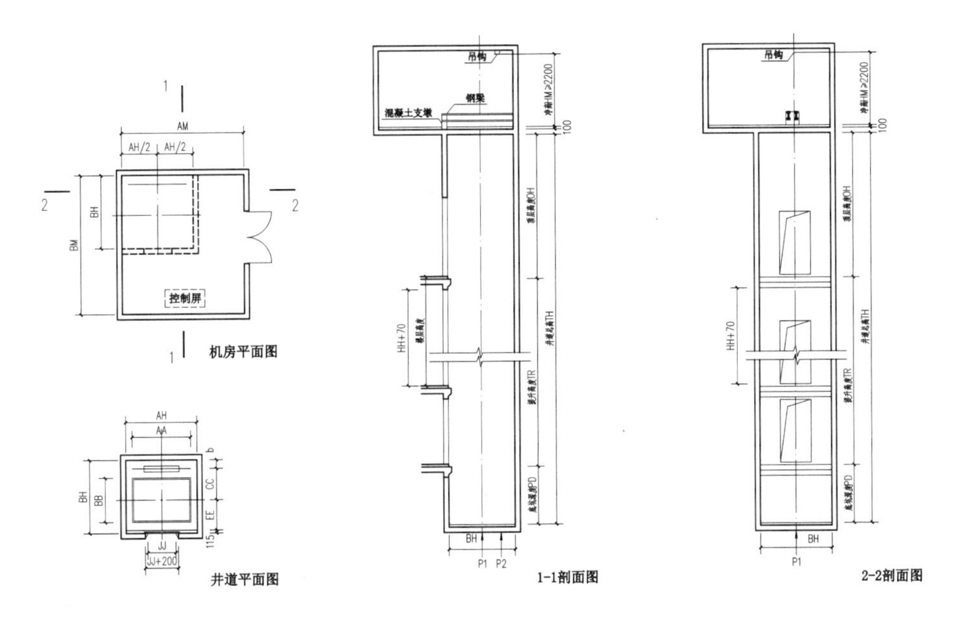

注：某乘客电梯，适用于住宅。最小层楼距为2800mm，电源电源电压为380V。

图 6.3–1　电梯详图

6.4　建筑外墙详图

墙身大样图是建筑剖面图的局部放大图样，表达墙体与地面、楼面、屋面的构造连接以及檐口、门窗顶、窗台、勒脚、防潮层、散水、明沟的尺寸、材料、做法等构造情况，一般多取建筑物内外的交界面——外墙部位。墙身大样图是砌墙、室内外装修、门窗安装、编制施工预算以及材料估算等的重要依据。

6.4.1 墙身大样图的节点选择

在一般建筑中，各层构造情况基本相同，所以，墙身大样图一般只画墙脚、檐口和中间部分三个节点。墙身大样图宜由剖面图中直接引出，剖视方向应一致，这样对照看图较为方便。当从剖面图中不能直接索引时，可由立面图中引出，应尽量避免从平面图中索引。在欲画的几个墙身大样图中，首先应确定少量最有代表性的部位，从上到下连续画全。通常采用省略方法画，即在门窗洞口处断开。至于极不典型的零星部位，可以作为节点详图，直接画在相近的平、立、剖面图上，无须绘入墙身大样图系列中。墙身大样图一般用 1 ： 20 的比例绘制，由于比例较大，各部分的构造如结构层、面层的构造均应详细表达出来，并画出相应的图例符号。

6.4.2 墙身大样图的内容与深度

墙身大样图的内容主要有（以外墙大样为例）：墙脚，外墙墙脚主要是指一层窗台及以下部分，包括散水（或明沟）、防潮层、勒脚、一层地面、踢脚等部分的形状、尺寸、材料及其构造；中间部分，主要包括楼板层、门窗过梁、圈梁的形状、大小、材料及其构造情况，还应表示出楼板与外墙的关系；檐口，应表示出屋顶、檐口、女儿墙、屋顶圈梁的形状、大小、材料及其构造情况。

墙身大样图的深度为：绘制出墙体的线脚、装饰线条尺寸，粉刷厚度和做法。表达与门窗洞、结构构件的关系，表达与墙身连接在一起的阳台、平台、台阶、雨篷、散水的材料做法和尺寸及排水方向和措施。说明墙身防潮层的做法和标高。标注屋面、女儿墙的压顶尺寸和做法（在结构图中表示时应绘制配筋图并标注混凝土强度等级）、避雷网、屋顶栏杆等。对标注屋面和地下室防水做法，要分层标注清楚；对女儿墙泛水高度及其收头的详细构造做法，对门窗上下口的粉刷做法以及对散水尺寸、粉刷坡度等做法应绘制详细。窗帘盒、暖气罩及其与吊顶的关系也应详细表示或标注详图索引，对楼梯、地面、屋面有高差变化处，也应绘制节点构造详图，标注详细尺寸、标高和材料做法。此部分详图与结构关系密切，应将结构构件的形状尺寸准确绘制，可标注与建筑有关的主要尺寸和标高。

6.4.3 墙身大样图的标高与尺寸

标高主要标注在以下部位：地面、楼面、屋面、女儿墙或檐口顶面，吊顶底面、室外地面。

竖向尺寸主要包括：层高、门窗（含玻璃幕墙）高度、窗台高度、女儿墙或檐口高度、吊顶净高（应根据梁高、管道高及吊顶本身构造高度综合考虑确定）、室外台阶或坡道高度、其他装饰构件或线脚的高度；上述尺寸宜分行有规律地标注，避免混注以保证清晰明确。上述尺寸中属定量尺寸者，有的尚须加注与相邻楼、地面间的定位尺寸。

水平尺寸主要包括：墙身厚度及定位尺寸、门窗或玻璃幕墙的定位尺寸、悬挑构件的挑出长度(如檐口、雨篷、线脚等)、台阶或坡道的总长度与定位尺寸。

上述尺寸应以相邻的轴线为起点标注。

6.4.4 墙身大样图的设计实例

墙身大样图示例见图 6.4–1。

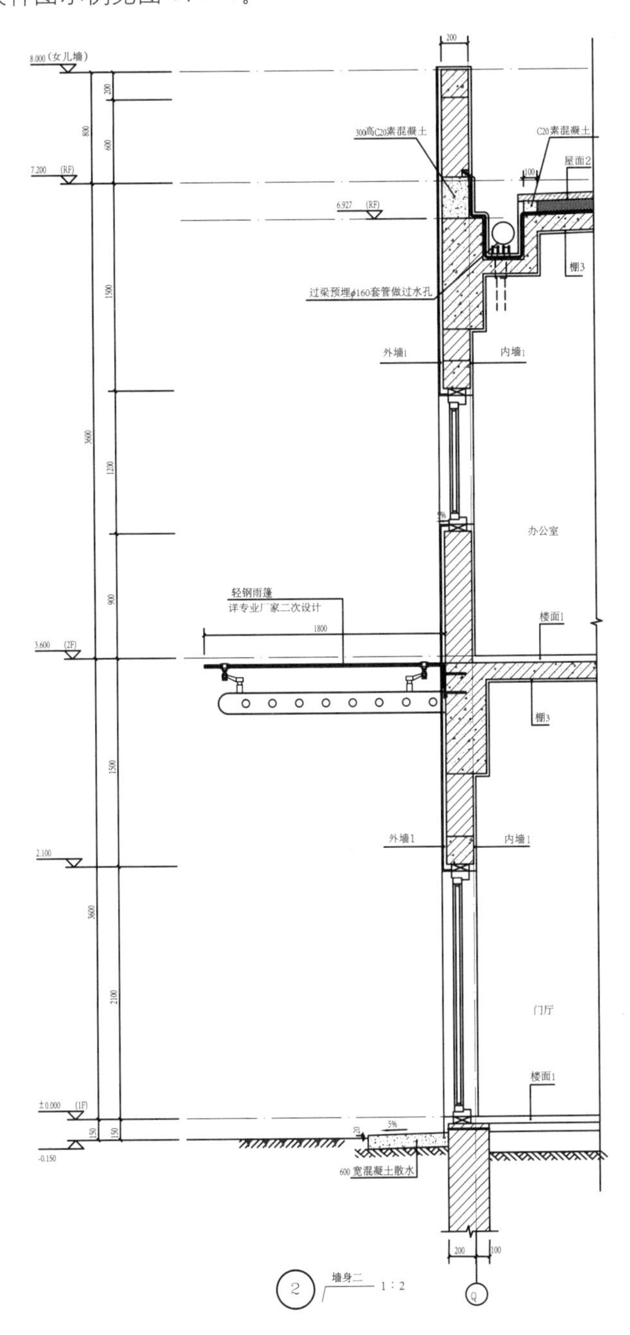

图 6.4–1 墙身大样图示例

6.5 局部放大平面详图

主要是各层平面图中难以完整全面地表示其内容和尺寸的房间和部分。如楼梯间、电梯间、交通核心部分、卫生间、住宅单元、旅馆客房、教室、实验室等内部尺寸较多、并有设备和家具布置要求的房间。住宅建筑的单元放大平面图应注明房间内部尺寸，各个房间的净面积、卫生间厨房内设备的轮廓尺寸、定位尺寸、节点详图索引，并应有本单元相关技术经济指标（户型、每户建筑面积、使用面积、阳台面积），同时至少绘制一户的家具布置图。如卫生间详图主要表达卫生间内各种设备的位置、形状及安装做法等。卫生间平面详图应表示如厕位、小便斗和洗盆、烘手器、镜子等设施的选型和布置；标注出隔间定位尺寸、开门方向和地坪标高、地面排水坡度和坡向、地漏位置、地坪与走道高差、管道井挡水翻口、房间名称等，各层平面图未表示清楚的尺寸也应在详图中表示。无障碍厕所应把所配置的设施和定位尺寸标注清楚。有吊顶的卫生间应绘制吊顶图，所表示内容同平面图章节中的吊顶图。在墙面装修需要加以说明时，可绘制各个方向的内立面图，图中各种设施均应表示，而且需要明确隔断高度、设备安装高度、装修材料分格尺寸或标高以及选用材料的名称等。卫生间放大图见图 6.5–1。

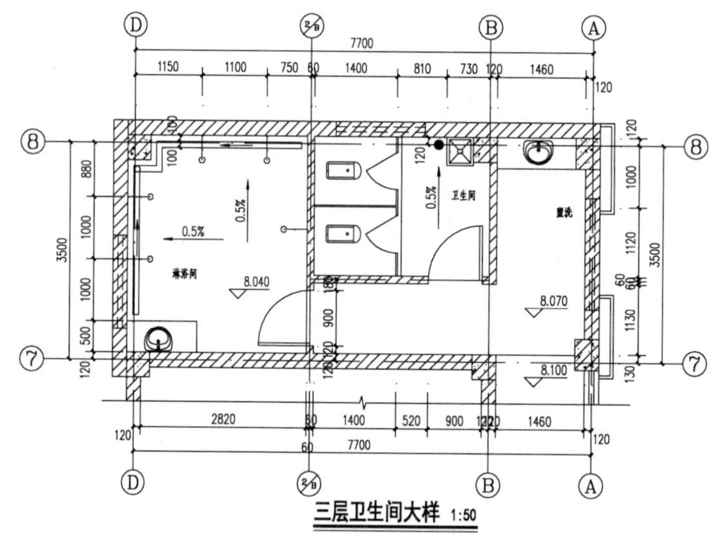

附注：

1. 除特殊说明外，卫生间、盥洗室低于相应楼地面30mm。
2. 洞口高度为2400mm。
3. 卫生间、盥洗室均向地漏处找坡0.5%，地漏位置以水施为准。
4. 各管径大小见水施图，管径平面定位须同时结合水施及实际施工情况考虑。
5. 图中卫生洁具均成品选购，卫生洁具布置仅供示意。
6. 小便器安装参见国标16J914-1 (2/XT18)
7. 蹲便器安装参见国标16J914-1，台阶高150 (3/XT18)
8. 地漏做法参见国标16J914-1 (3/XT36)
9. 复合板隔板安装参见国标16J914-1 (1/XT9)
10. 化妆台安装参见国标16J914-1 (3/XT26)
11. 污水池安装参见国标16J914-1 (4/XT34)
12. 无障碍厕位安装参见国标12J926 (—/J8)

图 6.5–1　卫生间放大详图

6.6 建筑屋面详图

屋面节点详图主要表达本项目设计的檐口、女儿墙、屋面分仓缝、建筑屋面出入口等细节的防水设计，图 6.6–1 为女儿墙节点详图。

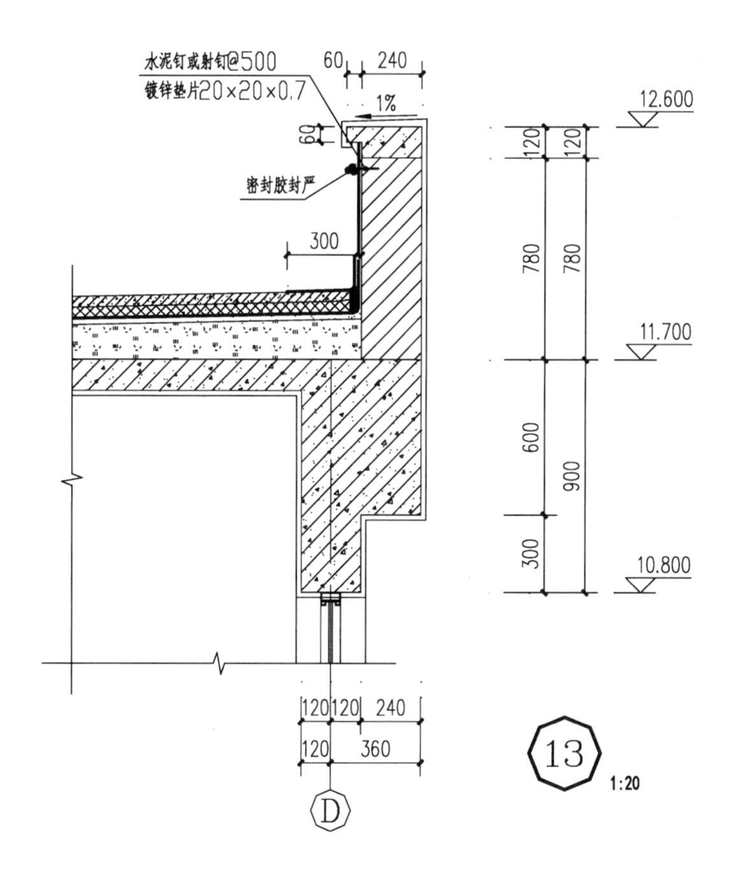

图 6.6–1 女儿墙节点详图

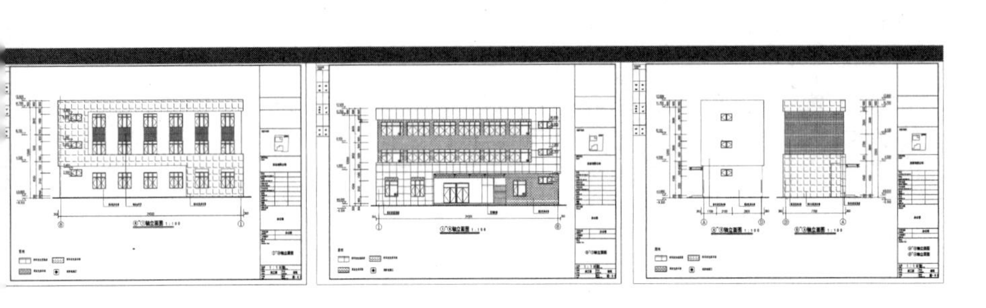

7

单元七　建筑施工图总平面图设计

7.1 建筑总平面图概述

建筑总平面图是表达建设工程总体布局的图样，它是在建设地域上空向地面一定范围投影所形成的水平投影图。建筑总平面图主要表明建筑地域一定范围内的自然环境和规划设计状况，它是新建工程施工定位、土方施工及施工平面布局的依据，也是规划设计给水排水、采暖、电气等专业工程总平面图的依据。建筑总平面图简称为总平面图。

总平面图是假想人站在建好的建筑物上空，用正投影的原理画出的地形图，把已有的建筑物、新建的建筑物、将来拟建的建筑物以及道路、绿化等内容按与地形图同样的比例画出来的平面图。总平面图是新建房屋施工定位、土方施工以及其他专业管线总平面图和施工总平面设计布置的依据。房屋定位的方法有两种：一是根据原有建筑物定位放线，二是根据坐标系统进行定位放线。

对于大型、成片、完整的建筑需进行总平面专业设计。总平面专业设计文件包括图纸目录、设计说明、设计图纸及计算书。其中设计图纸包括总平面图、竖向布置图、管线综合图、绿化及建筑小品布置图及土方图、详图等。在用地较小及扩建、新建、改建少量建筑时，其总平面设计也相应简单，往往无需规划师或总图专业人员进行设计，而是由从事单体设计的建筑师完成。

总平面图主要有两方面的内容。一是建设用地及相临地带的现状，由城建规划部门提供并附有建设要求，构成设计前提条件。二是新建建筑及设施的平面和竖向定位，以及道路、绿化设计，这是建筑师设计的内容。

总平面图中，无论是用地现状或者是新建设计内容，总平面图纸主要从平面位置定位（坐标或注尺寸）和竖向位置定位（标高和等高线）两个层面进行标注表达，表达内容具体有：保留的地形或地物。测量坐标网、坐标值，即场地四界的测量坐标（或定位尺寸）、道路红线和建筑红线或用地界限的位置。场地四邻原有及规划道路的位置，以及主要建筑物和构筑物的位置、名称、层数——道路位置用中心线、路边线、道路红线等表示，建筑物或构筑物用底层正负零标高处的外轮廓线表示。设计建筑物、构筑物的名称或编号、层数、定位（坐标或相互关系尺寸）：建筑物用粗实线表示其底层正负零标高处的外轮廓线；构筑物用细实线表示其地上部分的外轮廓线；地下建筑用虚线表示其外轮廓线；层数用阿拉伯数字或黑圆点的数目表示；定位坐标应以建筑物外墙、外柱轴线的交点或建筑物外墙线交点为坐标标注点（设计说明中应说明交点的选择）；定位相互关系尺寸应以建筑外墙、柱外轴线或建筑物外墙线之间的相对距离为标注值（设计说明中应说明交点的选择）；标注建筑物总控制尺寸、建筑退红线的控制距离等；广场、停车场、运动场地、道路、无障碍设施、排水沟、挡土墙、护坡的定位尺寸。指北针或风玫瑰图。注意问题——尺寸以米（m）为单位，室外地坪的标高以米（m）为单位，取两位小数。

7.2 总平面图的设计要求

在施工图设计阶段，总平面专业设计文件应包括图纸目录、设计说明、设计图纸、计算书。总平面作为工程项目一个子项时，应单独编目录、设计说明。就设计任务而言，大型、成片、完整的建筑群体项目毕竟较少，更多的是在不大的用地内新建、扩建、改建少量建筑。此时，其总平面设计也相应简单，往往无需规划师或总图专业人员进行设计，而由从事单体设计的建筑师一并完成。

图纸目录应先列新绘制的图纸，后列选用的标准图和重复利用图。各设计单位应采用统一格式的图纸目录，其主要内容一般包括设计项目名称、建筑面积、工程造价、序号、图号、图幅、图纸页数、附注等。一般工程设计说明书分别写在有关的图纸上。如重复利用某工程的施工图纸及其说明时，应详细注明其编制单位、工程名称、设计编号和编制日期；并列出主要技术经济指标表（此表可列在总平面图上）、说明地形图、初步设计批复文件等设计依据、基础资料。对于一般工程设计依据等主要设计说明附于总平面图中，其他说明分别写在有关的图纸上，如需要（指总平面设计特别复杂或有特殊要求的工程）也可单独编写。

设计图纸包括总平面图、竖向布置图、土石方图、管道综合图、绿化及建筑小品布置图及详图。对于一些简单的工程项目，可不做管网综合图和土方平衡图、绿化布置图，总平面图与竖向布置图合为一体时，此图可编入建筑施工图内，道路详图、小品、室外工程也可引用标准图集。各设计图纸的具体设计要点将在后篇详细讲解。

设计依据及基础资料、计算公式、计算过程、有关满足日照要求的分析资料及成果资料均作为技术文件归档。

总平面图表明建筑物的总体布局，包括新建、改建、扩建建筑物所处的位置，根据规划红线了解拨地范围、各建筑物及构筑物的位置、道路、管网的布置等情况，以及周围道路、绿化和给水排水、供电条件等情况。总平面图表明新建建筑物的位置，根据建筑规模有两种定位方法。为了给施工建设提供准确的依据，大型复杂建筑物或新开发的建筑群用坐标系统定位，中小型建筑物根据原有建筑物定位。

总平面图表明新建建筑物的竖向设计，包括建筑物首层地面的绝对标高、室外地坪标高、道路绝对标高，能够了解土方填挖情况及地面位置。总平面图表明新建建筑物朝向，用风玫瑰图表示当地风向和建筑朝向。中小型建筑也可用指北针。总平面图表明新建建筑物地形、地物，地形包括坡、坎、坑等，地物包括树木、线干、井、坟等。

7.3 总平面图的设计要点

7.3.1 主要设计内容

（1）总平面图

1）保留的地形和地物，即建设地域的环境状况，包括地理位置，用地范围及建筑物占地界限、地形等高线，原有建筑物、构筑物、道路、水、暖、电等基础设施干线等。一般将现状地形图作为总平面图的图底背衬，保留部分按现状用细实线表示，扩建、预留建筑物用虚线表示，拆除建筑用最细实线表示，其余部分按《总图制图标准》GB/T 50103—2010 绘制，如图 7.3–1 所示。

扫码查标准

二维码 8 建筑布局 + 道路与停车场

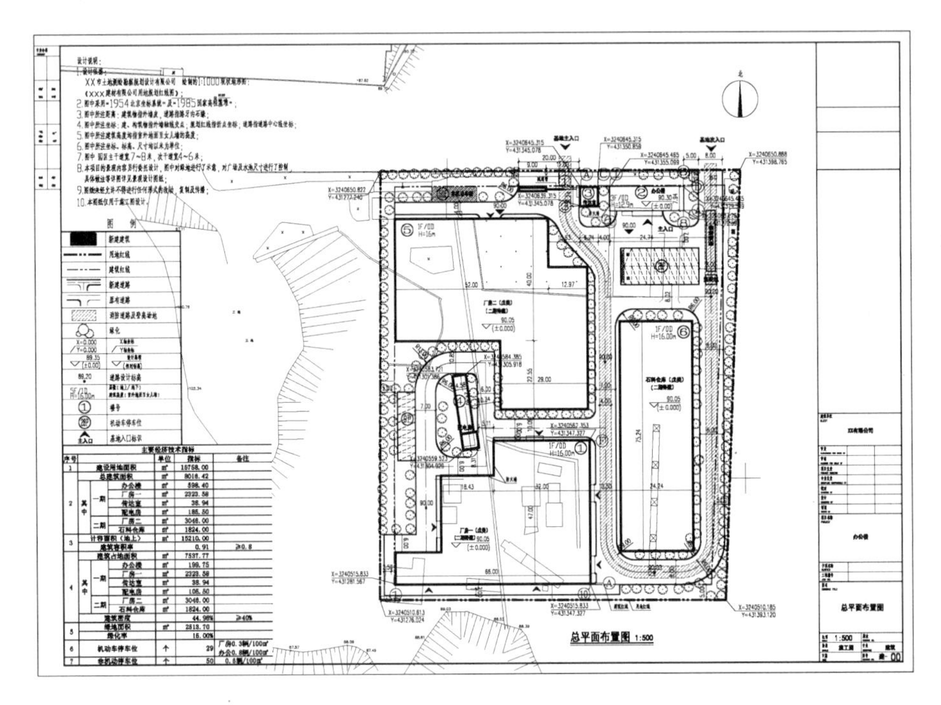

图 7.3–1 总平面图

2）测量坐标网、坐标值。坐标网分测量坐标网和施工坐标网两种。测量坐标网是由测绘部门在大地上测设的，一般为城市坐标系统（国家坐标系统）。测量坐标网的直角坐标轴用 x、y 表示，x 轴为南北方向，y 轴为东西方向，一般以 100m × 100m 为一个测设方格网，在总平面图上方格网的交点用十字线表示。这样新建工程都可以用其坐标定位，建筑物常用其两个角点的坐标进行定位。坐标轴及轴上的刻度在总平面图中是不出现的，只有十字线坐标值，在此为便于理解才将坐标轴绘出，见图 7.3–2 城市坐标示意。

另一种坐标网是施工坐标网，当建筑物与南北方向倾斜时，往往需要根据项目需要建立场地建筑坐标网（也称施工坐标网），其轴线用 A、B 表示，分别与建筑物的长向、宽向平行（图 7.3–3）。在总平面图中，施工坐标网用细实线方网格表示，在施工坐标网中仍用建筑物的角点定位。总平面图上有测量和建筑两种坐标系统时，应在附注中注明建筑坐标与城市坐标（测量坐标）的换算关系。

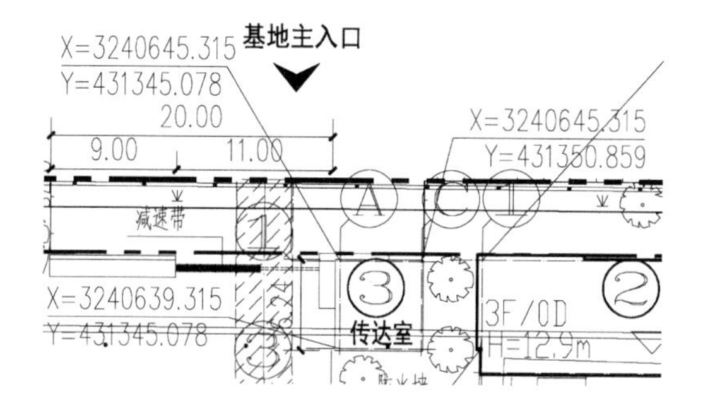

图 7.3–2　城市坐标示意

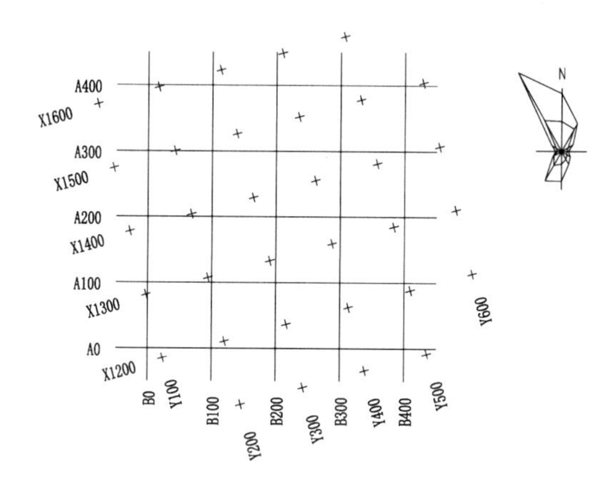

图 7.3–3　坐标网络

3）场地四界的测量坐标（或定位尺寸）、道路红线和建筑控制线或用地界线的位置。场地范围的坐标由城市规划部门提供，一般是以现场定桩坐标结果通知单为准。一般定位均需用坐标表示，当无坐标或工程较简单时可用定位尺寸表示（下同），如图 7.3–4 所示。

建筑控制线，指规划行政主管部门在道路红线、建设用地边界内，另行划定的地面以上建筑物、构筑物主体不得超出的界线。道路红线，指根据用地性质和使用权属确定的建筑工程项目的使用场地。建筑基地内建筑物的布局应符合控制性详细规划对建筑控制线的规定。除骑楼、建筑连接体、地铁相关设施及连接城市的管线、管沟、管廊等市政公共设施以外，建筑物及其附属的下列设施不应突出道路红线或用地红线建造：

·地下设施，应包括支护桩、地下连续墙、地下室底板及其基础、化粪池、各类水池、处理池、沉淀池等构筑物及其他附属设施等；

· 地上设施，应包括门廊、连廊、阳台、室外楼梯、凸窗、空调机位、雨篷、挑檐、装饰构架、固定遮阳板、台阶、坡道、花池、围墙、平台、散水明沟、地下室进风及排风口、地下室出入口、集水井、采光井、烟囱等。

建筑物和建筑突出物均不得向道路上空直接排泄雨水、空调冷凝水等。除地下室、窗井、建筑入口的台阶、坡道、雨篷等以外，建筑物、构筑物的主体不得突出建筑控制线建造。

4）场地四邻原有及规划道路的位置（主要坐标值或定位尺寸），绿化带等的位置（主要坐标或定位坐标），以及主要建筑物和构筑物及地下建筑物的

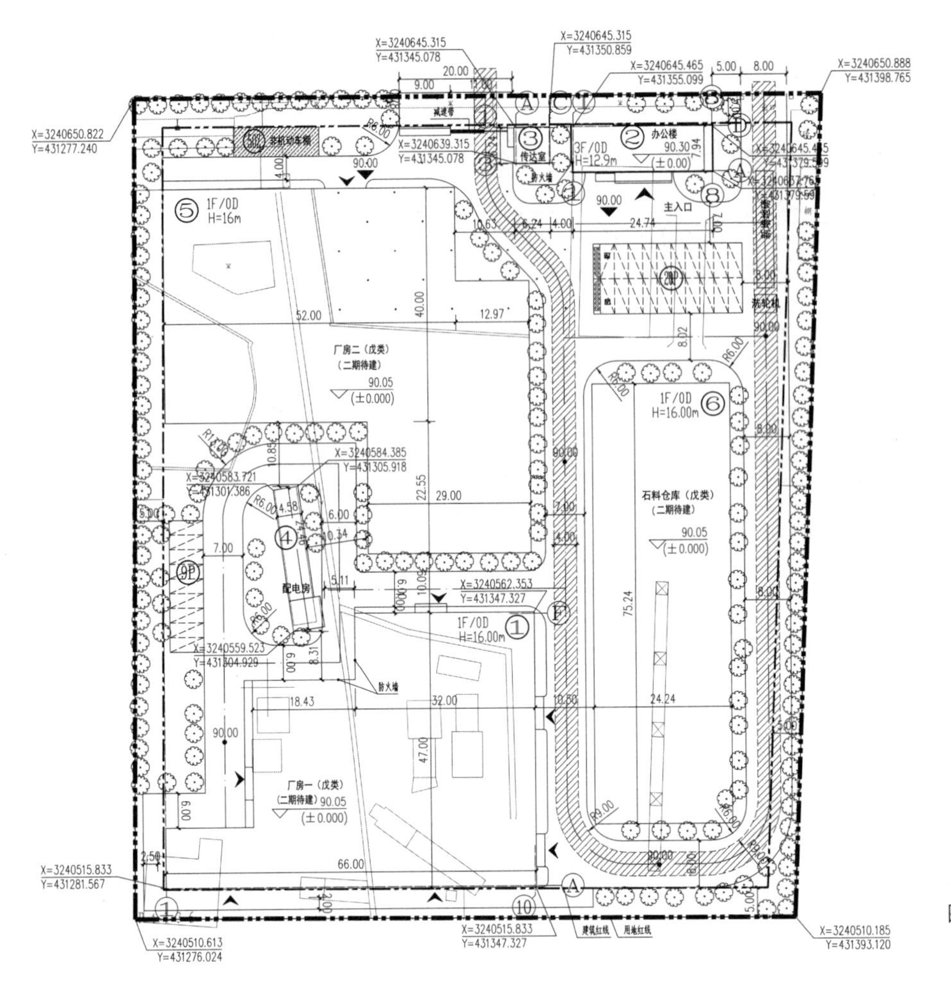

图 7.3–4 场地四界测量坐标及建筑红线

位置、名称、层数。应对场地周围的道路、建筑物、构筑物的情况加以说明。道路位置用中心线、路边线、道路红线等表示；已有道路可在道路中部标注道路名称，规划道路写明“规划道路”，并在两条道路的中心线交叉点处用坐标表示，如图 7.3–5 所示。周边的建筑物和构筑物用底层 ±0.000 标高处的外轮廓线表示，层数用阿拉伯数字或黑圆点的数目表示，并可在建筑物、构筑物上的空白处注明建筑名称。

5）建筑物、构筑物（人防工程、地下车库、油库、储水池等隐蔽工程以虚线表示）的名称或编号、层数、定位（坐标或相互关系尺寸）。建筑物

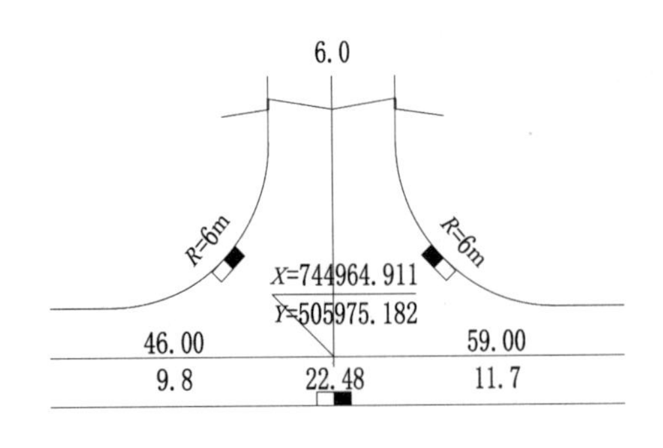

图 7.3–5 道路中心点坐标

用粗实线（在总平面图中为最粗的实线）表示其地上底层 ±0.000 标高处的外轮廓线，构筑物用细实线表示其地上部分的外轮廓线，地下建筑用虚线表示其外轮廓线。在建筑物、构筑物的空白处必须注明其名称或编号（当新建建筑物、构筑物数量较多时可以使用编号的方法以方便读图）。定位坐标应以建筑物外墙、外柱轴线的交点或建筑物外墙线交点为坐标标注点（设计说明中应说明交点的选择），定位相互关系尺寸应以建筑外墙、外柱轴线或建筑物外墙线之间的相对距离为标注值（设计说明中应说明相对部位的选择）。另外还需标注建筑物总控制尺寸、建筑物退红线的控制距离、与周边原有建筑之间的距离等必要数据。建筑的层数在其图形内右上角用黑圆点或数字表示。

6）广场、停车场、运动场地、道路、无障碍设施、排水沟、挡土墙、护坡的定位（坐标或相互关系）尺寸。此部分设施（包括围墙、大门）的定位坐标，一般标注其中心线控制点的坐标或其外边线交点的坐标，相互关系尺寸标注控制尺寸和相互间的距离。

7）风玫瑰图或指北针。风玫瑰图用来表明建筑地域方位和建筑物朝向以及当地常年风向频率。风玫瑰图是根据当地的风向资料将一年中的 16 种风向的吹风频率用一定的比例画在 16 方位线上连接而成。图中实线的多边形距中心点最远的顶点表示该风向的刮风频率最高，称为常年主导风向，图中虚线表示当地夏季六、七、八三个月的风向频率。指北针一般指向图的正上方，也可向左右偏转，但偏转角度不宜大于 90°。在图纸绘制时应注意建筑物在图中的位置与指北针的关系。

8）建筑物、构筑物使用编号时，应列出《建筑物和构筑物名称编号表》。编号表的主要内容有：序号、编号、建筑物或构筑物名称、附注等。对于简单的工程可直接标注于建筑物、构筑物之土，即可省略编号表。编号可根据工程的复杂程度选择编号方式，若建筑物、构筑物为同一类型建筑可直接用数字或字母进行编号，若工程复杂，有多类型建筑且数量较多，可选用“1—1，1—2……”的形式编写。

9）注明尺寸单位、比例、坐标及高程系统（如为场地建筑坐标网时，应注明与测量坐标网的相互关系）、补充图例等。设计说明一般包括：设计依据、设计重点或难点、存在的主要问题及建议、提醒施工单位要特别注意的地方等。设计依据主要内容有：地形图的依据、平面图的依据，高程系统的名称，必要时可注明有关批文，设计说明可附在图中。总平面图的比例比较小。常用比例有 1：500、1：1000、1：2000 等。在建筑总平面图中，许多内容均用图例表示。国家有关的制图标准规定了一些常用的图例。对于“国标”未规定的图例，设计人可以自行规定，但是要有图例说明。

（2）竖向设计图

竖向设计是对建设场地按其自然状况、工程特点和使用要求所作的规划。包括：场地与道路标高的设计，建筑物室内、外地坪的高差等，以便在尽量少地改变原有地形及自然景色的情况下满足日后居住者的要求，并为良好的排水条件和坚固耐久的建筑物提供基础。竖向设计合理与否，不仅影响着整个基地的景观和建成后的事业管理，而且直接影响着土方工程量。它与园地的基建费用息息相关。一项好的竖向设计应该是以能充分体现设计意图为前提，而土方工程量最少（或较少）的设计。竖向设计图示意见图 7.3–6。

竖向设计图的设计包含以下几方面的内容。

场地建筑坐标网、坐标值。同本节（1）中 2）测量坐标网、坐标值。

场地四邻的道路、铁路、河渠或地面的关键性标高。道路标高为现有的和规划的道路中心点控制标高，特别是与本工程入口连接处的道路控制标高。水面标高一般为常年平均水位、最高洪水位、最低枯水位等。

建、（构）筑物的名称（或编号）、室内外地面设计标高（包括铁路专用线设计标高）。室内地面标高为建筑物底层 ±0.000 的设计标高，室外地面标高为建筑物室外散水坡坡脚处的地面设计标高。建筑物在竖向布置图中一般用细实线表示。

广场、停车场、运动场地的设计标高，以及景观设计中水景、地形、竹地、院落的控制性标高。

道路、排水沟的起点、变坡点、转折点和终点的设计标高（路面中心和排水沟顶及沟底）、纵坡度、纵坡距、关键性坐标，道路标明双面坡或单面坡、立道牙或平道牙，必要时标明道路平曲线及竖曲线要素。道路平曲线要素包括曲线半径、曲线长度、切线长度等；道路竖曲线要素包括曲线半径、曲线长度等。道路横坡形式一般用横断面表示在平面图上，重要地段还需表示相邻道路的横断面形式。

扫码查标准

二维码 9　竖向

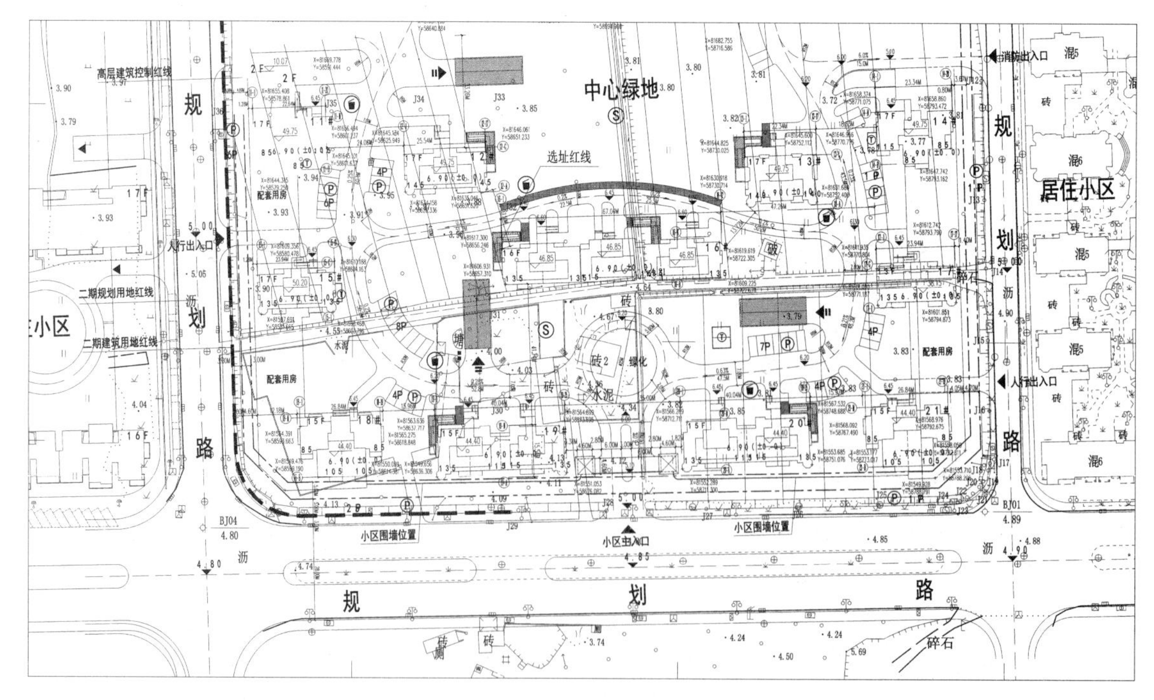

图 7.3–6　竖向设计图

挡土墙、护坡或土坎顶部和底部的主要设计标高及护坡坡度。坡顶部和坡底部的标高一般指此处地面的设计标高，护坡坡度用比值或百分数表示。

用坡向箭头表明地面坡向，当对场地平整要求严格或地形起伏较大时，可用设计等高线表示。设计等高线根据竖向高差的大小选用合适的等高线间距，竖向高差较大时选用较大的等高线间距，竖向高差较小时选用较小的等高线间距，但等高线间距最小不宜小于 0.20m，用间距 0.10 ~ 0.50m 的设计等高线表示设计地面起伏状况，或用坡向箭头表明设计地面坡向。

指北针或风玫瑰图。同本节（1）中 7）风玫瑰图或指北针。

注明尺寸单位、比例、补充图例等。设计说明一般包括：设计依据、设计重点或难点、存在的主要问题及建议、提醒施工单位要特别注意的地方、建筑坐标与城市坐标关系、设计标高与绝对标高关系等。设计依据主要内容有：场地四邻的道路、水面、地面的关键性标高及市政排水管接入点控制标高等资料的名称与提供单位，设计任务书中相关的竖向布置的设计要求。设计说明可附在图中。当工程简单时，竖向设计图与总平面布置图可合并绘制。如路网复杂时，可按上述有关技术条件等内容，单独绘制道路平面图。

（3）土石方图

土石方图是利用竖向布置图计算土方量，为施工平整场地提供依据。

场地范围的施工坐标。同本节（1）中 2）测量坐标网、坐标值。

建筑物、构筑物、挡土墙、台地、下沉广场、水系、土丘等位置（用细虚线表示）。只需保留总平面图中的建筑物、构筑物、道路等图形部分，而将其文字及数字部分省略。建筑物、构筑物位置用细虚线表示。

20m × 20m 或 40m × 40m 方格网及其定位，各方格点的原地面标高、设计标高、填挖高度、填区和挖区的分界线，各方格土方量、总土方量。当现状地面高差较大或地势起伏变化较多时，选用 20m × 20m 的方格网，当原地面高差较小或地势起伏变化较少时，选用 40m × 40m 的方格网；填方高度及填方量用“+”数表示，挖方高度及挖方量用“-”数表示；填区和挖区的分界线又叫填挖“零”线。

土方工程平衡表（表 7.3-1）。

设计说明一般包括：设计依据、设计重点或难点、存在的主要问题及建议、

土方工程平衡表 **表7.3-1**

序号	项目	土方量/m^3		说明
		填方	挖方	
1	场地平整			
2	室内地坪填土和地下建筑物、构筑物挖土、房屋及构筑物基础			
3	道路、管线地沟、排水沟			包括路堤填土、路堑和路槽挖土
4	土方损益			指土壤经过挖填后的损益数
5	合计			

注：表列项目随工程内容增减。

提醒施工单位要特别注意的地方等。设计依据主要指现状地形图的名称、比例及测绘单位等。大多情况下总平面土方图只计算场地平整土方工程量，建筑物、构筑物基础土方量及道路、管线地沟、排水沟土方量的计算归到其他相应的专业计算。当场地不进行初平时可不出图，但在竖向设计图上须说明土方工程数量。当场地需进行机械或人工初平时，须正式出图。

(4) 管道综合图

管线综合设计指的是确定道路横断面范围内各种管线的布设位置及与道路平面布置和竖向高程相协调的工作。为方便施工必须以图纸的形式呈现其设计内容，合理、全面表达其设计必须包含以下几方面的内容。

总平面布置。只需保留建筑物、构筑物、道路等图形部分，而将其文字及数字部分省略。

场地范围的测量坐标（或定位尺寸）、道路红线及建筑控制线或用地红线等的位置。

保留、新建的各管线（管沟）、检查井、化粪池、储罐等的平面位置，注明各管线（管沟）、检查井、化粪池、储罐等与建筑物、构筑物的距离和管线间距。管线的平面位置用定位坐标或以其到建筑物、构筑物、道路的相对距离表示，相对距离和管线间距都应以建筑物的轴线、管中心线之间的距离为准。

场外管线接入点的位置。用定位坐标或相对距离表示。

管线密集的地段宜适当增加断面图，表明管线与建筑物、构筑物、绿化之间及管线之间的距离，并注明主要交叉点上下管线的标高和间距。管线标高除排水管为管内底标高外，其余一般为管中心标高。断面图应表示出各种管线的管径、标高、定位尺寸和间距等。

指北针或风玫瑰图：同本节（1）中7）风玫瑰图或指北针。

设计说明一般包括：设计依据、设计重点或难点、存在的主要问题及建议、提醒施工单位要特别注意的地方等。并注明本图仅为各管线的汇总，管线施工要以各管线专业的施工图为准。设计依据主要内容有：市政管线接入点的位置、标高、管径等资料的名称与提供单位，设计任务书中有关管线设计的要求。设计说明可附在图中。

(5) 绿化布置图

平面布置。只需保留总平面图中的建筑物、构筑物道路等图形部分，有古树、古迹的应表示出其保护范围，而将其文字及数字部分省略。

绿地（含水面）、人行步道及硬质铺地的定位。植物种类及名称、行距和株距尺寸，群栽位置范围，与建筑物、构筑物、道路或地上管线的距离尺寸，各类植物数量（列表或旁注）。

建筑小品的位置（坐标或定位尺寸）、设计标高、详图索引。

指北针：同本节（1）中7）风玫瑰图或指北针。

注明尺寸单位、比例、图例、施工要求等。参照本节（1）中有关内容和施工要求等。

（6）详图

包括道路标准横断面、路面结构、挡土墙、护坡、排水沟、池壁、广场、运动场地、停车场地面、围墙等详图。另外还有道路纵断面、人行道、建筑小品等详图。横断面应表示路面尺寸构造，路面结构图可采用标准图。

（7）设计图纸的增减

当工程设计内容简单时，竖向布置图可与总平面图合并。当路网复杂时，可增绘道路平面图。土方图和管线综合图可根据设计需要确定是否出图。当场地竖向高差较大或起伏变化较多时出土方图。除管网不设在设计场地内，大多情况都要出管线综合图。当绿化或景观环境另行委托设计时，可根据需要绘制绿化及建筑小品的示意性和控制性布置图。绿化布置图深度可参照初步设计深度的相关要求。

7.3.2 表达方式

由于总平面设计图纸中涉及的相关专业最多，因此采用统一、规范的表达方式是各专业高效率协作的前提条件，在此，我们简要介绍一些在总平面设计中的统一标志方法。

风向频率玫瑰图。同 7.3.1 节介绍，如图 7.3–7（*a*）所示。指北针。其外圆用细实线绘制，直径为 24mm，指针尾部的宽度为 3mm，如图 7.3–7（*b*）所示。

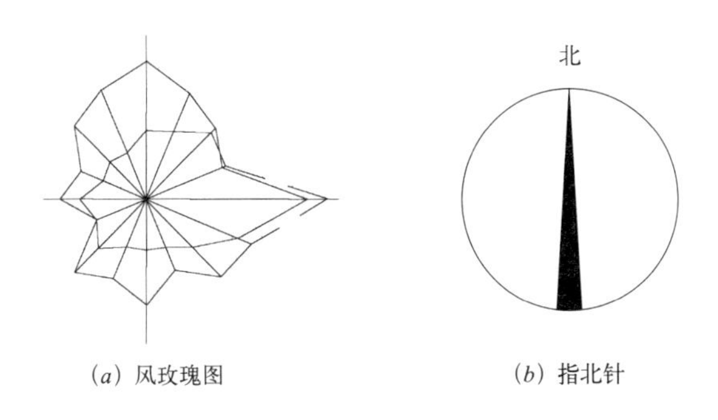

（*a*）风玫瑰图　（*b*）指北针

图 7.3–7　风玫瑰图和指北针

坐标系统。测量坐标系统和建筑坐标系统与地形图采用同一比例尺，7.3.1 节已详细介绍，在此不再累述。

规划红线。在城市建设的规划地形图上划分建筑用地和道路用地的界线，一般都以红色双点长画线条表示。它是建造临街房屋和地下管线时，决定其位置的标准线，不能超越。

绝对标高、相对标高。绝对标高：我国把黄海海平面作为绝对标高的零点，其他各地标高以它作为基准。相对标高：在房屋建筑设计与施工图中一般都采用假定的标高。并且把房屋的首层室内地面的标高，定为该工程相对标高的零点。在总平面图上，常标注出相对标高零点对应的绝对标高值如 ±0.000=89.79，即房屋首层室内地面的相对标高 ±0.000 等于绝对标高 89.79m。

等高线。地面上高低起伏的形状称为地形。地形是用等高线来表示的。等高线是一定高度的水平面与所表示表面的截交线。为了表明地表起伏变化状态，仍可假想用一组高差相等的水平面去截切地形表面，画出一圈一圈的截交线就是等高线。阅读地形图是土方工程设计的前提。地形图的阅读主要是根据地面等高线的疏密变化大致判断出地面地势的变化。等高线的间距越大，说明地面越平缓；相反等高线的间距越小，说明地面越陡峭。从等高线上标注的数值可以判断出地形是上凸还是下凹。数值由外圈向内圈逐渐增大，说明此处地形是往上凸；相反，数值由外圈向内圈减小，则此处地形为下凹（图 7.3–8）。

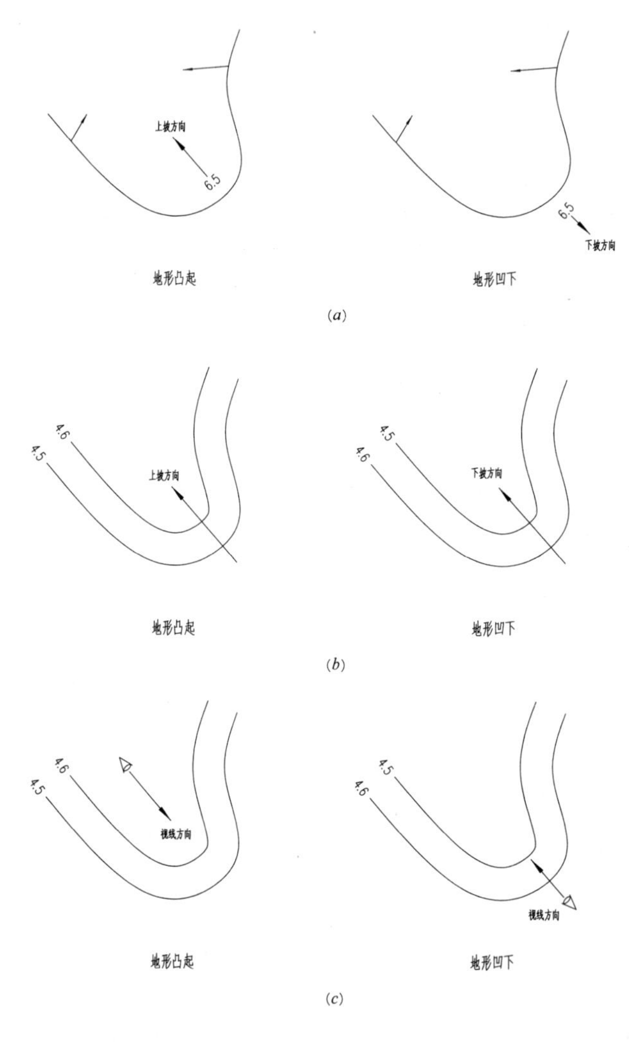

（a）当等高线环围的方向和字头朝向一致时，表现的是地形凸起状态，当等高线环围的方向和字头朝向相反时，表现的是地形凹下状态；
（b）当等高线环围的是下坡方向，则此时表现的是地形凹下状态，当等高线环围的是上坡方向，表现的是地形凸起状态；
（c）将等高线置于眼前，等高线的曲线状态就好比竖向的剖断图

图 7.3–8　等高线识别法

8

单元八　建筑施工图成图与出图

8.1 编制建筑设计说明

施工图设计说明是对图样中无法表达清楚的内容用文字加以详细的说明，它是建筑施工图设计的纲要，不仅对设计本身起着控制和指导作用，更为施工、审查（特别是施工图审查）、建设单位了解设计意图提供了依据。同时，还是建筑师维护自身权益的需要。

施工图设计说明主要介绍工程概况、设计依据、设计范围及分工、施工及制作时应注意的事项。设计说明是施工图设计的依据性文件、批文和相关规范。设计说明中的项目概况应包括建筑名称、建设地点、建设单位、建筑面积、建筑基地面积、建筑工程等级、设计使用年限、建筑层数和建筑高度、防火设计建筑分类和耐火等级、人防工程防护等级、屋面防水等级、地下室防水等级、抗震设防烈度以及能反映建筑规模的主要经济指标。设计标高应说明相对标高与总图绝对标高的关系。用料说明和室内外装修应说明墙体、墙身防潮层、地下室防水、屋面、外墙身、勒角、散水、台阶、坡道、油漆、涂料等的材料和做法，可用文字说明，部分直接在图上引注或加索引号。

《建筑工程设计文件编制深度规定（2016 年版）》中将设计总说明、工程做法、门窗表三类内容统称为"施工图设计说明"。工程做法应涵盖本设计范围内各部位的建筑用料及构造做法，应以用文字逐层叙述的方法为主或者引用标准图的做法与编号，否则应另绘构造节点详图交代。门窗表是一个子项中所有门窗的汇总和索引，目的在于方便土建施工和厂家制作。由于节能设计被日益重视，凡是送审图机构审查的设计图纸必须要有节能设计计算说明书和计算表格，因此节能设计计算书也成为施工图设计说明中不可缺少的一节。

8.1.1 设计总说明主要内容

各专业设计总说明包括建筑、结构、给水排水、暖通、强电、弱电等；设计总说明包括消防、环保、人防、节能、劳动保护（安保、交通、建筑智通化）等。工程简单或规模较小时，设计总说明和各专业的说明可合并编写，有关内容可以简化，各专业内容也可以简化。

建筑设计总说明对结构设计是非常重要的，因为建筑设计总说明中会提到很多做法及许多结构设计中要使用的数据，如建筑物所处位置（结构中用以确定抗震设防烈度及风载、雪载），绝对标高（用以计算基础大小及埋深桩顶标高等，没有绝对标高，根本无法施工），墙体、地面、楼面等做法（用以确定各部分荷载），总之，看建筑设计说明时不能草率，这是决定结构设计正确与否的非常重要的一个环节（图 8.1–1）。

对于民用建筑而言，建筑设计总说明的主要内容可归纳为如下四类。

（1）工程介绍

工程介绍包括该工程的概况，设计依据及主要指标、数据。

设计依据。依据性文件名称和文号，如批文、本专业设计所执行的主要

设计总说明

一、设计依据
1.1 杭州市建德市规划建设局对本工程初步设计或方案设计的批复；
1.2 经批准的本工程设计任务书、初步设计或方案设计文件建设方的意见；
1.3 设计合同：（GH-L18125）；
1.4 办公建筑设计规范（JGJ 67-2006）；
1.5 民用建筑设计通则（GB 50352-2005）；
1.6 建筑设计防火规范（GB 50016-2014）（2018年版）；
1.7 建筑内部装修设计防火规范（GB 50222-2017）；
1.8 预拌砂浆应用技术规程（JGJ/T 233-2010）；
1.9 浙江省地方文件-浙公通字【2017】89号
1.10 现行的国家有关建筑设计规范、规程和规定（含地方规程和规定）；

二、项目概况
2.1 项目名称：年产200万吨建筑用砂石建设项目--办公楼；
2.2 建设地点：浙江省杭州市建德市大慈岩镇檀村村；
2.3 建设单位：杭州兰祥建材有限公司；
2.4 用地面积：16758m²，新建建筑占地面积：199.75m²；新建建筑总建筑面积：598.40m²；
2.5 建筑层数、高度：地下：0层，地上：3层，建筑物总高度（屋面）：12.0m；
2.6 建筑物耐火等级：地上：二级；
2.7 建筑结构形式：框架结构，建筑结构安全等级：二级，建筑合理使用年限：50年；
2.8 建筑抗震设防烈度：6度；
2.9 本施工图内容不包括人防设计、特殊装修构造、景观设计、高级二次精装修及智能化。

三、设计标高
3.1 本工程设计标高：±0.000相当于黄海高程90.30；
3.2 本工程室内底层地坪标高±0.000，室内外高差300mm；
3.3 各层标注标高为完成面标高（建筑面标高），屋面标高为结构面标高。（详见各层平面图）；

四、尺寸单位定义
4.1 本工程图纸除特别标明外，总图尺寸及标高单位为米（m），其余均为毫米（mm）；
4.2 尺寸均以标注为准，不得按比例丈量图纸作为施工依据；

五、墙体工程
5.1 墙体的基础部分见结施图；
5.2 除图中特别标明者外，外围护墙为240厚，内隔墙分别为240和120厚；
5.3 承重钢筋混凝土墙体见结施图，混合结构的承重砌体墙详建施图；
5.4 墙体材料
5.4.1 ±0.000以下，与土体直接接触墙体均采用MU20混凝土实心砖，M10.0水泥砂浆砌筑；
5.4.2 ±0.000以上，非承重的外墙及卫生间隔墙采用MU10烧结页岩多孔砖，M7.5混合砂浆砌筑，其构造和技术要求参《页岩砖及页岩多孔砖砌体结构设计与施工技术规程》（DB63 868-2010）；
5.4.3 ±0.000以上，其余非承重内墙采用加气混凝土砌块（强度级别A3.5，体积密度级别B05，专用砂浆M5.0），其构造和技术要求详见国家建筑设计建筑标准图集《13J104蒸压加气混凝土砌块、板材构造》（13J104）及浙江省《蒸压砂加气混凝土砌块应用技术规程》（DB33/T1027-2018）和国标（JGJ/T17-2008）；
5.4.4 嵌入墙体内的箱体（如消火栓箱）背面采用60厚混凝土加气块砌筑，再用钢丝网固定，水泥砂浆抹平；
5.5 建施图中注明采用"轻质隔断"（条板或龙骨板墙）的内隔墙，要求其荷载≤0.50kN每平方米，其构造和技术要求详见相关技术资料；
5.6 墙身防潮层：在室内地坪下约60处做20厚1：2水泥砂浆内加5%防水剂的墙身防潮层（在此标高为钢筋混凝土构造或下为砌石构造时可不做），当室内地坪变化处防潮层应重叠，并在高低差埋土一侧墙身做20厚1：2聚合物水泥砂浆垂直防潮层，如埋土侧为室外，还应刷1.5厚聚氨酯防水涂料（或其它防潮材料）。防潮外墙与非防潮外墙相连时，防潮层应向非防潮外墙延伸不小于1m。详见03J930-1第126页；
5.7 墙体留洞及封堵：
1. 钢筋混凝土墙上的留洞见结施和设备图；
2. 砌筑墙预留洞见建施和设备图；
3. 砌筑墙体预留洞及门窗过梁见结施说明；
4. 预留洞的封堵：混凝土墙留洞的封堵见结施，其余砌筑墙留洞待管道设备安装完毕后，用C20细石混凝土填实；变形缝处双墙留洞的封堵，应在双墙分别增设套管，套管与穿墙管之间嵌堵密封膏，防火墙上留洞的封堵用防火岩棉。
5.8 本工程所有砂浆均采用预拌砂浆，预拌砂浆的施工与质量验收应满足《预拌砂浆应用技术规程》（JGJ/T 223-2010）相关规定。

六、地下室和室内防水工程
6.1 室内防水做法见"室内装修做法表"，要求防水的地面和墙面的做法，穿楼板管道应按图各工种要求预埋止水套管；
6.2 防水混凝土的施工缝、穿墙管道预留洞、转角、坑槽、后浇带等部位和变形缝等地下工程薄弱环节应按《地下防水工程质量验收规范》GB50208-2011施工。

七、屋面工程
7.1 本工程的屋面防水等级为Ⅰ级，设防做法详见"工程做法"；除设计说明外，钢筋砼屋面的防水尚应参照12J201图集；
7.2 屋面、雨篷做法及节点索引详见相关各层平面图；
7.3 屋面排水组织见屋面平面图，内排水雨水管见水施图，外排雨水斗、雨水管材料采用UPVC，除图中另有注明者外，雨水管的公称直径均为DN100；
7.4 屋面上的各设备基础的防水构造详见图集《平屋面建筑构造》（12J201第H23页）。

八、门窗工程
8.1 本工程建筑外门窗遵照《建筑外门窗气密、水密、抗风压性能分级及检测方法》（GB/T7106-2008）；抗风压性能分级为：2级，气密性能分级为：6级；水密性能分级为：2级；
8.2 门窗玻璃的选用应遵照《建筑玻璃应用技术规程》（JGJ 113-2015），《建筑安全玻璃管理规定》（发改运行[2003]2116号），《建筑门窗应用技术规程》（DB33/1064-2009）及地方主管部门的有关规定；全玻门及落地门窗需采用安全玻璃；
8.3 门窗立面均表示洞口尺寸，门窗加工尺寸要按照装修面厚度由承包商予以调整，调整后不得减少设计洞口尺寸，确保各用房窗地比面积；
8.4 门窗立樘：外门窗立樘详墙身节点图，内门窗立樘除图中另有注明者外，立樘位置为：弹簧门立樘墙中，平开门立樘与开启方向装修面平齐，管道竖井门设门槛，高度同踢脚；
8.5 门窗选料、颜色、玻璃见"门窗表"附注，门窗五金件要求为中级至无不锈钢制，且应符合国家现行标准的有关规定；
8.6 除图中另有注明者外，内门均做盖缝条或贴脸或门套，其做法见国标04J601-1，（门一侧内墙为粉刷砖装修时不做），门洞哑口做窗子板，其做法由装修公司二次设计；
8.7 本工程所有铝合金外门窗均暂定采用90系列，主要受力杆件型材规格及厚度应在二次设计时经计算确定，其未经表面处理的型材最小实测壁厚：窗≥1.4mm，组合窗拼樘框应≥2.0mm，门应≥2.0mm。门窗性能尚应满足设计及国家现行相关标准要求；
8.8 疏散通道上的门不得使用推拉门、卷帘门、吊门、转门和折叠门等不利于疏散通畅、安全的门。

九、外装修工程
9.1 外装修设计和做法索引见立面图及墙身节点详图；
9.2 承包商进行二次设计的钢结构、装饰物等，应向建筑设计单位提供预埋件的设置要求；
9.3 设有外墙外保温的建筑构造详见索引标准图及墙身节点详图；
9.4 外装修选用的各项材料其材质、规格、颜色等，均由施工单位提供样板，经确认后进行封样并据此验收；
9.5 凡女儿墙、坑槽翻口、雨蓬翻口等项面粉刷均应向内侧做出不小于1%的坡度。

十、室外工程（室外设施）
10.1 散水宽600mm，60厚C20砼随捣随抹1：1水泥砂浆压实赶光（与勒脚交接处及纵向每6m内设20mm宽伸缩缝，用胶泥嵌缝）；150厚碎石垫层；素土夯实（向外坡5%）；
10.2 外挑檐、雨篷、室外台阶、坡道、窗井、排水明沟或散水带明沟做法见"工程做法"或相应详图；在檐口、无遮阳板的窗上口及挑出较多的装饰线角雨篷的粉刷均应做出滴水线，困难情况下可用老鹰嘴；
10.3 其它室外工程由园林绿化设计单位另行设计。

十一、内装修工程
11.1 内装修工程执行《建筑内部装修设计防火规范》GB50222-2017，楼地面部分执行《建筑地面设计规范》GB50037-2013，具体做法见装修做法表，并执行《建筑装修工程质量验收规范》50209-2010；
11.2 楼地面构造交接处和地坪高度变化处，除图中另有注明者外均位于齐平门扇开启面处；
11.3 内装修选用的各项材料，均由施工单位制作样板和选样，经确认后进行封样，并据此进行验收；
11.4 本工程中出现的金属构件必须面刷三道防锈漆，裸露部分一底二度调合漆，颜色另定。木装饰材料均需刷三度防火涂料，平或各木装饰材料防火等级必须达到规范要求，顶棚需达到A级防火要求，其他固定家具需达到B2级防火要求，窗帘需达到B2级防火要求，其它装饰材料需达到B2级防火要求；
11.5 室内装修材料应符合《民用建筑工程室内环境污染控制规范》GB50325-2010（2013版）的规定，所使用材料中的有害物质含量应符合《室内装饰装修材料有害物质限量》GB18580-18588的规定，游离甲醛<0.08，苯<0.09，氨<0.2，总挥发性有机化合物TVOC<0.5以上单位均为MG/M3氡（BQ/M3）<200；
11.6 放射性应符合《材料放射性核素限量》GB6566-2010的活度的A级要求，所有无机非金属建筑材料如砖瓦砂石等其放射性指标限量为：照射和外照射指数均不大于1.0其放射性指标限量按A类控制；
11.7 凡内墙阳角或门窗洞阳角均应用1：2水泥砂浆做50宽保护角；
11.8 凡设有地漏房间应做防水层，图中未注明整个房间做坡度者，均在地漏周围1m范围内做1%坡度坡向地漏；除图中注明外，有水房间的楼地面应低于相邻房间30mm或做挡水门槛，且楼板沿墙迎水面（除门洞外）应做C20混凝土翻边，翻边高200，同墙宽；有大量排水的应设排水沟和集水坑。

十二、油漆、涂料工程
12.1 室内装修所采用的油漆涂料见"室内装修做法表"；
12.2 木门窗油漆选用棕色醇酸磁漆，做法参《工程做法》（05J909）"油21b"（含门套构造）；
12.3 楼梯、平台、护窗钢栏杆除图中注明外均选用钢栏杆，油漆选用黑色醇酸磁漆，做法参《工程做法》（05J909）"油26b"；
12.4 木扶手油漆选用棕色聚酯漆，做法参《工程做法》（05J909）"油21b"；
12.5 室内外各项露明金属件的油漆为刷防锈漆二度后再做同室内外部位相同颜色的聚酯漆，做法参《工程做法》（05J909）"油26b"；
12.6 各项油漆均由施工单位制作样板，经确认后进行封样，并据此进行验收。

十三、建筑设备、设施工程
13.1 卫生洁具、成品隔断由建设单位与设计单位商定，并应与施工配合；
13.2 灯具、送回风口等影响美观的器具须经建设单位与设计单位确认样品后，方可批量加工、安装。

十四、消防设计
14.1 本工程属于多层公共建筑，建筑层数地上3层，地下0层，建筑高度（至屋面）12.00m，执行《建筑设计防火规范》（GB 50016-2014）（2018年版）；
14.2 建筑物间距及消防车道的设置见总平面图；消防救援口设置于窗面，采用易碎玻璃，尺寸不小于1.0mX1.0m，下沿距室内地面不大于1.2m；
14.3 防火分区、建筑构造：
1. 建筑物防火分区：建筑每层为一个防火分区；
2. 其它建筑构造均应满足《建筑设计防火规范》（GB 50016-2014（2018年版）的要求；
14.4 疏散楼梯、疏散宽度
1. 疏散楼梯形式：本项目为每层建筑面积不大于200方，层数不超过3层的办公建筑，第2、3层人数之和不超过50人，设置敞开楼梯间，数量：1个/层，宽度：≥1.1m；
2. 室内任一点到最近安全出口的距离：≤22m；
14.5 金属构件外露部分，必须加设防火保护层，其耐火极限不低于《建筑设计防火规范》（GB 50016-2014）（2018年版）规定的相应建筑构件的耐火等级要求；
14.6 除正压送风、排烟、排废气、排油烟气以外的所有管道井待安装完毕后在楼板处每层封堵，具体做法：待管道安装定位后以φ8@200双向钢筋网片或当井道宽度小于1米时以φ6@200双向钢筋网片端部与井壁予留筋搭接焊牢，或沿井道四周用f10膨胀螺栓固定50×5角钢与钢筋网片焊牢，螺栓中心间距不大于350，钢丝网（0.5×10×10），然后在C20细石混凝土封堵密实，厚度同楼板；
14.7 [illegible]
14.8 [illegible]
14.9 [illegible]
14.10 [illegible]
14.11 [illegible]
14.12 [illegible]
14.13 [illegible]
14.14 [illegible]
14.15 [illegible]
14.16 [illegible]
14.17 [illegible]

十五、节能设计
15.1 本工程建筑设计按《公共建筑节能设计标准》（GB 50189-2015）中的甲类建筑进行节能设计，节能设计详见计算书；

十六、其它施工中注意事项
16.1 [illegible]
16.2 [illegible]
16.3 [illegible]
16.4 [illegible]
16.5 [illegible]
16.6 [illegible]
16.7 [illegible]
16.8 二次设计（门窗、幕墙、轻钢结构、吊顶等）须设计确认。
16.9 [illegible]
16.10 [illegible]
16.11 [illegible]

建设单位：某某有限公司
项目名称：办公楼
子项名称：办公楼
图名：设计总说明
比例：1:100　阶段：施工图　专业：建筑　图号：建-01

图 8.1-1　设计总说明

法规和所采用的主要标准（包括标准名称、编号、年号和版本号）及设计合同。施工图作为工程项目最后实施的图纸，是初步设计或方案（不作初步设计的简单项目）的延伸，各有关部门对初步设计或方案的确认意见是施工图能否成立的依据，因此本项作为设计依据应包括以下内容：

1）批准的可行性报告（包括选址报告及环境评价报告）、经有关规划部门和建筑管理部门批准的方案文件、甲方有关会议纪要等文件。

2）建设场地的气象、地理条件，工程地质条件。

3）建设管理、消防、人防、园林、交通等有关部门对初步设计审批意见（文号或日期）。

4）建设单位提供的有关使用要求或生产工艺资料。

5）规划、用地、交通、消防、环保、劳动、环卫、绿化、卫生、人防、抗震等要求和依据资料。

6）现行设计规范、标准（列出本项目所依据的主要规范名称）。

工程概况。一般应包括建筑名称、建设地点、建设单位、建筑面积、建筑基底面积、项目设计规模等级、设计使用年限、建筑层数和建筑高度、建筑防火分类和耐火等级、人防工程类别和防护等级、人防建筑面积、屋面防水等级、地下室防水等级、主要结构类型、抗震设防烈度等，以及能反映建筑规模的主要技术经济指标，如住宅的套型和套数（包括每套的建筑面积、使用面积）、旅馆的客房间数和床位数、医院的门诊人次和住院部的床位数、车库的停车泊位数等。工程概况应包括以下内容：

1）说明本工程为建设单位的新、扩、改建的何种类型建筑项目；应简要描述建设地点、周边环境、用地尺寸和形状，再说明占地面积（单体建筑基底面积）、总建筑面积，并分别列出其中地上、地下面积（含构筑物面积）。

2）设计标高：本子项的相对标高与总图绝对标高的关系，主要说明±0.000标高相当于绝对标高值，并说明室内外高差。

3）工程等级系指医院、旅馆、体育馆、博物馆、陆海空交通场馆、法院、银行等有等级划分标准的工程分级。

4）设计使用年限根据建筑物性质及使用者要求，结合结构设计，按《建筑结构可靠性设计统一标准》GB 50068—2018确定，抗震设防烈度按《建筑抗震设计规范（2016年版）》GB 50011—2010和《建筑工程抗震设防分类标准》GB 50223—2008确定，并应与结构设计说明一致。

5）防火设计建筑分类、耐火等级均根据建筑物使用性质、火灾危险性、疏散和扑救难度，按《建筑设计防火规范（2018年版）》GB 50016—2014进行分类和定级。

6）民用建筑根据《人民防空地下室设计规范》GB 50038—2005，防空地下室划分为甲、乙两类，甲类防空地下室设计必须满足其预定的战时对核武器、常规武器和生化武器的各项防护要求。乙类防空地下室设计必须满足其预定的战时对常规武器和生化武器的各项防护要求。按抗力级别可分为七级：常5级、常6级、核4级、核4B级、核5级、核6级和核6B级。依据人防部门有关审批文件确定，概况中应明确人防工程等级（包括防化等级）、建筑中所在部位、平战用途、防护面积、室内外出入口及进、排风口位置。

7）屋面防水等级、地下室防水等级根据建筑物使用性质、重要程度、使用要求以及防水层合理使用年限，根据《屋面工程技术规范》GB 50345—2012、《屋面工程质量验收规范》GB 50207—2012、《地下工程防水技术规范》GB 50108—2008和《地下防水工程质量验收规范》GB 50208—2011确定。

8）主要技术经济指标应根据建筑物使用性质，列举反映其基本特性和规模的指标，如：医院门诊和急诊人次／日、病床数；旅馆的客房间数、床位数；学校的总人数、班级数、每班人数；住宅单元组合数、每单元套数、总计套数、不同类型套数、每套建筑面积；图书馆藏书数、阅览人数；礼堂、影院、体育场馆观众席位；客、货运站吞吐量等；停车场（库）应列出停车泊位数，并应分别列出地上、地下停车泊位数。

9）项目概况还应有简要的建筑设计构思：a. 分析场地环境特征，包括建筑硬环境和建筑软环境；b. 主次入口与道路的关系，人、车、物流线的设计，功能分区的设计原则；c. 平面形式、体形、建筑体量的关系；d. 立面造型、建筑性格、历史文脉的地域特色。

主要指标、数据有：

1）总指标：总用地面积、总建筑面积、总建筑占地面积等指标。

2）总概算及单项建筑工程概算、三大材料的总消耗量。

3）水、电、蒸汽、燃料等能源总消耗量与单位消耗量。

4）其他相关的技术经济指标及分析。

（2）设计分工

包括承担的专业名称，与相关单位的分工与责任：必须明确各项工程的施工及验收标准的执行；一些委托设计、制作和安装的部件（如门窗、幕墙、电梯、特殊钢结构等）对其生产厂家、施工资质等必须提出明确的要求；对于各专业之间的责任关系及进度配合进行分工指导。

（3）设计要旨

设计要旨涵盖建筑消防、防水防潮、节能、人防等设计内容的说明。具体有：

1）设计中贯彻国家政策、法令和有关规定的情况。

2）采用新技术、新材料、新设备和新结构的情况。

3）环境保护、防火安全、交通组织、用地分配、能源消耗、安保、人防设置以及抗震设防等主要原则。

4）根据使用功能要求，对总体布局和选用标准的综合叙述。

（4）专项构造及工艺说明

包括墙体、楼地面、门窗、幕墙、地沟及留洞、油漆、内外装修等构造部分的说明。

8.1.2 设计总说明的编制方法及要点

设计总说明中的条目与工程做法看似相同，但二者却有本质的区别，设计总说明是针对整个工程而言进行“定性”，而工程做法则需针对个别特例进行“定量”。例如：关于建筑防水条目的屋面与地下室防水设计，设计总说明只需明确“防水等级”和“防水要求”（定性），具体构造和用料（定量）则可在工程做法中表述。同理，对于“室内地沟”，设计总说明中只需交代根据什么选用何种地沟，以及构建选用的荷载等级，具体做法可索引通用详图或另绘图纸表示。

编写完善的框架。在编写设计说明过程中，由于建筑类型千差万别，涉及的建筑材料、技术、法规繁杂，致使“设计总说明”应表示的内容广泛却缺乏共性规律。为了提高工作效率，许多设计院都编制了各具特色的“提纲型”模式的“设计总说明”，如有的设计院将设计总说明分列为以下各项：总述、建筑防火、建筑防水、人防工程、建筑节能、无障碍设计、安全防范设计、环保设计、墙体、室内地沟、门窗、玻璃幕墙、金属及石材幕墙、电梯、室内二次装修和其他等内容。使用时首先根据工程实际选择有关项目，然后对其下的条文分别进行填写、编写和取舍。

8.1.3 工程做法

工程做法应涵盖本设计范围内各部位的建筑用料及构造做法，应以用文字逐层叙述的方法为主来表达。下面为某工程的工程做法（图 8.1–2）。

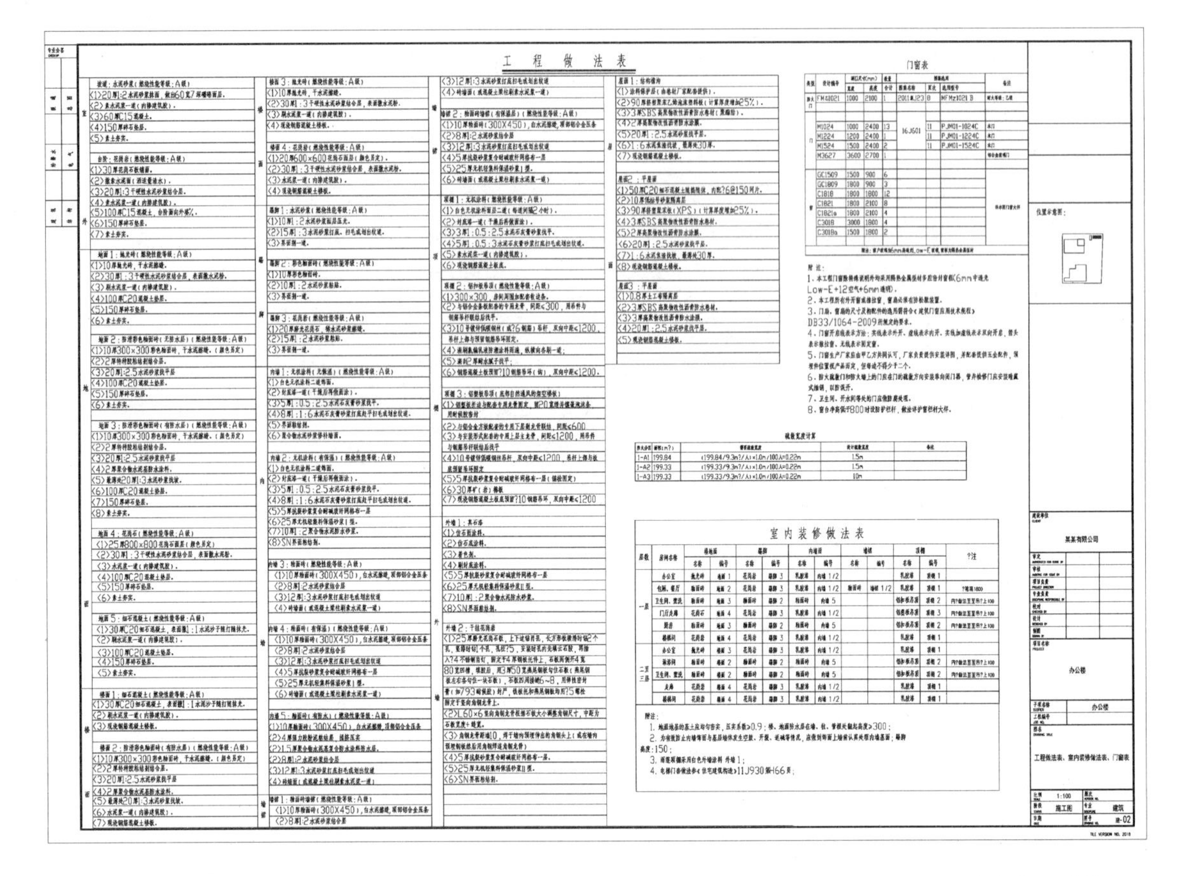

图 8.1–2　工程做法

8.1.4 绘制门窗表

门窗表是根据门窗编号以及门窗尺寸与做法将建筑物上所有不同类型的门窗统计后列成表格，是所有门窗的索引与汇总，目的在于方便土建施工、预算和厂家制作，也是结构计算荷载必不可少的最后数据。门窗表一般单独成图，也可列在设计总说明中（表 8.1–1）。

门窗表　　　　**表8.1–1**

类别	设计编号	洞口尺寸/mm		樘数	采用标准图集及编号		备注
		宽	高		图集代号	编号	
门							
窗							

注：1.采用非标准图集的门窗应绘制门窗立面图及开启方式；
　　2.单独的门窗表应加注门窗的性能参数、型材类别、玻璃种类及热工性能。

《建筑工程设计文件编制深度规定》4.3.3 施工图设计说明第 6 条：门窗表及门窗性能（防火、隔声、防护、抗风压、保温、隔热、气密性、水密性等）、窗框材质和颜色、玻璃品种和规格、五金件等的设计要求。门窗表的设计应留有空格，便于增补。工程复杂时，门窗樘数除总数外宜增加分层樘数和分段樘数，以便于统计、校核、修改。门窗表的备注栏中一般书写以下内容：参照选用标准门窗时，注明变化更改的内容。进一步说明门窗的特征。如同为木门，但可分别注明为平开、单向或双向弹簧门；同为人防门，但可分别注明为防爆活门、防爆密闭门、密闭门。对材料或配件有其他要求者如同为甲级防火门但要求为木质，同为铝合金门但要求加纱门。书写在图纸上不易表达的内容。如设有门坎、高窗顶至梁底等。

门窗的设计编号建议按材质、功能或特征分类编排，以便于分别加工和增减樘数。门窗设计编号按《建筑门窗术语》GB/T 5823—2008 的规定。现将常用门窗的类别代号列举如下，仅供参考。

门——以 M 为主要代号，不同用途和材质可在 M 前加上相应代号字母。木门——MM，钢门——GM，塑钢门——SGM，铝合金门——LM，卷帘门——JM，防盗门——FDM，防火门——$FM_{甲（乙、丙）}$（甲、乙、丙表示防火等级），防火卷帘门——FJM，人防门——RFM（防护密闭门），RMM（密闭门），RHM（防爆活门）。

窗——以 C 为主要代号，不同用途和材质可在 C 前加上相应代号字母。木窗——MC，钢窗——GC，铝合金窗——LC，木百叶窗——MBC，钢百叶窗——GBC，铝合金百叶窗——LBC，塑钢窗——SGC，防火窗——$FC_{甲（乙、丙）}$（甲、乙、丙表示防火等级），全玻无框窗——QBC。

幕墙——MQ。

编号要点有以下几点：人防门的编号应与相关标准图编号相对应。门窗表中所示尺寸应为洞口尺寸，可说明要求生产厂商在制作前应现场测量准确，并根据不同装饰面层，确定门窗的尺寸。如不采用标准图集时应绘制门窗详图，并在设计说明中说明。洞口尺寸应与平、剖面及门窗详图中的相应尺寸一致。门窗编号加脚号者（如 $MC\text{-}1_A$、$MC\text{-}1_B$），一般用于门窗立面及尺寸相同但呈对称者，或是立面基本相同仅局部（多为固定扇）尺寸变化者，也可以是立面相似仅洞口尺寸不同者。各类门窗应连续编号，尽量避免空号现象。门窗表外还可加注普遍性的说明，其内容包括：门窗立樘位置，玻璃及樘料颜色，玻璃厚度及樘料断面尺寸的确定，过梁的选用、制作及施工要求等。此项内容也可以在门窗详图或设计总说明中交代。

在设计说明中应明确门窗的抗风压性能、空气渗透性能等技术性能指标所决定的门窗等级，对特殊门窗还应明确其保温、隔声、防火等的特殊性能要求。对铝合金等金属门窗，除明确以上各款要求外，还应对门窗材料厚度、框料规格、颜色提出要求，也可提出由生产厂商提供材料、材质、规格和节点详图，供建设单位和设计单位认可方能生产施工。对特种门窗均应说明要求为工厂生产之成品，应提出具体要求，并可提出生产厂商做出设计详图，供建设单位和设计单位认可后方能生产，设计应满足国家有关规定和标准，并应有出厂合格证书。

在设计说明中应说明不同门窗安装与墙的关系、安装固定要求；木门、木装修均应说明采用的木材等级等。在设计说明中应说明各门窗玻璃的品种（如净白片、磨砂玻璃、压花玻璃、镀膜玻璃、防火玻璃等）、厚度；采用中空玻璃（组合玻璃）的门窗应说明玻璃的组合（各层材料、厚度，组合情况），采用安全玻璃的门窗应说明安全玻璃的品种（如钢化、夹层）和厚度。设计说明中也可统一说明采用安全玻璃的部位。在设计说明中对门窗五金一般可说明按标准图及预算定额中的规定配齐，但应说明选用档次。特殊的门窗配件如闭门器、定门器、防护栏、特殊门锁等应另加说明，并可提出必须保证其安全可靠、耐用，成品由建设单位与设计单位看样确定。特殊门窗应说明见门窗详图。并可对供应厂商提出具体要求。

门窗防护设施除注明者外，可直接选用成品，型号、尺寸应经建设单位和设计单位看样后订货。

幕墙工程（包括玻璃、金属、石材等）及特殊的屋面工程（包括金属、玻璃膜结构等）的性能及制作要求，平面图、预埋件安装图等以及防火、安全、隔声构造。对所设计的幕墙（天窗、雨篷等）除在设计详图中已表示了形式、分格、颜色、材料外，在设计说明中应提出其抗风压、空气渗透、雨水渗漏、保温、隔声、防火等物理性能等级以及开启面积等的具体要求，并可要求招标订货后由供应商进行深化设计，并负责提供土建资料，供建设单位和设计单位认可后方可施工。

图 8.1–3 为某项目的门窗表实例。

门窗表

类型	设计编号	洞口尺寸(mm)		数量	图集选用			备注
		宽度	高度	合计	图集名称	页次	选用型号	
防火门	FMZ1021	1000	2100	1	2011浙J23	8	MFMz1021 B	耐火等级：乙级
门								
	M1024	1000	2400	13	16J601	11	PJM01-1024C	木门
	M1224	1200	2400	1		11	PJM01-1224C	木门
	M1524	1500	2400	2		11	PJM01-1524C	木门
	M3627	3600	2700	1				铝合金玻璃门
窗	GC1509	1500	900	6				详本图门窗大样
	GC1809	1800	900	3				
	C1818	1800	1800	12				
	C1821	1800	2100	8				
	C1821a	1800	2100	4				
	C3018	3000	1800	4				
	C3018a	1500	1800	2				
附注：窗户玻璃为6mm高透光Low-E玻璃，窗框为隔热金属型材								

附注：

1. 本工程门窗除特殊说明外均采用隔热金属型材多腔密封窗框(6mm中透光Low-E+12空气+6mm透明)。
2. 本工程所有外开窗或推拉窗，窗扇必须有防松脱装置。
3. 门扇、窗扇的尺寸及构配件的选用需符合《建筑门窗应用技术规程》DB33/1064-2009所规定的要求。
4. 门窗开启线表示方法：实线表示外开、虚线表示内开、实线加虚线表示双向开启，箭头表示推拉窗、无线表示固定窗。
5. 门窗生产厂家应由甲乙方共同认可，厂家负责提供安装详图，并配套提供五金配件，预埋件位置视产品而定，但每边不得少于二个。
6. 防火疏散门和防火墙上的门应在门的疏散方向安装单向闭门器，管井检修门应安装暗藏式插销，以防误开。
7. 卫生间、开水间等处的门应做防腐处理。
8. 窗台净高低于800时设防护栏杆，做法详见护窗栏杆大样。

图 8.1–3　门窗表

8.2 图纸目录

图纸目录是施工图纸的明细和索引（图 8.2–1），目的在于方便查阅、归档和修改。目录应排列在施工图纸的最前面，且不编录图纸的序号中。先列出新绘图纸，后列出选用的标准图或重复利用图。

图 纸 目 录

项目名称	某办公楼	共 1 页	第 1 页
		子 项	

图 号	图 名	图 幅	备 注
建施-00	总平面图		
建施-01	设计总说明	A3	
建施-02	工程做法表、室内装修做法表、门窗表	A3	
建施-03	一层平面图	A3	
建施-04	二层平面图	A3	
建施-05	三层平面图	A3	
建施-06	屋顶平面图	A3	
建施-07	①～⑧轴立面图	A3	
建施-08	⑧～①轴立面图	A3	
建施-09	Ⓐ～Ⓓ、Ⓐ～Ⓓ轴立面图	A3	
建施-10	1-1剖面	A3	
建施-11	楼梯间大样图	A3	
建施-12	门窗大样图、卫生间大样图	A3	
建施-13	节点大样图一	A3	
建施-14	节点大样图二	A3	
建施-15	公共建筑节能设计专篇		

项目负责	专业负责		日 期	

图 8.2–1　图纸目录

8.3 施工图出图

8.3.1 图纸编排

通常建筑施工图使用专用图框出图，因此需按打印比例插入图框并合理排版。建筑施工图常用 A2、A1、A0 三种图幅的图框（图 8.3–1）。

通常建筑施工图的绘图比例为 1∶1，建筑平立剖图纸的打印比例为 1∶100；而图框则按实际图面尺寸绘制。因此，插入图框时需将图框按打印比例放大后框住图形，出图时再按相同的打印比例打印。

一套建筑施工图包含多张图纸，绘图时常将全部图纸绘制在一个 dwg 文件中。为提高绘图效率，宜将该文件中的所有图纸分门别类地排列整齐。

在施工图排版的过程中，常常需要将不同比例的图形排在同一张图纸中，此时宜使用一定的技巧。若使用天正建筑软件，则将与平面图比例不一致的详图等使用“文件布局 – 改变比例”命令，设定其比例；若使用 AutoCAD 软件，则将其定义为块，插入图纸时将块按两者比例之比进行缩放。

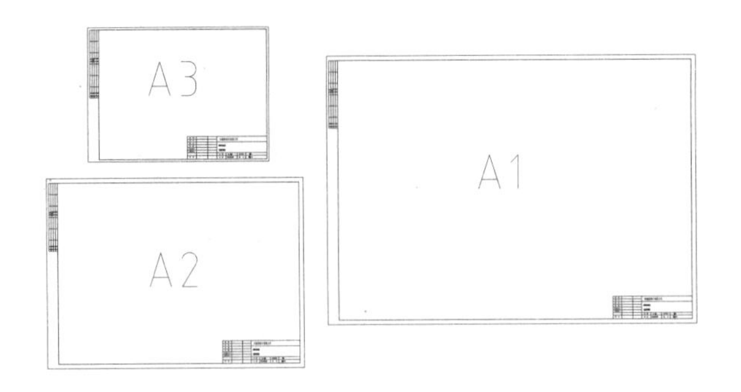

图 8.3–1　图框

8.3.2　打印出图

首先进行线型设置，在"打印－模型"对话框中的打印样式表中选择"acad.ctb"样式进行编辑，并在弹出的打印样式表编辑器中的格式视图窗口进行设置（图 8.3–2）。选中颜色 1 至颜色 255，将其颜色特性设为黑，线宽特性设为 0.2500mm。选择轴线"颜色 1"，线型特性设为点画线。选择门窗"颜色 4"，线宽特性设为 0.1000mm。选择填充"颜色 8"，淡显特性设为 70%。选择墙体、柱"颜色 9"，线宽特性设为 0.5000mm。打印样式表编辑器见图 8.3–2。

保存并关闭打印样式表编辑器对话框。

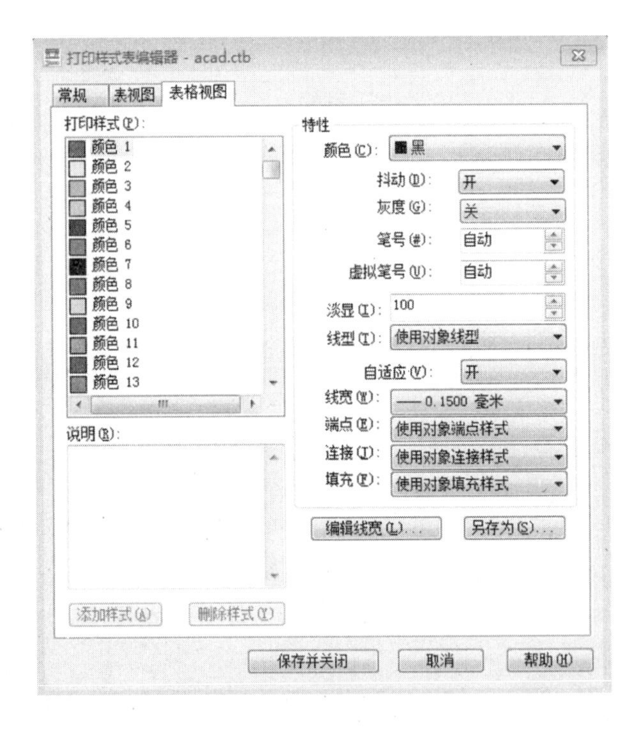

图 8.3–2　打印样式表编辑器

在"打印－模型"对话框中进行设置打印出图。在打印机／绘图仪名称中选择电脑连接好的 cad 图纸打印机／绘图仪，根据需要设置图纸尺寸，打印区域选择"窗口"并在图纸中框选所打印图框的对角线两点，打印偏移中选择居中打印，打印比例选布满图纸。设置完成后点击预览，检查打印设置是否正确，若正确即可打印出图。

9

单元九　建筑节能设计

9.1 建筑气候分区

按《民用建筑热工设计规范》GB 50176—2016 规定，全国划分为下列五类气候分区（表 9.3–1）：

建筑热工设计一级区划指标及设计原则　　表9.3–1

一级区划名称	区划指标		设计原则
	主要指标	辅助指标	
严寒地区（1）	$t_{min \cdot m} \leqslant -10°C$	$145 \leqslant d_{\leqslant 5}$	必须充分满足冬季保温要求，一般可以不考虑夏季防热
寒冷地区（2）	$-10°C < t_{min \cdot m} \leqslant 0°C$	$90 \leqslant d_{\leqslant 5} < 145$	应满足冬季保温要求，部分地区兼顾夏季防热
夏热冬冷地区（3）	$0°C < t_{min \cdot m} \leqslant 10°C$ $25°C < t_{max \cdot m} \leqslant 30°C$	$0 \leqslant d_{\leqslant 5} < 90$ $40 \leqslant d_{\geqslant 25} < 110$	必须满足夏季防热要求，适当兼顾冬季保温
夏热冬暖地区（4）	$10°C < t_{min \cdot m}$ $25°C < t_{max \cdot m} \leqslant 29°C$	$100 \leqslant d_{\geqslant 25} < 200$	必须充分满足夏季防热要求，一般可不考虑冬季保温
温和地区（5）	$0°C < t_{max \cdot m} \leqslant 13°C$ $18°C < t_{max \cdot m} \leqslant 25°C$	$0 \leqslant d_{\leqslant 5} < 90$	部分地区应考虑冬季保温，一般可不考虑夏季防热

9.2 建筑体形系数

建筑体形系数是指建筑物与室外大气接触的外表面积和外表面所包围的体积之比值。

计算公式：$S=\dfrac{F_0}{V_0}$　　(9–1)

F_0——建筑物与室外大气接触的外表面积（m^2）

V_0——外表面所包围的建筑体积（m^3）

· 建筑外墙面面积应按各层外墙外包线围成的面积总和计算。

· 建筑物外表面积应按墙面面积、屋顶面积和下表面直接接触室外空气的楼板（外挑楼板、架空层顶板）面积的总面积计算。不包括地面面积，不扣除外门窗面积。

· 建筑体积应按建筑物外表面和底层地面围成的体积计算。

9.3 传热系数等物理指标

传热系数（K）——在稳态条件下，围护结构两侧空气温度差为 1°C，1h 内通过 $1m^2$ 面积传递的热量（W），是由于温度的差异而使热流从建筑构件的热的一边向冷的一边迁移的一个度量值，单位为 W/（$m^2 \cdot K$）。K 值越小，热损失越小。

热惰性指标（D）——是表征围护结构对温度波衰减快慢程度的一个无量

纲指标，是影响热稳定性的主要因素。*D* 值越大，温度波在其中的衰减越快，其稳定性越好，因而房间内的热稳定性也越好。热惰性指标（*D*）应用在居住建筑节能规定性指标中。

热阻（*R*）——表征围护结构本身或其中某层材料阻抗传热的物理量。是材料厚度与导热系数的比值。单位为（$m^2 \cdot K$）/W。

传热阻（*R0*）——围护结构阻抗传热能力的物理量。为结构热阻（*R*）与内、外侧表面换热阻（*Ri*、*Re*）之和。传热阻是传热系数 *K* 值的倒数。热阻越大，热损失越小。

$R0=Ri+\Sigma R+Ri$

导热系数（λ）——指材料传导热量的一种能力。即在稳定传热条件下，1m 厚的材料板，两侧表面温差为 1℃时，每小时内通过 $1m^2$ 面积内传递的热量（W）。单位为 W/（m · K）。

9.4 外窗节能

外窗（含透明幕墙）的节能设计

窗墙面积比：窗户洞口面积与房间立面单元面积，即建筑层高与开间定位线围成的面积的比值。

平均窗墙面积比：整栋建筑外墙面上的窗及阳台门的透明部分的总面积与整栋楼建筑的外墙面的总面积（包括其上的窗及阳台门的透明部分面积）之比。

窗墙面积比计算：

计算公式：

$$X=\frac{\Sigma Ac}{\Sigma Aw} \tag{9-2}$$

ΣAc——同一朝向的外窗（含透明幕墙）及阳台门透明部分洞口总面积（m^2）

ΣAw——同一朝向外墙总面积（含该外墙上的外门窗的总面积）（m^2）

9.5 外墙节能

外墙平均传热系数（K_m）——外墙包括主体部位和周边热桥（构造柱、圈梁以及楼板伸入外墙部分等）部位在内的传热系数平均值。按外墙各部位（不包括门窗）的传热系数对其面积的加权平均计算求得。

$$K_m=\frac{K_pF_p+K_bF_b}{F_p+F_b} \tag{9-3}$$

K_m——外墙平均传热系数 [W/（$m^2 \cdot K$）]

K_p——外墙主体部位传热系数 [W/（$m^2 \cdot K$）]

F_p——外墙主体面积（m^2）

K_b——外墙主体热桥部位传热系数 [W/（$m^2 \cdot K$）]

F_b——外墙主体热桥面积（m^2）

9.6 屋顶节能

屋面的热工计算遵循围护结构各项计算公式，如：传热系数、热惰性指标等，其中一个比较实用的用来计算保温层厚度的公式为：

$$\delta_m=\lambda_{c,m}\left[\frac{1}{K_{re}}-R_c-0.15\right] \quad (9\text{–}4)$$

δ_m——保温层厚度（m）

$\lambda_{c,m}$——保温材料的计算导热系数[W/（m²·K）]，$\lambda_{c,in}=\lambda_{i,n}\cdot a$

K_{re}——规定的传热系数限值[W/（m²·K）]（根据所要计算的围护结构部位决定）

R_c——构造层中除保温层外的各层材料热阻之和（m²·K/W）

9.7 建筑节能设计说明

1）设计依据

2）项目所在地的气候分区及围护结构的热工性能限值。

3）建筑的节能设计概况、围护结构的屋面（包括天窗）、外墙（非透明幕墙）、外窗（透明幕墙）、架空或外挑楼板、分户墙和户间楼板（居住建筑）等构造组成和节能技术措施，明确外窗和透明幕墙的气密性等级。

4）建筑体形系数计算、窗墙面积比（包括天窗屋面比）计算和围护结构热工性能计算，确定设计值。

工程名称__________ 结构类型__________ 层　数__________

建筑面积__________m² 体形系数__________

部位			传热系数限值K [W/（m²·K）]		热惰性指标D	平均窗墙面积比	节能做法的（平均）传热系数K [W/（m²·K）]	保温材料、构造做法、图集索引及编号	备注
			2.5≤D<3	D≥3					
屋顶			0.8	1.0					
外墙	南		1.0	1.5					
	北		1.0	1.5					
	东		1.0	1.5					
	西		1.0	1.5					
窗（含阳台透明部分）	南	（偏东30°至偏西30°）	—						
	北	（偏东60°至偏西60°）	—						
	东	（偏南60°至偏北30°）	遮阳：有　无						

续表

部位			传热系数限值K [W/（m^2·K）]		热惰性指标D	平均窗墙面积比	节能做法的（平均）传热系数K [W/（m^2·K）]	保温材料、构造做法、图集索引及编号	备注
			$2.5 \leqslant D < 3$	$D \geqslant 3$					
窗（含阳台透明部分）	西	（偏南60°至偏北30°）	遮阳：有 无						
户门			3.0		—				
分户墙			2.0		—				
楼板			2.0		—				
底层自然通风的架空楼板			1.5		—				
天窗			—						

设计单位（章）________ 设计负责人________ 填表人________ 日期________年____月____日

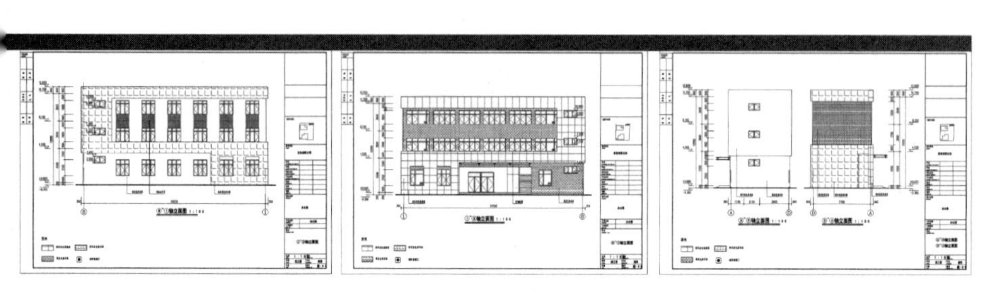

10

单元十　建筑施工图审查要点

10.1 施工图审查要求

10.1.1 施工图设计审查的依据

《建设工程质量管理条例》（国务院第714号令）（2019年4月23日）第十一条："施工图设计文件审查的具体办法，由国务院建设行政主管部门、国务院其他有关部门制定。施工图设计文件未经审查批准的，不得使用。"

《建设工程勘察设计管理条例》（国务院第687号令）（2017年10月7日）第三十三条："施工图设计文件审查机构应当对房屋建筑工程、市政基础设施工程施工图设计文件中涉及公共利益、公众安全、工程建设强制性标准的内容进行审查。县级以上人民政府交通运输等有关部门应当按照职责对施工图设计文件中涉及公共利益、公众安全、工程建设强制性标准的内容进行审查。""施工图设计文件未经审查批准的，不得使用。"

《房屋建筑和市政基础设施工程施工图设计文件审查管理办法》（住房和城乡建设部第46号令）（2018年12月29日）第三条："国家实施施工图设计文件审查制度。""本办法所称施工图审查，是指建设主管部门认定的施工图审查机构按照有关法律、法规，对施工图涉及公共利益、公众安全和工程建设强制性标准的内容进行的审查。""施工图未经审查合格的，不得使用。"

10.1.2 施工图设计审查的范围

除法律、法规另有规定外，一般施工图设计文件重点审查以下范围的项目：住宅小区、工厂生活区、地下工程，三层及以上的住宅工程（含建制镇、集镇规划建设用地范围）。建筑面积在300m^{2}及以上的一般公共建筑工程，国家民用建筑工程设计等级分类标准规定的特殊公共建筑。工程投资额在30万元及以上的工业建筑工程，乙级及乙级以上资质的设计单位方可承接的构筑物。工程投资额在50万元以上的给水排水、燃气、道路、桥隧、热力等市政基础设施工程。涉及城镇生命线的低于30万元或300m^{2}的建筑物和构筑物。国家民用建筑工程设计等级分类标准规定的二级及以上民用建筑工程的装饰装修，工程投资额在50万元及以上的建筑智能化、建筑幕墙、轻型钢结构等专项工程。

10.1.3 施工图设计审查的内容

施工图设计审查的内容包括以下几方面：是否符合工程建设强制性标准；地基基础和主体结构的安全性；消防安全性；人防工程（不含人防指挥工程）防护安全性；是否符合民用建筑节能强制性标准，对执行绿色建筑标准的项目，还应当审查是否符合绿色建筑标准；勘察设计企业和注册执业人员以及相关人员是否按规定在施工图上加盖相应的图章和签字；法律、法规、规章规定必须审查的其他内容。

10.1.4 施工图设计审查的材料

行政政策性审查需提交的材料：建设单位关于施工图审查的申请。项目立项批准文件；城市规划部门出具的建设项目规划条件或规划部门盖章的总图（复印件）。建设工程初步设计批复或会审纪要（复印件）；建设工程勘察、设计合同（复印件）；勘察和设计资质证书（复印件）；招投标备案表（复印件）。

技术性审查需提交的材料：设计单位资质证书（复印件）；设计合同（复印件）（外省单位需办理进省核验手续）；建筑设计红线图（复印件）；工程地质勘察报告及相关资料（复印件）（电子文件）；有关部门对勘察报告及消防、人防、环保的专项审查意见；完整的施工图（加盖出图专用章、注册建筑师及注册结构师的印章，注册师本人应签字）；注明计算软件名称与版本的结构专业计算书；节能审查备案登记表及民用建筑工程节能设计计算书（注明计算软件名称）；建设行政主管部门建筑节能审查意见书、节能评估报告书（表）或节能登记表；其他资料（根据工程的具体情况和审查需要确定）。

10.2 施工图审查要点

10.2.1 一般规定

（1）建筑总平面应与经城市建设规划管理部门审批的总平面及审批意见一致。

（2）单体设计的项目名称、层数、建筑高度、建筑面积应与建筑工程规划许可证一致。

（3）建筑设计应以建筑通用规范和项目所属分类的建筑设计规范为依据。规范、标准应为现行的有效版本。

（4）建筑设计应贯彻建筑节能国策，按国家和地方主管部门的有关规定和设计标准要求，作好围护结构的热工设计。

（5）新建、扩建和改建房屋应按各类建筑的无障碍实施范围进行无障碍设计。

10.2.2 建筑施工图设计内容和深度

建筑施工图文件应符合《建筑工程设计文件编制深度规定（2016 版）》（以下简称《深度规定》）和《房屋建筑建筑制图统一标准》GB/T 50001—2017、《建筑制图标准》GB/T 50104—2010 的要求。

■ 建筑设计总说明

（1）说明应符合《深度规定》4.3.3 条规定。其主要内容包括依据性文件名称和文号，如批文、本专业设计所执行的主要法规和所采用的主要标准（包括标准名称、编号、年号和版本号）及设计合同；工程概况；设计标高；用料说明；主要工程做法及室内装修做法；对采用新技术、新材料和新工艺的做法说明及对特殊建筑造型和必要的建筑构造的说明；门窗表及门窗性能、窗框材质和颜色、玻璃品种和规格、五金件等的设计要求；幕墙工程的性能及制作要求，并明确与专项设计的工作及责任界面；电梯（自动扶梯、自动步道）选择及性能说明等；还应包括建筑防火、无障碍设计和建筑节能设计说明；当按照绿色建筑要求建设时，应有绿色建筑设计说明；安全防范和防盗要求及具体措施、隔声减振减噪、防污染、防射线等的要求和措施；需要专业公司进行深化的部分，对分包单位明确设计要求，确定技术接口的深度等内容。

（2）审查中应重点核查以下几点：

1）设计依据性文件和主要规范、标准是否齐全、准确。

2）设计概况中建筑面积、建筑基底面积、建筑层数和高度是否与城市规划主管部门核发的建筑工程许可证附件一致；建筑防火分类和耐火等级、人防工程类别和防护等级是否正确。

3）设计标高的确定是否与城市已确定的控制标高一致。审图时要特别注意 ±0.000 的绝对标高是否已标注。

4）建筑墙体和室内外装修用材料，不得使用住建部和省住建厅公布的淘汰产品。采用新技术、新材料须经主管部门鉴定认证，有准用证书。

5）门窗框料材质、玻璃品种及规格要求须明确，整窗传热系数、气密性等级应符合规定。

6）幕墙工程（包括玻璃、金属、石材等）及特殊的屋面工程（包括金属、玻璃、膜结构等）须有明确的性能及制作要求。

7）建筑防火设计、无障碍设计和建筑节能设计说明应与图纸的表达一致。

■ 总平面图

（1）总平面图应符合《深度规定》4.2 节规定，着重审查以下各点：

1）场地四界的测量坐标或定位尺寸，用地红线、道路红线、建筑控制线等的位置。

2）场地四邻原有及规划道路、绿化带等的位置（主要坐标或定位尺寸），周边场地用地性质，以及主要建筑物、构筑物、地下建筑物等的位置、名称、性质、层数。

3）建筑物、构筑物（人防工程、地下车库、油库、贮水池等隐蔽工程以虚线表示）的名称、编号、层数、定位（坐标或相互关系尺寸）。

4）广场、停车场、运动场地、道路、围墙、无障碍设施、排水沟、挡土墙、护坡等的定位（坐标或相互尺寸）。如有消防车道和扑救场地，需注明。

（2）竖向布置图应符合《深度规定》4.2 节规定，需标示以下关键标高：

1）场地四邻的道路、水面、地面的关键性标高。

2）建筑物、构筑物名称或编号室内外地面设计标高、地下建筑的顶板面标高及覆土高度限制。

3）道路、坡道、排水沟的起点、变坡点、转折点和终点的设计标高、（路面中心和排水沟顶及沟底）纵坡度、纵坡距、关键性坐标，道路标明双面坡或单面坡，立道牙或平道牙，必要时标明道路平曲线及竖曲线要素。

4）挡土墙、护坡或土坎顶部和底部主要设计标高及护坡坡度。

（3）当工程设计内容简单时，竖向布置图可与总平面图合并。

■ 建筑平面图

（1）平面图应符合《深度规定》4.3.4条对平面图的规定。

（2）凡是结构承重，并做有基础的墙、柱均应编轴线及轴线编号，内外门窗位置、编号及开启方向，房间名称应标示清楚。库房（储藏）需注明存储物品的火灾危险性类别。

（3）尺寸标注应清楚，外墙三道尺寸、轴线及墙身厚度、柱与壁柱的截面尺寸及其与轴线的关系尺寸都应标注清楚。

（4）楼梯、电梯及主要建筑构造部件的位置、尺寸和做法索引。

（5）变形缝的位置、尺寸及做法索引。

（6）楼地面预留孔洞和管线竖井、通气管道等位置、尺寸和做法索引以及墙体预留洞的位置、尺寸和标高或高度。

（7）室内外地面标高、底层地面标高、各楼层标高、地下室各层标高。

（8）各层建筑平面中防火分区面积和防火分区分隔位置及安全出口位置示意。

（9）屋顶平面应标明女儿墙、檐口、天沟、屋脊（分水线）、坡度、坡向、雨水口、变形缝、屋面上人孔、楼梯间、水箱间、电梯机房、室外消防楼梯及其他构筑物，必要的详图索引号、标高等。

■ 建筑立面图

（1）立面图应符合《深度规定》4.3.5条对立面图的规定。

（2）每一立面应绘注两端的轴线编号，立面转折复杂时可用展开立面表示，并应绘制转角处的轴线编号。

（3）建筑立面图应表达立面投影方向可见的建筑外轮廓和建筑构造的位置，如女儿墙顶、檐口、柱勒脚、室外楼梯和垂直爬梯、门窗、阳台、雨篷、空调机隔板、台阶、坡道、花台、雨水管以及其他装饰构件、线脚等。如遇前后立面重叠时，前部的外轮廓线宜加粗，以示立面层次。

（4）立面尺寸应标注立面总高、楼层数和标高，以及平、剖面图未表示的屋顶、檐口、女儿墙、窗台及装饰构件、线脚等的标高或高度，特别是平屋面檐口上皮或女儿墙顶面的高度、坡屋面檐口及屋脊的高度须标注清楚。

（5）外装修用料、颜色应直接标注在立面图上。

（6）墙身详图的剖线索引应在立面图上标注。

■ 建筑剖面图

（1）剖面图应符合《深度规定》4.3.6条对剖面图的规定。

（2）剖面图的剖视位置应选在具有代表性的部位，应用粗实线画出所剖到的建筑实体切面（如：墙体、梁、板、地面、楼梯、屋面等），用粗线画出投影方向可见的建筑构造和构配件（如：门、窗、洞口、室外花坛、台阶等）。

（3）剖面图应标注墙、柱轴线和轴线编号。

（4）高度尺寸一般标注三道，第一道各层窗洞口高度及与楼面关系尺寸，第二道层高尺寸，第三道由室外地坪至平屋面檐口上皮或女儿墙顶面或坡屋面下皮总高度，剖屋面檐口至屋脊高度单注。屋面之上的楼梯间、电梯机房、水箱间等另加注其高度。

（5）标高应标注室外地坪、各层楼地面、屋顶结构板面、女儿墙顶面的相对标高、内部的隔断、门窗洞口、地坑等标高。

（6）标注节点构造详图索引。

■ 建筑详图

（1）建筑详图应符合《深度规定》4.3.7 条对详图的规定。

（2）墙身详图一般以 1∶20 绘制完整的墙身详图表达详细的构造做法，尤其要注意将外墙的节能保温构造交代清楚，并绘出墙身的防潮、地下室的防水层收头处理等。

（3）楼梯、电梯详图平面应注明四周墙的轴线编号、墙厚与轴线关系尺寸，并标明梯段宽、梯井宽、平台宽、踏步宽及步数。剖面需注明楼层、休息平台标高和每梯段的踏步高乘踏步数的尺寸。所注尺寸应为建筑完成面尺寸。同时要绘出扶手、栏杆轮廓，并标注详图索引号。

（4）卫生间及局部房间放大图，重点在内部设备、设施的定位关系尺寸，地面找坡及相关地沟、水池等详图。

（5）门窗、幕墙应绘制立面图，对开启扇和开启方式应表达清楚，并对其与主体结构的连接方式、用料材质、颜色作出规定。

（6）可采用标准图的各部构造和建筑配件、设施详图应索引清楚。

10.2.3 基地总平面

■ 建筑基地

（1）建筑基地应以规划用地红线图为准，基地内建筑使用性质应符合城市规划确定的用地性质。建筑物后退用地红线和道路红线的距离应符合规划设计条件的规定。

（2）除骑楼、建筑连接体、地铁相关设施及连接城市的管线、管沟、管廊等市政公共设施以外，建筑物及其附属的下列设施不应突出道路红线或用地红线建造：

1）地下设施，应包括支护桩、地下连续墙、地下室底板及其基础、化粪池、各类水池、处理池、沉淀池等构筑物及其他附属设施等。

2）地上设施，应包括门廊、连廊、阳台、室外楼梯、凸窗、空调机位、雨篷、挑檐、装饰构架、固定遮阳板、台阶、坡道、花池、围墙、平台、散水明沟、地下室进风及排风口、地下室出入口、集水井、采光井、烟囱等。

（3）建筑基地如与城市道路不相连接时应设通路，建筑基地内的建筑面积小于 3000m^2 时通路的宽度不应小于 4m；建筑面积大于 3000m^2 时通路的宽度不应小于 7m。

（4）基地内建设容量、建筑高度的控制应符合规划设计条件的限制。

（5）基地内配建公共停车场（库）停车位的指标，应满足规划设计条件的要求。居住区内应配套设置居民自行车、汽车的停车场地或停车库。

（6）基地内绿地率应满足规划设计条件的要求，居住街坊内集中绿地的规划建设应符合《城市居住区规划设计标准》GB 50180—2018 第 4.0.7 条规定，①新区建设不应低于 0.50m^2/ 人，旧区改建不应低于 0.35m^2/ 人；②宽度不应小于 8m；③在标准的建筑日照阴影线范围之外的绿地面积不应少于 1/3，其中应设置老年人、儿童活动场地。新区建设不应低于 30%；旧区改建不宜低于 25%；公共绿地不少于 1m^2/ 人。

■ 建筑总平面

（1）建筑总平面主要出入口（特别是机动车行驶道路）与城市道路连接应符合下列规定：

1）距中等城市、大城市的城市主干路交叉口的距离，自道路红线交叉点量起不小于 70m。

2）距人行横道、人行天桥、人行地道（包括引道、引桥）的最近边缘线不应小于 5m。

3）距公园、学校及有儿童、老年人、残疾人等建筑的出入口最近边缘不应小于 20m。

4）距地铁出入口、公共交通站台边缘不应小于 15m。

5）主要出入口处机动车道路坡度大于 8% 时，应设不小于 5m 的缓冲段。

6）与城市道路连接平面交角不宜小于 75°。

（2）总平面布置与建筑间距应符合日照、采光、通风、消防、防灾、管线埋设和视觉卫生等有关规定：

1）建筑间距分正面间距和侧面间距，正面间距以日照间距控制，侧面间距则以消防为主等其他因素确定。

2）有日照要求的建筑，其正面间距应按日照时限标准确定的不同方位的日照间距系数控制，可根据当地城市规划技术管理规定采用不同方位间距折减系数换算表进行换算，例如一些城市对平行布置的住宅采用的折减系数见表 10.2–1。大中城市应采用经过批准的日照分析软件绘制日照分析图。

3）每套住宅至少应有一个居住空间能获得日照，当一套住宅中居住空间总数超过四个时，其中宜有两个获得日照，该日照标准应符合现行国家标准《城市居住区规划设计标准》GB 50180—2018 第 4.0.9 条有关规定。住宅底层为商业等非居住用房时，住宅间距计算可扣除底层高度。

不同方位间距折减系数 **表10.2–1**

方位	0~15°（含）	15°~30°（含）	30°~45°（含）	45°~60°（含）	大于60°
折减系数	1.0L	0.9L	0.8L	0.9L	0.95L

注：1. 表中方位为与正南向偏东、偏西的方位角；

2. L为正南向住宅的标准日照间距；L根据当地城市规划技术管理规定确定；

3. 本表指标仅适用于无其他遮挡的平行布置条式住宅。

4）宿舍半数及半数以上的居室应有良好朝向。

5）托儿所、幼儿园的活动室、寝室及具有相同功能的区域，应布置在当地最好朝向，冬至日底层满窗日照不应小于 3h。

6）中小学校普通教室冬至日满窗日照不应少于 2h 且至少应有 1 间科学教室或生物实验室的室内能在冬季获得直射阳光。老年人及残疾人住宅的起居室和卧室、医院及疗养院半数以上的病房和疗养室，均应满足冬至日不小于 2h 的日照标准。

7）老年人照料设施的居室应具有天然采光和自然通风条件，日照标准不应低于冬至日日照时数 2h。当居室日照标准低于冬至日日照时数 2h 时，老年人居住空间日照标准应按下列规定之一确定：①同一照料单元内的单元起居厅日照标准不应低于冬至日日照时数 2h；②同一生活单元内至少一个居住空间日照标准不应低于冬至日日照时数 2h。

（3）总平面应保证基地内有车辆环通道路或回转场地，基地内部主要道路应设双车道，供小型车通行的宽度不应小于 5.5m，供大型车通行的宽度不应小于 6.5m，当停车数小于 50 辆时可采用单向通道，宽度不应小于 3.5m，每个住宅单元至少应有一个出入口可以通达机动车。宅前路的路面宽度不应小于 2.5m。

（4）基地内住宅至道路边缘的最小距离应符合表 10.2-2 的规定。

居住区道路边缘至建筑物、构筑物最小距离（m） **表10.2-2**

与建筑物、构筑物关系		城市道路	附属道路
建筑物面向道路	无出入口	3	2
	有出入口	5	2.5
建筑物山墙面向道路		2	1.5
围墙面向道路		1.5	1.5

注：道路边缘对于城市道路是指道路红线。附属道路分两种情况：道路断面设有人行道时，指人行道的外边线；道路断面未设人行道时，指路面边线。

（5）基地内无障碍通路应贯通，坡道的坡度及人行道在交叉路口、街坊路口、广场入口处的缘石坡道应符合《住宅建筑规范》GB 50368—2005 第 4.3.3 条的规定。

（6）场地竖向设计应以城市坐标和高程系统为依据，总平面占地面积较小且地形平坦时，其场地竖向可只定出建筑物室内地坪绝对标高、建筑室外四角及场地内部道路交叉点绝对标高；总平面占地较大或地形起伏复杂的场地应作竖向设计图。地面水的排水系统，应根据地形特点设计，地面排水坡度不应小于 0.2%。台阶式用地的台阶之间的护坡或挡土墙的设置应符合《住宅建筑规范》GB 50368—2005 第 4.5.2 条的规定。

10.2.4 建筑设计统一标准及无障碍设计

《民用建筑设计统一标准》GB 50352—2019 和《无障碍设计规范》GB 50763—2012 中的强制性条文规定，是对建筑设计的最基本要求，凡专项设计规范无更严格要求的，均应无条件执行这些基本规定。

■ 建筑设计统一标准

（1）阳台、外廊、室内回廊、内天井、上人屋面及室外楼梯等临空处应设置防护栏杆。栏杆应以固定、耐久的材料制作，并能承受现行国家标准《建筑结构荷载规范》GB 50009 及其他国家现行相关标准规定的水平荷载。临空高度在 24m 以下时，栏杆高度不应低于 1.05m。临空高度在 24m 以上（包括中高层住宅）时，栏杆高度不应低于 1.10m；上人屋面和交通、商业、旅馆、医院、学校等建筑临开敞中庭的栏杆高度不应小于 1.2m。审查时应注意构造上是否形成可踏面，如底部有宽度≥ 0.22m，且高度≤ 0.45m 的可踏部位，应从可踏面起计算高度。住宅、托儿所、幼儿园、中小学及少年儿童专用活动场所的栏杆必须采用防止少年儿童攀登的构造。当采用垂直栏杆时，其杆件净距不应大于 0.11m。

（2）楼梯的数量、位置、梯段净宽和楼梯间形式应满足使用方便和安全疏散的要求。供日常交通用的楼梯的梯段净宽应根据建筑物使用特征，按每股人流宽度为 0.55m+（0 ～ 0.15）m 的人流股数确定，并不应少于 2 股人流。

（3）楼梯的最小宽度应符合以下规定：

1）住宅、汽车库、修车库和多层建筑不应小于 1.10m；6 层和 6 层以下住宅楼梯一边设有栏杆时净宽不应小于 1.00m。

2）宿舍、老年住宅、高层公建、体育建筑、幼儿建筑一般不应小于 1.20m。

3）医院病房楼、医技楼、疗养院次要楼梯不应小于 1.30m，主要楼梯和疏散楼梯不应小于 1.65m（平台净宽 2.00m）。

4）商店、电影院、剧院、港口客运站、中小学校不应小于 1.40m。

5）铁路旅客车站不应小于 1.60m。

6）住宅户内的楼梯净宽度，当一边临空时不应小于 0.75m；当楼梯段两边为墙时不应小于 0.90m。

（4）存放食品、食料、种子或药物的房间，其存放物与楼地面直接接触时，严禁采用有毒的材料作为楼地面，材料的毒性应经有关卫生、防疫部门鉴定。存放吸味较强的食品时，应防止采用散发异味的楼地面材料。

（5）管道井、烟道、通风道和垃圾管道应分别独立设置，不得使用同一管道系统，并应用非燃烧体材料制作。

■ 建筑物无障碍设计

（1）城市各类新建、扩建和改建建筑物无障碍实施范围，应按《无障碍设计规范》GB 50763—2012（以下简称《无障规》）的规定执行。

（2）公共建筑与高层、中高层居住建筑入口设台阶时，必须设轮椅坡道和扶手。坡道的坡度、宽度及其在不同坡度情况下，坡道高度和水平长度，应符合《无障规》第 3.4 节的有关规定。

（3）建筑入口轮椅通行平台最小深度应符合《无障规》第 3.3.2 条规定。

（4）乘轮椅者通行的走道最小宽度：大型公建不宜小于 1.80m，其他室内走道不应小于 1.20m，室外通道不宜小于 1.50m。

（5）供残疾人使用的门应符合《无障规》第3.5.3条规定。

（6）配备电梯的公共建筑和高层、中高层住宅及公寓建筑，必须设无障碍电梯。无障碍电梯候梯厅深度不宜小于1.50m，公共建筑及设置病床梯的侯梯厅深度不宜小于1.80m。轿厢最小规格（深度 × 宽度）不应小于1.40m×1.10m，医疗建筑和老年人建筑宜选用病床专用电梯。

（7）公共厕所和专用厕所的无障碍设计应分别符合《无障规》第3.9节的规定。

（8）设有客房的公共建筑应设无障碍客房，其设计应符合《无障规》第3.11节规定。

（9）居住建筑应设无障碍住房及宿舍，其设计应符合《无障规》第3.12节规定。

（10）设有观众席的公共建筑应设轮椅席位，其设计应符合《无障规》第3.13节规定。

（11）停车场（库）应设无障碍机动车停车位。其设计应符合《无障规》第3.14节规定。

10.2.5 各类建筑设计的专项规定

本节列入了常遇各类建筑的专项规定，当遇到本节内容未涉及的建筑类型时，应对照其所属类别的专项规范规定进行审查。

■ 住宅建筑

住宅建筑设计应贯彻《住宅设计规范》GB 50096—2011和《住宅建筑规范》GB 50368—2005的规定，设计审查重点在于保证最基本的居住水平和居住安全。

（1）住宅应按套设计，每套住宅的卧室、起居室（厅）、厨房和卫生间等基本空间应齐全。

（2）厨房应有直接采光和自然通风，应设置炉灶、洗涤池、案台、排油烟机等设施或预留位置。

（3）卫生间应设置便器、洗浴器、洗面器等设施或预留位置。卫生间不应直接布置在下层住户的卧室、起居室（厅）和厨房的上层，其地面和局部墙面应有防水构造。

（4）卧室、起居室（厅）的室内净高和局部净高应分别满足不低于2.40m和2.10m的规定。

（5）利用坡屋顶内空间作卧室、起居室（厅）时，其1/2面积的净高应满足不低于2.10m的规定。

（6）阳台栏杆的设计应防止儿童攀爬，栏杆的垂直杆件净距不应大于0.11m，放置花盒处必须采取防坠落措施。

（7）六层及六层以下住宅的阳台护栏的防护高度不应低于1.05m，七层及七层以上住宅的阳台护栏的防护高度不应低于1.10m，封闭阳台栏杆也应满足阳台栏杆净高要求，不允许按窗台高度设计。

（8）外窗窗台高度低于0.90m的应有防护设施，防护栏杆的高度应从可踏面起计算，保证净高 0.90m。

(9) 楼梯梯段净宽、楼梯踏步和栏杆高度应符合以下规定：六层及六层以下住宅，一边设有栏杆的梯段净宽不应小于 1.00m，七层及七层以上住宅的楼梯梯段净宽不应小于 1.10m；楼梯踏步宽度不应小于 0.26m，踏步高度不应大于 0.175m；扶手高度不应小于 0.90m，水平段栏杆长度大于 0.50m 时其扶手高度不应小于 1.05m。

(10) 楼梯井净宽大于 0.11m 时必须采取防止儿童攀爬滑的措施。

(11) 七层及七层以上的住宅或住宅入口楼面距室外设计地面的高度超过 16m 以上的住宅必须设置电梯。

(12) 七层及七层以上的住宅建筑入口、入口平台、候梯厅、公共走道和无障碍住房等部位应有无障碍设计，并符合以下规定：

1) 建筑入口设台阶时，应设轮椅坡道和扶手，坡道的坡度，当坡道高度 0.60m 时坡度应不大于 1∶10，高度 0.75m 时坡度应不大于 1∶12，高度 0.90m 时坡度应不大于 1∶16，高度 1.20m 时坡度应不大于 1∶20。

2) 供轮椅通行的门净宽不应小于 0.80m，门把手一侧的墙面不应小于 0.40m，门扇应安装视线观察玻璃、横执手和关门拉手，在门扇的下方应安装高 0.35m 的护门板，门内外地面高差不应大于 15mm，并应以斜坡过渡。

3) 除平坡出入口外，建筑物无障碍出入口平台的净深度不应小于 1.50m。

4) 候梯厅深度不宜小于 1.50m，设置病床梯的候梯厅深度不宜小于 1.80m。

5) 供轮椅通行的走道净宽室内不要小于 1.20m，室外通道净宽不宜小于 1.50m。

(13) 住宅的公共出入口位于阳台、外廊及开敞楼梯平台下部时，应设置雨罩等防止物体坠落伤人的安全措施。

(14) 住宅公共部位的通道和走廊净宽应不小于 1.20m，局部净高不应低于 2.00m。

(15) 外廊、内天井及上人屋面等临空处栏杆高度：六层及六层以下不应低于 1.05m，七层及七层以上不应低于 1.10m，栏杆应为防攀登构造，垂直杆件净距不应大于 0.11m。

(16) 住宅的卧室、起居室（厅）、厨房不应布置在地下室。当布置在地下室时，必须对采光、通风、日照、防潮、排水及安全防护采取措施。地下室应采取有效的防水措施，采用当地成熟的防水技术。

(17) 住宅建筑内严禁布置有存放危险品的库房和扰民的商店、车间和娱乐设施。

(18) 附建有公共用房的住宅，住宅与附建公共用房的出入口应分开布置。

(19) 应核查住宅建筑的耐火等级及其相应的构件燃烧性能和耐火极限。四级耐火等级的住宅建筑最多允许建造层数为 3 层，三级耐火等级的住宅建筑最多允许建造层数为 9 层，二级耐火等级的住宅建筑最多允许建造层数为 18 层，19 层及以上的住宅建筑其耐火等级应为一级。

各耐火等级的住宅建筑，其构件的燃烧性能和耐火极限不应低于《住宅建筑规范》GB 50368—2005 第 9.2.1 条的规定。

(20) 住宅建筑安全出口的设置应符合下列要求：

1) 10 层以下的住宅建筑，当住宅单元任一层的建筑面积大于 650m^2，或任一套房的户门至安全出口的距离大于 15m 时，该住宅单元每层的安全出口不应少于 2 个。

2) 10 层至 18 层的住宅建筑，当住宅单元任一层的建筑面积大于 650m^2，或任一套房的户门至安全出口的距离大于 10m 时，该住宅单元每层的安全出口不应少于 2 个。

3) 19 层及 19 层以上的住宅建筑，每个住宅单元每层的安全出口不应少于 2 个。

4) 安全出口应分散布置，两个安全出口之间的距离不应小于 5m。

(21) 住宅建筑的楼梯间形式和疏散出口设置的具体要求应符合《建筑设计防火规范（2018 年版）》GB 50016—2014 的相关规定，楼梯间顶棚、墙面和地面均应采用不燃性材料。

(22) 住宅防火构造重点注意以下各点：

1) 住宅建筑上下相邻户开口部位间应设置高度不低于 1.20m 的窗槛墙，或设置耐火极限不低于 1.00h 的不燃性实体挑檐，其出挑宽度不应小于 1.00m，长度不应小于开口宽度；水平相邻户开口之间的墙体宽度不应小于 1.00m；小于 1.00m 时，应在开口之间设置突出外墙不小于 0.60m 的隔板。

2) 楼梯间窗口与套房窗口最近边缘之间的水平间距不应小于 1.00m；

3) 电缆井、管道井、排烟排气等竖井应独立设置，其井壁应采用耐火极限不低于 1.00h 的不燃体构件；电缆井、管道井应在每层楼板处采用不低于楼板耐火的不燃性材料或防火封堵；电缆井、管道井设在防烟楼梯间前室及合用前室时，其井壁上的检查门应采用丙级防火门。

4) 当住宅建筑中的楼梯、电梯直通住宅楼层下部的汽车库时，楼梯、电梯在汽车库内的出入口部位应采取防火分隔措施。

(23) 住宅必须进行节能设计，其各项规定指标应符合当地《居住建筑节能设计标准》的规定。

■ 宿舍建筑

宿舍建筑设计应贯彻《宿舍建筑设计规范》JGJ 36—2016 的规定，审查重点在于保证宿舍居住人员的基本居住标准和安全。

(1) 居室应有良好的通风采光，居室不应布置在地下室。

(2) 通廊式宿舍和单元式宿舍楼梯间的设置应符合下列规定：

1) 除与敞开式外廊直接相连的楼梯间外，宿舍建筑应采用封闭楼梯间。当建筑高度大于 32m 时应采用防烟楼梯间。

2) 宿舍建筑内的宿舍功能区与其他非宿舍功能部分合建时，安全出口和疏散楼梯宜各自独立设置，并应采用防火墙及耐火极限不小于 2.00h 的楼板进行防火分隔。

3）楼梯间应直接采光、通风。

（3）楼梯门、楼梯及走道总宽应按每层通过人数每100人不少于1.00m计算，当各层人数不等时，疏散楼梯的总宽度可分层计算，下层楼梯的总宽度应按本层及以上楼层疏散人数最多一层的人数计算，梯段净宽不应小于1.20m，且楼梯梯段净宽不应小于1.20m，楼梯平台宽度不应小于楼梯梯段净宽。

（4）小学宿舍楼梯踏步宽度不应小于0.26m，踏步高不应大于0.15m，楼梯扶手应采用竖向栏杆，且杆件净宽不应大于0.11m，楼梯井净宽不应大于0.20m。

（5）六层及六层以上宿舍或居室最高入口层楼面距室外设计地面的高度大于15m时，宜设置电梯；高度大于18m时，应设置电梯，并宜有一部电梯供担架平入。

（6）公共厕所应设前室或经盥洗室进入，前室或盥洗室的门不宜与居室门相对，公共厕所及公共盥洗室与最远居室的距离不应大于25m（附带卫生间的居室除外）。

（7）宿舍安全出口门不应设置门槛，其净宽不应小于1.40m，出口处距门的1.40m范围内不应设踏步。

■ 托儿所、幼儿园建筑

托儿所、幼儿园建筑设计应贯彻《托儿所、幼儿园建筑设计规范（2019年版）》JGJ 39—2016的规定，审查重点在于各项安全措施的落实。

（1）严禁将幼儿园生活用房设在地下室或半地下室。

（2）审查楼梯是否设有幼儿扶手，楼梯栏杆净距、梯井净宽、踏步高宽尺寸是否符合以下规定：

1）楼梯除设成人扶手外，应在靠墙一侧设幼儿扶手，其高度不应大于0.60m；

2）楼梯栏杆垂直线饰间的净宽不应大于0.11m，当楼梯井净宽大于0.20m时，必须采取安全措施；

3）供幼儿使用的楼梯踏步高度宜为0.13m，宽度宜为0.26m；

4）严寒地区不应设置室外楼梯。

（3）活动室、寝室、音乐活动室应设双扇平开门，其宽度不应小于1.20m。疏散通道中不应使用转门、弹簧门和推拉门。

（4）幼儿出入的门应符合下列规定：

1）当使用玻璃材料时，应采用安全玻璃；

2）距离地面0.60m处宜加设幼儿专用拉手；

3）门的双面均应平滑、无棱角；

4）门下不应设门槛；平开门距离楼地面1.20m以下部分应设防止夹手设施；

5）不应设置旋转门、弹簧门、推拉门，不宜设金属门；

6）生活用房开向疏散走道的门均应向人员疏散方向开启，开启的门扇不应妨碍走道疏散通行；

7）门上应设观察窗，观察窗应安装安全玻璃。

（5）严寒地区托儿所、幼儿园建筑的外门应设门斗，寒冷地区宜设门斗。

（6）托儿所、幼儿园的外廊、室内回廊、内天井、阳台、上人屋面、平台、看台及室外楼梯等临空处应设置防护栏杆，栏杆应以坚固、耐久的材料制作。防护栏杆的高度应从可踏部位顶面起算，且净高不应小于 1.30m。防护栏杆必须采用防止幼儿攀登和穿过的构造，当采用垂直杆件做栏杆时，其杆件净距离不应大于 0.09m。幼儿经常接触的 1.30m 以下的外墙面不应粗糙，室内墙角、窗台、散热气罩、窗口竖边等棱角部位必须做成小圆角。

（7）音体活动室的位置宜临近生活用房，不应和服务、供应用房混设在一起。单独设置时，宜用连廊与主体建筑连通。

■ 中小学校建筑

中小学校建筑设计应贯彻《中小学校设计规范》GB 50099—2011 的规定。设计审查重点在于保护正常教学环境和学生的使用安全。

（1）总平面中教学用房的外墙面与铁路的距离不应小于 300m；与高速路、地上轨道交通线或城市主干道的距离不应小于 80m，当小于 80m 时，必须采取有效的隔声措施。

（2）中小学校严禁建设在地震、地质塌裂、暗河、洪涝等自然灾害及人为风险高的地段和污染超标的地段。校园及校内建筑与污染源的距离应符合对各类污染源实施控制的国家现行有关标准的规定。

（3）高压电线、长输天然气管道、输油管道严禁穿越或跨越学校校园；当在学校周边敷设时，安全防护距离及防护措施应符合相关规定。

（4）学生宿舍不得设在地下室或半地下室。

（5）宿舍与教学用房不宜在同一栋建筑中分层合建，可在同一栋建筑中以防火墙分隔贴建。学生宿舍应便于自行封闭管理，不得与教学用房合用建筑的同一个出入口。

（6）学生宿舍必须男女分区设置，分别设出入口，满足各自封闭管理的要求。

（7）化学实验室内应设一个事故急救冲洗水嘴。

（8）靠外廊及单内廊一侧教室内隔墙的窗开启后，不得挤占走道的疏散通道，不得影响安全疏散；二层及二层以上的临空外窗的开启扇不得外开。

（9）室内楼梯栏杆（或栏板）的高度不应小于 0.90m，室外楼梯栏杆和水平栏杆高度不应小于 1.10m。栏杆不应采用易于攀登的花格栏杆，杆件或花饰的镂空处净距不得大于 0.11m。

（10）临空窗台的高度不应低于 0.90m。

（11）上人屋面、外廊、楼梯、平台、阳台等临空部位必须设防护栏杆，防护栏杆必须牢固，安全，高度不应低于 1.10m，防护栏杆最薄弱处承受的最小水平推力应不小于 1.5kN/m。

■ 办公建筑

办公建筑设计应遵守《办公建筑设计规范》JGJ 67—2006 的规定，设计审查重点在于保障办公环境及疏散安全。

(1) 六层及六层以上办公建筑应设电梯。建筑高度超过 75m 的办公建筑电梯应分区或分层使用。

(2) 总平面布置应合理安排好设备机房、附属设施和地下建筑物。如设有锅炉房、食堂的，宜设运送燃料、货物和清除垃圾等的单独出入口。采用原煤作燃料的锅炉房，应留有堆放场地。

(3) 办公建筑中的变配电所应避免与有酸、碱、粉尘、蒸汽、积水、噪声严重的场所毗邻，并不应直接设在有爆炸危险环境的正上方或正下方，也不应直接设在厕所、浴室等经常积水场所的正下方。

(4) 办公楼中的锅炉房必须采取有效措施，减少废气、废水、废渣和有害气体及噪声对环境的影响。

(5) 办公建筑的开放式、半开放式办公室，其室内任何一点至最近的安全出口的直线距离不应超过 30m。

■ 商店建筑

商店建筑设计应贯彻执行《商店建筑设计规范》JGJ 48—2014 的规定。设计的审查重点是安全疏散和通风、卫生等基本环境条件。

(1) 大中型商店建筑应有不少于两个面的出入口与城市道路相邻接；或基地应有不小于 1/6 的周边总长度和建筑物不少于两个出入口与一边城市道路相邻接。

(2) 大型和中型商店建筑的基地内应设置专用运输通道，且不应影响主要顾客人流，其宽度不应小于 4m，宜为 7m。基地内消防车道也可与运输道路结合设置。

(3) 营业部分公共楼梯梯段净宽不应小于 1.40m，踏步高度不应大于 0.16m，踏步宽度不应小于 0.28m；室外台阶的踏步高度不应大于 0.15m 且不宜小于 0.10m，踏步宽度不应小于 0.30m。

(4) 营业厅与空气处理室之间的隔墙应为防火兼隔声构造，并不得开门直接相通。

(5) 联营商场内连续排列店铺应有良好的排烟通风设施，饮食店的灶台不应面向公共通道。各店铺的隔墙、吊顶等的饰面材料和构造不得降低商场建筑物的耐火等级规定。

(6) 食品类商店仓储部分应根据商品不同保存条件和商品之间存在串味、污染的影响，分设库房或在库内采取有效隔离措施；各种用房地面、墙裙等应为可冲洗的面层，并严禁采用有毒和起化学反应的涂料。

(7) 大中型商业建筑中有屋盖的通廊或中庭（共享空间）及其两边建筑，各成防火分区时，应符合下列规定：

1) 当两边建筑高度小于 24m 则通廊或中庭的最狭处宽度不应小于 6m，当建筑高度大于 24m 则该处宽度不应小于 13m。

2) 通廊或中庭的屋盖应采用非燃烧体和防碎的透光材料，在两边建筑物支承处应为防火构造。

3）通廊或中庭的自然通风要求应符合第4.1.10条的规定。当为封闭中庭时应设自动排烟装置。

4）通廊或中庭的消防设施应符合防火规范的规定。

（8）商店建筑内如设有上下层相连通的开敞楼梯、自动扶梯等开口部位时，应按上下连通层作为一个防火分区，其建筑面积之和不应超过防火规范的规定。

（9）防火分区间应采用防火墙分隔，如有开口部位应设防火门窗或防火卷帘并装有水幕。

（10）商店营业厅的每一防火分区安全出口数目不应少于两个；一、二级耐火等级的营业厅其室内任一点至最近疏散门或安全出口的直线距离不应大于30m；当疏散门不能直通室外地面或疏散楼梯间时，应采用长度不大于10m的疏散走道通至最近的安全出口。当该场所设置自动喷水灭火系统时，室内任一点至最近安全出口的安全疏散距离可分别增加25%（注：小面积营业室可设一个门的条件应符合防火规范的规定）。

（11）商店营业厅的出入门、安全门净宽度不应小于1.40m，并不应设置门槛。

（12）大型百货商店、商场建筑物的营业层在五层以上时，宜设置直通屋顶平台的疏散楼梯间不少于两座，屋顶平台上无障碍物的避难面积不宜小于最大营业层建筑面积的50%。

（13）商店营业部分疏散人数的计算，可按每层营业厅和为顾客服务用房的面积总数乘以换算系数（人/m^2）来确定：

第一、二层，每层换算系数为0.43～0.60；

第三层，换算系数为0.39～0.54；

第四层及以上各层，每层换算系数为0.30～0.42。

■ 饮食建筑

饮食建筑应贯彻执行《饮食建筑设计标准》JGJ 64—2017的规定。施工图审查时，应重点核查总平面布置、卫生设施标准和厨房的合理布置。

（1）饮食建筑严禁建于产生有害、有毒物质的工业企业防护段内；与有碍公共卫生的污染源应保持一定的距离，并须符合当地食品卫生监督机构的规定。

（2）总平面布置时，应防止厨房（或饮食制作间）的油烟、气味、噪声及废弃物等对邻近建筑物的影响。

（3）公共卫生间宜设置前室，卫生间的门不宜直接开向用餐区域，卫生洁具应采用水冲式；宜利用天然采光和自然通风，并应设置机械排风设施；未单独设置卫生间的用餐区域应设置洗手设施，并宜设儿童用洗手设施。

（4）厨房与饮食制作间应按原料处理、主食加工、副食加工、备餐、食具洗存等工艺流程合理布置，严格做到原料与成品分开，生食与熟食分隔加工和存放，并应符合下列规定：

1）副食粗加工宜分设肉禽、水产工作台和清洗池，粗加工后的原料送入细加工间避免反流。遗留的废弃物应妥善处理。

2）冷荤成品应在单间内进行拼配，在其入口处应设有洗手设施的前室。

3）冷荤制作间的入口处应有通过式消毒设施。

4）垂直运输的食梯应生、熟分设。

■ 医院建筑

医院建筑应贯彻执行《综合医院建筑设计规范》GB 51039—2014 的规定，重点保证：方便救死扶伤、保证病人安全；预防传染，防止疾病蔓延；控制污染，保护环境三大职能的要求。

（1）医院出入口不应少于两处，人员出入口不应兼作尸体和废弃物出口。

（2）太平间、病理解剖室、焚烧炉应设于隐蔽处，并应与主体建筑有适当隔离。尸体运送路线应避免与出入院路线交叉。

（3）二层医疗用房宜设电梯；三层及三层以上的医疗用房应设电梯，且不得少于 2 台。

（4）厕所应设前室，并应设非手动开关的洗手盆。

（5）儿科病房的儿童用房的窗和散热片应有安全防护措施。

（6）设传染病房时，应单独设置，并应自成一区。

（7）传染病病房应符合下列条件：

1）平面应严格按照清洁区、半清洁区和污染区布置；

2）应设单独出入口和入院处理；

3）需分别隔离的病种，应设单独通往室外的专用通道；

4）每间病房不得超过 4 床。两床之间的净距不得小于 1.10m；

5）完全隔离房应设缓冲前室，盥洗、浴厕应附设于病房之内；并应有单独对外出口。

（8）对放射科诊断室和治疗室的墙身、楼地面、门窗、防护屏障、洞口、嵌入体和缝隙等部位所采用的材料厚度、构造均应按设备要求和防护专门规定有安全可靠的防护措施。

（9）核医学科的实验室应符合下列规定：

1）分装、标记和洗涤室应相互贴邻布置，并应联系便捷；

2）计量室不应与高、中活性实验室贴邻；

3）高、中活性实验室应设通风柜，通风柜的位置应有利于组织实验室的气流不受扩散污染。

（10）核医学科的 γ 照相室应设专用候诊处；其面积应使候诊者相互间保持 1m 的距离。

（11）营养厨房严禁设在有传染病科的病房楼内。

（12）焚毁炉应有消烟除尘的措施。

■ 疗养院建筑

疗养院建筑应贯彻执行《疗养院建筑设计标准》JGJ/T 40—2019 的规定，施工图审查重点：

（1）供疗养员使用的建筑超过两层应设置电梯，且不宜少于 2 台，其中 1 台宜为医用电梯。电梯井道不得与疗养室和有安静要求的用房贴邻。

（2）疗养院主要建筑物的坡道、出入口、走道应满足使用轮椅者的要求。

（3）疗养员活动室必须光线充足、朝向和通风良好。

■ 老年人建筑

老年人建筑设计应贯彻《老年人照料设施建筑设计标准》JGJ 450—2018的规定，审查重点是老年人照料设施部分在设计中是否充分考虑了老年人的使用安全。

（1）老年人使用的出入口和门厅应符合下列规定：

1）宜采用平坡出入口，平坡出入口的地面坡度不应大于1/20，有条件时不宜大于1/30；

2）出入口严禁采用旋转门；

3）出入口的地面、台阶、踏步、坡道等均应采用防滑材料铺装，应有防止积水的措施，严寒、寒冷地区宜采取防结冰措施；

4）出入口附近应设助行器和轮椅停放区。

（2）老年人使用的楼梯严禁采用弧形楼梯和螺旋楼梯。

（3）二层及以上楼层、地下室、半地下室设置老年人用房时应设电梯，电梯应为无障碍电梯，且至少1台能容纳担架。

（4）老年人照料设施的老年人居室和老年人休息室不应设置在地下室、半地下室。

■ 图书馆建筑

图书馆建筑设计应贯彻《图书馆建筑设计规范》JGJ 38—2015的规定。重点审查图书馆的使用功能和环境要求、防火疏散要求。

（1）各类图书馆原则上单独建造为好。据了解全国各地也有一些图书馆是与其他类别的建筑合并建造的情况，将使用性质相近的建筑组合建造也是一种可行的方式。当与其他建筑合建时，必须满足图书馆的使用功能和环境要求，并自成一区，单独设置出入口。

（2）四层及四层以上的阅览室用电梯作为垂直交通工具，目前已经成为共识。有的馆还为读者安装了自动扶梯。"读者为主、服务第一"，为读者提供方便的阅览条件，提高图书馆的效率，同时便于老年人、残障人员使用。

（3）阅览室（区）采光既要充足，又不能过强，且要均匀，不产生光影和暗角，平面布置中应争取阅览室有良好的朝向。

（4）300座以上规模的报告厅应与阅览区隔离、独立设置，以避免人流交叉干扰，便于安全疏散。

（5）针对图书馆建筑的特殊性并结合现行国家标准《建筑设计防火规范（2018年版）》GB 50016—2014的有关规定加以制定。图书资料多为纸质文献，属于固体可燃品。藏书量超过100万册的高层图书馆、书库，藏书数量多，且火灾扑救难度大，一旦发生火灾，造成的损失难以补救。各类建筑构件的燃烧性能和耐火极限应符合现行国家标准《建筑设计防火规范（2018年版）》GB 50016—2014对于一级耐火等级建筑的规定。前述规定外的图书馆、书库，在综合考虑安全、经济等因素的前提下，其耐火等级按不应低于二级确定。同时也考虑到此类图书馆中可能存放一些特别珍贵的图书文献，因此提出特藏书库的耐火等级应为一级。各类建筑构件的燃烧性能和耐火极限应符合现行国家标准《建筑设计防火规范（2018 年版）》GB 50016—2014 对于不同耐火等级的建筑的规定。

■ 汽车库建筑

汽车库建筑应贯彻《汽车库、修车库、停车场设计防火规范》GB 50067—2014 和《车库建筑设计规范》JGJ 100—2015 的规定。施工图审查重点在于保证库区的安全。

（1）汽车库的分类：汽车库、修车库、停车场的分类应根据停车（车位）数量和总面积确定，可以分为四类：Ⅰ、Ⅱ、Ⅲ、Ⅳ。汽车库和修车库的耐火等级应符合下列规定：①地下、半地下和高层汽车库应为一级；②甲、乙类物品运输车的汽车库、修车库和Ⅰ类的汽车库、修车库，应为一级；③Ⅱ、Ⅲ类的汽车库、修车库的耐火等级不应低于二级。④Ⅳ类的汽车库、修车库的耐火等级不应低于三级。

（2）Ⅰ类修车库应单独建造；Ⅱ、Ⅲ、Ⅳ类修车库可设置在一、二级耐火等级的建筑的首层或与其贴邻，但不得与甲、乙类厂房、仓库，明火作业的车间或托儿所、幼儿园、中小学校的教学楼、老年人建筑、病房楼及人员密集场所组合建造或贴邻。

（3）汽车库不应与火灾危险性为甲、乙类厂房、仓库贴邻或组合建造。

（4）汽车库、修车库贴邻其他建筑物时，必须采用防火墙隔开。

（5）汽车库库址的车辆出入口，距离城市道路的规划红线不应小于 7.5m，并在距出入口边线内 2m 处作视点的 120° 范围内至边线外 7.5m 以上不应有遮挡视线的障碍物。

（6）汽车库、修车库的人员安全出口和汽车疏散出口应分开设置。设置在工业与民用建筑内的汽车库，其车辆疏散出口应与其他场所的人员安全出口分开设置。

（7）汽车库室内任一点至最近人员安全出口的疏散距离不应大于 45m，当设置自动灭火系统时，其距离不应大于 60m。对于单层或设置在建筑首层的汽车库，室内任一点至室外最近出口的疏散距离不应大于 60m。

（8）汽车库、修车库的疏散楼梯应符合下列规定：①除建筑高度大于 32m 的高层汽车库、室内地面与室外出入口地坪的高差大于 10m 的地下汽车库应采用防烟楼梯间，其他汽车库、修车库应采用封闭楼梯间；②楼梯间、前室的门应采用乙级防火门，并应向疏散方向开启；③疏散楼梯的宽度不应小于 1.1m。

（9）汽车库、修车库的汽车疏散出口总数不应少于 2 个，且应分散布置。当符合下列条件之一时，汽车库、修车库的汽车疏散出口可设置 1 个：①Ⅳ类汽车库；②设置双车道汽车疏散出口的Ⅲ类地上汽车库；③设置双车道汽车疏散出口、停车数量小于或等于 100 辆且建筑面积小于 4000m^2 的地下或半地下汽车库；④Ⅱ、Ⅲ、Ⅳ类修车库。

（10）汽车库内坡道严禁将宽的单车道兼作双车道。

（11）地下车库内不应设置修理车位，并不应设有使用易燃、易爆物品的房间或存放的库房。

（12）汽车库防火分区的最大允许建筑面积应符合《汽车库、修车库、停车场设计防火规范》GB 50067—2014 表 5.1.1 的规定。其中，敞开式、错层式、斜楼板式汽车库的上下连通层面积应叠加计算，每个防火分区的最大允许建筑面积不应大于表 5.1.1 规定的 2.0 倍；室内有车道且有人员停留的机械式汽车库，其防火分区最大允许建筑面积应按表 5.1.1 的规定减少 35%。修车库每个防火分区的最大允许建筑面积不应超过 2000m^2，当修车部位与相邻使用有机溶剂的清洗和喷漆工段采用防火墙分隔时，每个防火分区的最大允许建筑面积不应大于 4000m^2。

10.2.6 建筑节能设计

建筑节能审查应依据《民用建筑节能条例》和节能设计标准对施工图设计文件中的节能设计内容和计算书进行审查。

■ 节能设计依据

（1）民用建筑的建筑节能设计必须贯彻《中华人民共和国节约能源法》和有关建筑节能的技术政策。公共建筑以各省市的《公共建筑节能设计标准》为依据；居住建筑以各省市的《居住建筑节能设计标准》为依据。

（2）围护结构保温材料的热工参数取值，内部冷凝受潮验算，隔热验算，以及热桥部位内表面温度验算，均应按《民用建筑热工设计规范》GB 50176—2016 的规定执行。

■ 节能设计要求

（1）建筑体形系数设计要求

1）严寒和寒冷地区公共建筑体形系数为单栋建筑面积 A（m^2），300 ＜ A ≤ 800 时，体形系数 ≤ 0.50；A ＞ 800 时，体形系数 ≤ 0.40。

当不能满足规定时，必须按《公共建筑节能设计标准》GB 50189—2015 中的规定进行权衡判断；丙类建筑的体形系数大于 0.40 时，可视同 0.40。

2）居住建筑的体形系数应符合《居住建筑节能设计标准》GB 50189—2015 中的规定。当不能满足规定时，应调整外墙、屋面等围护结构的传热系数、使建筑物的耗能热量符合规定的指标。

（2）窗墙面积比和外窗气密性等级要求

1）严寒地区甲类公共建筑各单一立面窗墙面积比（包括透光幕墙）均不宜大于 0.60；其他地区甲类公共建筑各单一立面窗墙面积比（包括透光幕墙）均不宜大于 0.70。甲类公共建筑的屋顶透光部分面积不应大于屋顶总面积的 20%。当不能满足规定时，必须按《公共建筑节能设计标准》GB 50189—2015 中的规定进行权衡判断。

建筑外门、外窗的气密性分级应符合国家标准《建筑外门窗气密、水密、抗风压性能分级及检测方法》GB/T 7106—2008 中第 4.1.2 条的规定，并应满足下列要求：① 10 层及以上建筑外窗的气密性不应低于 7 级；② 10 层以下建筑外窗的气密性不应低于 6 级；③严寒和寒冷地区外门的气密性不应低于 4 级。建筑幕墙的气密性应符合国家标准《建筑幕墙》GB/T 21086—2007 中第 5.1.3 条的规定且不应低于 3 级。

2）居住建筑不同朝向的窗墙面积比不应超过《居住建筑节能设计标准》中的规定数值。当不能满足规定时，应调整各部围护结构的传热系数，使建筑物的耗热量符合规定的指标。外窗的气密性不应低于《建筑外门窗气密、水密、抗风压性能分级及检测方法》GB/T 7106—2008 规定的 6 级。

（3）围护结构的传热系数限值

1）公共建筑根据建筑所处城市的气候分区，各部围护结构的热工性能应符合《公共建筑节能设计标准》GB 50189—2015 中的相应规定。外窗还应符合遮阳系数限值的规定。

2）居住建筑依其所处城市的气候区属，各部围护结构的传热系数不应超过《居住建筑节能设计标准》中规定的限值。

3）住宅建筑分户墙和分户楼板应采取保温措施。其传热系数不应大于《居住建筑节能设计标准》中规定的限值，当采用地板辐射采暖时，其分户楼板传热系数的限值详见当地省市《居住建筑节能设计标准》中规定的限值。

■ 建筑节能设计说明

（1）建筑节能设计说明应符合《建筑工程设计文件编制深度规定》4.3.3 条中的规定。

（2）公共建筑节能设计说明内容：

1）项目地处地区、建筑面积、建筑体积、建筑物体形系数、传热系数限值及采用保温材料各部围护结构的热工性能要求。

2）屋面保温构造及其传热系数。

3）外墙采用的保温系统及其配套使用的标准图集名称和编号，外墙的平均传热系数。

4）底面接触室外空气的架空或外挑楼板采取的保温措施，传热系数。

5）非采暖房间与采暖房间的隔墙构造做法及其传热系数。

6）外窗（包括透明幕墙）每个朝向的窗墙面积比，以及依其窗墙比所选用的窗框型材、中空玻璃品种及规格，整窗的传热系数、遮阳系数和窗的气密性等级。屋面有透明部分时应说明其做法、传热系数和遮阳系数。

7）周边地面、非周边地面构造做法及其传热系数。

8）有采暖、空调的地下室外墙（与土壤接触的墙）的做法及其传热系数。

9）外墙与屋面的热桥部位所采取的隔断热桥的保温措施。

10）对围护结构保温的施工技术和质量要求。

（3）居住建筑节能设计说明内容：

1）项目所处地区、建筑层数、建筑面积、建筑物体形系数和各朝向窗墙面积比。

2）屋面保温构造及其传热系数。

3）外檐墙、外山墙采用的保温系统类型及其配套使用的标准图集名和编号，它们的平均传热系。

4）外窗（含阳台门透明部分）采用的框料材质及玻璃品种、规格、外窗的传热系数、气密性等级。

5）阳台门门芯板保温构造及其传热系数。

6）不采暖公共部分隔墙保温做法及其传热系数。户门的传热系数。

7）接触室外空气的架空或外挑楼板的保温措施及其传热系数。

8）不采暖地下室顶板保温做法及其传热系数。

9）周边地面、非周边地面的构造做法及其传热系数。

10）分户墙、分户楼板的构造做法及其传热系数。

■ 设计图纸中的节能表达

（1）工程做法表中应表达各部围护结构的详细保温构造，门窗表中应标出外门窗的框料材质和玻璃品种规格。

（2）平面图应以细线绘出外墙、采暖与非采暖房间（楼梯间）隔墙的保温层示意和平面节点索引。屋顶平面应有表达保温构造的女儿墙、檐口、出屋面人孔、通风的详图索引。

（3）立、剖面图应有表明保温构造的墙身详图和局部热桥处接点的索引。

（4）平面节点、墙身详图应绘出不同构造层次，表达节能设计内容，标注材料名称及构造要求，注明细部和厚度尺寸。尤其要清楚表达外门窗洞口周边侧墙、外墙圈梁、构造柱及出挑构件、部件（如凸窗上下挑板、雨罩、阳台、空调外机搁板和装饰线脚等）的阻断热桥或保温措施。外墙门窗框与墙体之间的缝隙应用保温材料封堵。

（5）平、立、剖面详图有关节能构造及措施的表达应一致。

■ 节能设计计算书的内容

（1）设计依据：列出设计依据的规范、标准。

（2）工程概况：说明工程名称、建设地点、使用性质、建筑面积、建筑层数及高度、建筑朝向、结构类型等情况。

（3）节能设计的简要说明：

1）工程所在地的气候分区及围护结构的性能限值；

2）工程采用的保温材料的热工性能指标，如材料的导热系数、导热系数的修正系数、材料的密度燃烧性能等级等；

3）选用外保温门窗的框料材质、玻璃品种规格及其传热系数、气密性、综合遮阳系数等性能指标；

4）各部围护结构的保温构造做法。

（4）节能计算：按照标准要求，分别计算建筑体形系数、各朝向窗墙面积比、各部围护结构的传热系数。计算书要有计算过程，不可只列结果。外墙需分别计算主体墙（居住建筑还需单独计算单元山墙）的传热系数、热桥部位的传热系数，并依其各占墙面的比例按加权平均的方法算出外墙的平均传热系数。利用软件进行节能计算的，需注明软件名称、开发单位及应用版本。

（5）节能设计的判定：将计算结果与节能设计标准规定的指标对照，全部满足标准规定的可直接判定建筑热工性能符合设计标准要求。若有超出规定限值的，居住建筑需调整围护结构传热系数使建筑物耗热量指标和耗煤量指标符合规定；公共建筑则需按《公共建筑节能设计标准》GB 50189—2015 中的规定，对围护结构热工性能作权衡判断。

（6）结论：计算书的最后须对本工程的节能设计是否符合设计标准要求作出结论。

10.2.7 建筑防火

■ 基本概念与要求

（1）建筑分类

《建筑设计防火规范（2018 年版）》GB 50016—2014 将建筑分为 7 类：①厂房；②仓库；③民用建筑；④甲、乙、丙类液体储罐（区）；⑤可燃、助燃气体储罐（区）；⑥可燃材料堆场；⑦城市交通隧道。民用建筑根据其建筑高度和层数可分为单、多层民用建筑和高层民用建筑。高层民用建筑根据其建筑高度、使用功能和楼层的建筑面积可分为一类和二类。民用建筑的耐火等级可分为一、二、三、四级。除本规范另有规定外，不同耐火等级建筑相应构件的燃烧性能和耐火极限都有相应的规定。图纸说明中应明确建筑物的分类。厂房和仓库还应明确火灾危险性分类。图纸审查时应对分类的正确性进行核查。

（2）耐火等级

民用建筑的耐火等级应根据其建筑高度、使用功能、重要性和火灾扑救难度等确定，并应符合下列规定：

1）地下或半地下建筑（室）和一类高层建筑的耐火等级不应低于一级。

2）单、多层重要公共建筑和二类高层建筑的耐火等级不应低于二级。

3）除木结构建筑外，老年人照料设施的耐火等级不应低于三级。

（3）防火分区

1）不同耐火等级建筑有对应的允许建筑高度或层数和防火分区最大允许建筑面积。防火分区最大允许建筑面积，当建筑内设置自动灭火系统时，可按规定增加1.0 倍；局部设置时，防火分区的增加面积可按该局部面积的1.0倍计算。

2）裙房与高层建筑主体之间设置防火墙时，裙房的防火分区可按单、多层建筑的要求确定。

（4）安全疏散

公共建筑内每个防火分区或一个防火分区的每个楼层，其安全出口的数量应经计算确定，且不应少于 2 个。设置 1 个安全出口或 1 部疏散楼梯的公共建筑应符合下列条件之一：

1）除托儿所、幼儿园外，建筑面积不大于 200m² 且人数不超过 50 人的单层公共建筑或多层公共建筑的首层。

2）除医疗建筑，老年人照料设施，托儿所、幼儿园的儿童用房，儿童游乐厅等儿童活动场所和歌舞娱乐放映游艺场所等外，符合《建筑设计防火规范（2018 年版）》GB 50016—2014 表 5.5.8 规定的公共建筑。

3）一类高层公共建筑和建筑高度大于 32m 的二类高层公共建筑，其疏散楼梯应采用防烟楼梯间。裙房和建筑高度不大于 32m 的二类高层公共建筑，其疏散楼梯应采用封闭楼梯间。下列多层公共建筑的疏散楼梯，除与敞开式外廊直接相连的楼梯间外，均应采用封闭楼梯间：医疗建筑、旅馆及类似使用功能的建筑；设置歌舞娱乐放映游艺场所的建筑；商店、图书馆、展览建筑、会议中心及类似使用功能的建筑；6 层及以上的其他建筑。

（5）特殊构件（或部位）的耐火极限

1）建筑高度大于 100m 的民用建筑，其楼板的耐火极限不应低于 2.00h。

2）一、二级耐火等级建筑的上人平屋顶，其屋面板的耐火极限分别不应低于 1.50h 和 1.00h。

3）一、二级耐火等级建筑的屋面板应采用不燃材料。屋面防水层宜采用不燃、难燃材料，当采用可燃防水材料且铺设在可燃、难燃保温材料上时，防水材料或可燃、难燃保温材料应采用不燃材料作防护层。

4）防火门、防火窗应符合现行《防火门》GB 12955—2008 和《防火窗》GB 16809—2008 的规定。

5）防火墙上不应开设门、窗、洞口，确需开设时，应设置不可开启或火灾时能自动关闭的甲级防火门、窗。

6）附设在建筑内的消防控制室、灭火设备室、消防水泵房和通风空气调节机房、变配电室等，应采用耐火极限不低于 2.00h 的防火隔墙和 1.50h 的楼板与其他部位分隔。

7）电梯井应独立设置，井内严禁敷设可燃气体和甲、乙、丙类液体管道，不应敷设与电梯无关的电缆、电线等。电梯井的井壁除设置电梯门、安全逃生门和通气孔洞外，不应设置其他开口；电缆井、管道井、排烟道、排气道、垃圾道等竖向井道，应分别独立设置。井壁的耐火极限不应低于 1.00h，井壁上的检查门应采用丙级防火门；建筑内的电缆井、管道井应在每层楼板处采用不低于楼板耐火极限的不燃材料或防火封堵材料封堵。建筑内的电缆井、管道井与房间、走道等相连通的孔隙应采用防火封堵材料封堵。

8）除中庭外，当防火分隔部位的宽度不大于 30m 时，防火卷帘的宽度不应大于 10m；当防火分隔部位的宽度大于 30m 时，防火卷帘的宽度不应大于该部位宽度的 1/3，且不应大于 20m。

■ 室外防火

（1）消防车道

街区内的道路应考虑消防车的通行，其道路中心线间的距离不宜小于 160m，当建筑物沿街道部分的长度大于 150m 或总长度大于 220m 时，应设置穿过建筑物的消防车道且净宽和净高不应小于 4m. 当确有困难时，应设置至少两处与其他道路相通的环行消防车道；高层民用建筑，超过3000个座位的体育馆，超过2000个座位的会堂，占地面积大于3000m^{2}的商店建筑、展览建筑等单、多层公共建筑应设置环形消防车道，确有困难时，可沿建筑的两个长边设置消防车道；对于高层住宅建筑和山坡地或河道边临空建造的高层民用建筑，可沿建筑的一个长边设置消防车道，但该长边所在建筑立面应为消防车登高操作面；有封闭内院的建筑物，当内院的短边大于24m时，宜设置进入内院的消防车道；供消防车通行的道路的转弯半径应符合要求，尽端式消防车道还应设置回车场且其面积不少于12m×12m，供大型消防车使用时不宜少于18m×18m；消防车道距高层建筑外墙宜大于5m，其上空4m以下范围内不应有障碍物。

（2）救援场地和入口的要求

高层建筑应至少沿一个长边或周边长度的1/4且不小于一个长边长度的底边连续布置消防车登高操作场地，该范围内的裙房进深不应大于4m。建筑高度不大于50m的建筑，连续布置消防车登高操作场地确有困难时，可间隔布置，但间隔距离不宜大于30m，且消防车登高操作场地的总长度仍应符合上述规定。消防车登高操作场地应符合下列规定：①场地与厂房、仓库、民用建筑之间不应设置妨碍消防车操作的树木、架空管线等障碍物和车库出入口；②场地的长度和宽度分别不应小于15m和10m；对于建筑高度大于50m的建筑，场地的长度和宽度分别不应小于20m和10m；③场地及其下面的建筑结构、管道和暗沟等，应能承受重型消防车的压力；④场地应与消防车道连通，场地靠建筑外墙一侧的边缘距离建筑外墙不宜小于5m，且不应大于10m，场地的坡度不宜大于3%。

■ 室内防火

（1）防火分区和防烟分区

1）图纸应有防火分区和防烟分区示意图；防烟分区不应跨越防火分区；设有自动喷淋灭火系统的面积加倍的防火分区应在分区示意图中注明；防火分区应结合建筑功能秩序化划分，不应按面积随意切块，以免引起消防设施和配套管网线路的不合理设置；防火分区不宜跨缝，如确有困难跨缝设置时，变形缝构造基层应采用不燃烧材料。

2）当以防火卷帘作为防火分区分隔时，注意审查卷帘一侧是否设置了可手动开启，并具有自行关闭功能的平开防火门，且应满足安全疏散要求。

3）加强对防火墙两侧开设门窗的审查，建筑内的防火墙不宜设置在转角处，确需设置时，内转角两侧墙上的门、窗、洞口之间最近边缘的水平距离不应小于4m；采取设置乙级防火窗等防止火灾水平蔓延的措施时，该距离不限。

4）地下汽车库设备用房应设独立的防火分区。

（2）安全疏散及楼梯

1）小型托幼、医院、疗养院建筑、儿童活动场所、老年人建筑楼内只设置一部疏散楼梯；多层局部升高两层部位，人数之和超过50人，每层建筑面积超过 200m²，设置一部疏散楼梯，均不符合《建筑设计防火规范（2018 年版）》GB 50016—2014 第 5.3.2 条的规定。

2）两个安全出口最近边缘距离不应小于 5m。

3）疏散通道在楼层或顶层被大空间用房（如会议室、展室、报告厅、活动室等）所阻断，不满足安全疏散要求。

4）疏散楼梯在某层转换位置（超高层建筑通向避难层的楼梯除外），不能连续疏散。

5）设剪刀楼梯的高层塔式住宅，剪刀楼梯在首层仅有一个安全出口，不符合安全疏散要求。

6）不符合规定的室外楼梯不能作为应急疏散的第二安全疏散出口。

7）房间或管线井的门不应开向楼梯间或前室。

8）袋形疏散走道距离超限，不符合安全疏散要求。

9）前室或合用前室面积不够，不符合规范疏散要求。

10）疏散楼梯外墙窗或幕墙应与其他部位有防火分隔措施，并应满足规范要求。

11）变形缝处不宜设防火门，无法避免时应设置在楼层较多一侧且门开后不应跨越变形缝。

12）公共建筑内房间的疏散门数量应经计算确定且不应少于 2 个。除托儿所、幼儿园、老年人照料设施、医疗建筑、教学建筑内位于走道尽端的房间外，符合下列条件之一的房间可设置 1 个疏散门：位于两个安全出口之间或袋形走道两侧的房间，对于托儿所、幼儿园、老年人照料设施，建筑面积不大于 50m²；对于医疗建筑、教学建筑，建筑面积不大于 75m²；对于其他建筑或场所，建筑面积不大于 120m²；位于走道尽端的房间，建筑面积小于 50m² 且疏散门的净宽度不小于 0.90m，或由房间内任一点至疏散门的直线距离不大于 15m、建筑面积不大于 200m² 且疏散门的净宽度不小于 1.40m；歌舞娱乐放映游艺场所内建筑面积不大于 50m² 且经常停留人数不超过 15 人的厅、室。

13）应加强对人员密集场所（如影剧院、商场、展馆等）疏散宽度的审查。

（3）消防电梯

1）应对消防电梯的数量进行核查。

2）消防电梯应分别设在不同的防火分区内。

3）消防电梯的前室宜靠外墙设置。首层应直通室外或经过长度不超过 30m 的通道通向室外。

4）消防电梯井、机房应与其他部位隔开且隔墙耐火极限不小于 2.00h。

5）消防电梯的行驶速度，应按从首层到顶层的运行时间不超过 60s 计算确定。

（4）建筑防火构造

应加强对防火细节设计的审查。根据工程具体情况，对防火墙、建筑构件和管道井、屋顶和建筑缝隙、楼梯间、楼梯和门、防火门和防火卷帘进行审查。

（5）装修设计防火要求

建筑的普通装修宜采用 A 级、B1 级装修材料，个别部位如门窗可采用 B2 级装修材料。

10.2.8 建筑防水

■ 屋面防水

（1）屋面防水设计应以《屋面工程技术规范》GB 50345—2012 为依据。根据项目性质、重要程度、使用功能要求和防水层合理使用年限，正确确定屋面防水等级和设防要求。防水层选材应符合《屋面工程技术规范》GB 50345—2012 第 3.0.1 条的要求。

（2）平屋面的适用坡度应为 2% ~ 3%，天沟、檐沟纵向坡度，不应小于 1%，天沟、檐沟不得流经变形缝和防火墙。

（3）卷材防水屋面基层与突出屋面结构的交接处，以及基层的转角处的构造处理应符合《屋面工程技术规范》GB 50345—2012 中的规定。

（4）不同防水等级和设防道数的卷材防水屋面，每道卷材防水层厚度应符合《屋面工程技术规范》GB 50345—2012 中的规定。

（5）卷材屋面设施的防水处理应符合《屋面工程技术规范》GB 50345—2012 第 5.3.3 条的规定。

（6）涂膜防水屋面，每道涂膜防水层选用厚度应符合《屋面工程技术规范》GB 50345—2012 中的规定。

（7）刚性防水层与突出屋面结构的留缝处理，刚性防水层分格缝的设置及细石混凝土的厚度应符合《屋面工程技术规范》GB 50345—2012 中的规定。

（8）瓦屋面适用防水等级、不同瓦材的排水坡度及细部构造要求，应符合《屋面工程技术规范》GB 50345—2012 第 10.1 ~ 10.4 节的规定。

■ 地下工程防水

（1）地下工程防水设计应以《地下工程防水技术规范》GB 50108—2008 为依据。设计应根据工程的重要性和使用要求合理确定防水等级，防水等级应符合相应等级标准的规定。

（2）地下工程迎水面主体结构应采用防水混凝土，并应根据防水等级要求采取其他防水措施。

（3）防水混凝土的设计抗渗等级，应符合《地下工程防水技术规范》GB 50108—2008 第 4.1.4 的规定。

（4）防水砂浆防水层的厚度应符合《地下工程防水技术规范》GB 50108—2008 第 4.2.5 条的规定。

（5）卷材防水层的层数、厚度应符合《地下工程防水技术规范》GB 50108—2008 第 4.3.6 条的规定。

（6）涂料防水层的选用及其涂层厚度应符合《地下工程防水技术规范》GB 50108—2008 第 4.4.3 条和第 4.4.4 条的规定。

（7）工程防水细部构造应有详图或标准图索引，变形缝处混凝土结构厚度不小于 300mm。

10.2.9 室内外装修

■ 室内装修

任何一个单项设计应有装修做法表和门窗表，明确表示楼地面、踢脚、墙裙、墙面、顶棚的构造做法，标明门窗的材质、颜色以及玻璃的材质、颜色和厚度。图纸中常常出现由于墙面或地面基层材料不同而选择不同构造做法，导致墙面或地面本身不平整的现象。室内装修材料的选择要符合功能和防火要求，并宜与建筑标准相匹配。

■ 室外装修

应在建筑的立面图中标明饰面的面层材料及颜色，并应明确不同饰面材料或颜色的分界线。外饰材料的选择应结合建筑造型、功能、标准并符合节能、节约投资的原则。外饰面特别是块材应有可靠的构造措施，有构造做法。外窗应有立面分格图，其分格应与建筑立面相协调。

11

单元十一　建筑施工图设计实战练习

11.1 课堂练习一：绘制宾馆两间双标客房平面图

一、要求

1. 按平面施工图要求绘制

2. 绘制家具及卫生间布置

二、目的

1. 回顾建筑平面设计的基本方法

2. 了解建筑专业软件绘制方法

11.1.1 设计分析

（1）家具、洁具尺寸：

单人床 1200mm×2000mm，衣柜宽度 600mm，洗手盆宽度 550mm，马桶宽度（包括左右活动空间）800mm，浴缸宽度 800mm。

（2）轴网尺寸：

经济轴网尺寸 6～9m。

（3）门宽度：

入户门 900～1200mm，卧室门 900mm，厨房门 800mm，卫生间门 700mm，管井门 550～600mm。

（4）走道宽度：

单股人流宽度 550mm，考虑行走幅度后为 600～700mm。

（5）考虑以上设计尺寸，初步设计两间双标房，共用一个轴网开间、共用一个管道井、卫生间背靠背设置。

11.1.2 方案设计

（1）设置－当前比例：当前比例 <100>

（2）轴网柱子－绘制轴网（图 11.1–1）

（3）绘制墙体

设计房间、卫生间位置。

1）绘制普通砖墙：墙体－绘制墙体（图 11.1–2）

2）绘制轻质隔墙：墙体－绘制墙体（图 11.1–3）

得出墙体布置图（图 11.1–4）。

（4）轴网柱子－标准柱

为使柱子不突出于墙体，通过调整偏心转角，在不同墙体上插入 500mm×500mm 的柱子，其中偏心转角为计算后得出的数据：1/2 柱长（250）–1/2 墙厚（120）=130mm（图 11.1–5、图 11.1–6）。

点选图纸其中一个柱，右键－填充关闭，则柱子的实心填充被打开（图 11.1–7）。

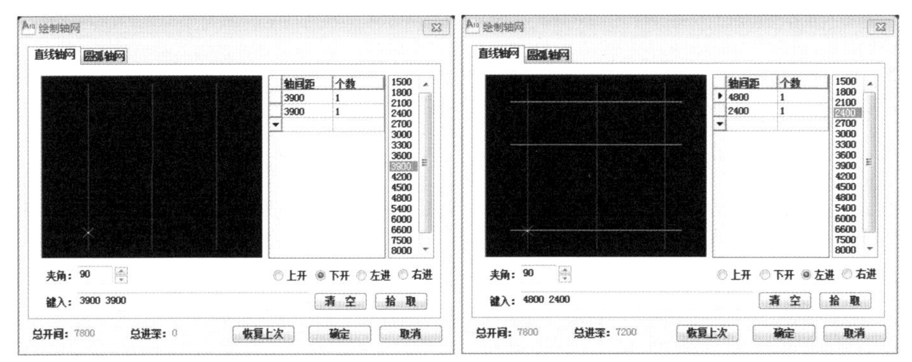

（a）绘制轴网——下开　　（b）绘制轴网——左进

图 11.1–1　绘制轴网

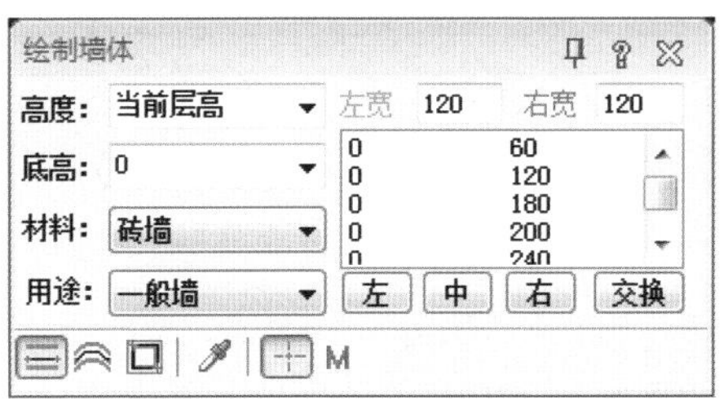

图 11.1–2　绘制墙体——砖墙（左）

图 11.1–3　绘制墙体——轻质隔墙（右）

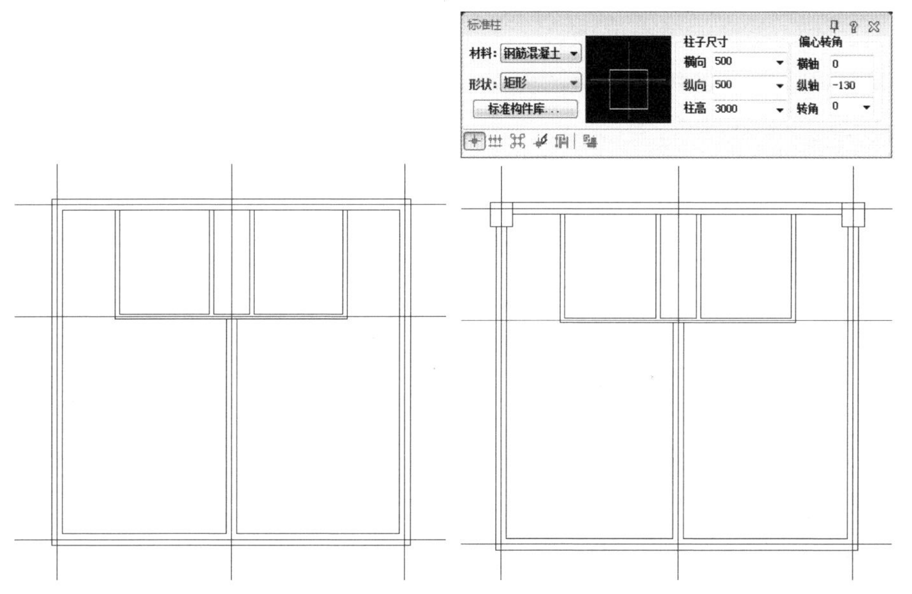

图 11.1–4　墙体布置图（左）

图 11.1–5　绘制标准柱（北侧）（右）

（5）绘制门窗

1）门窗－门窗：插入门（图 11.1–8）

房间门：宽 900mm、高 2100mm，跺宽定距 0mm 插入，绘制过程中以 Shift 控制开门方向。

卫生间门：宽 700mm、高 2100mm，居中插入。

管道井门：宽 600mm、高 1800mm，居中插入。

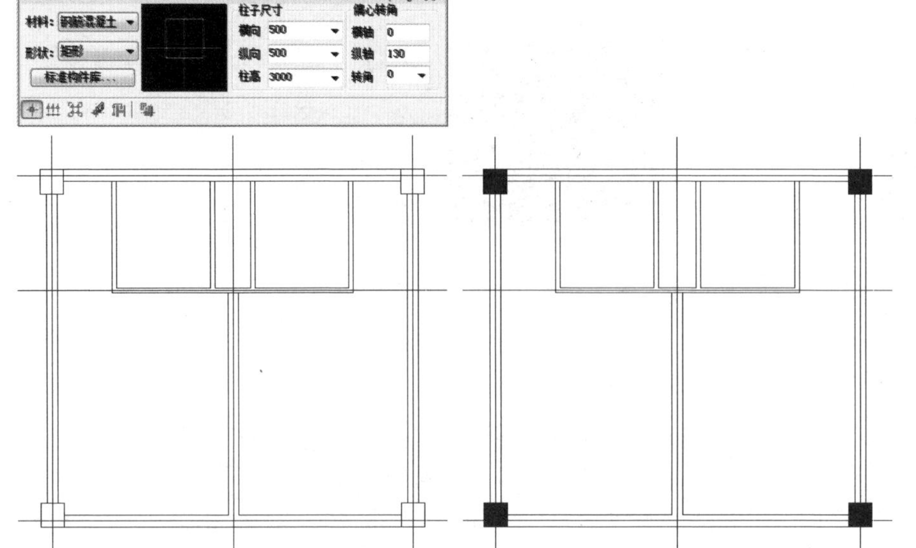

图 11.1–6　绘制标准柱（南侧）（左）
图 11.1–7　柱子填充（右）

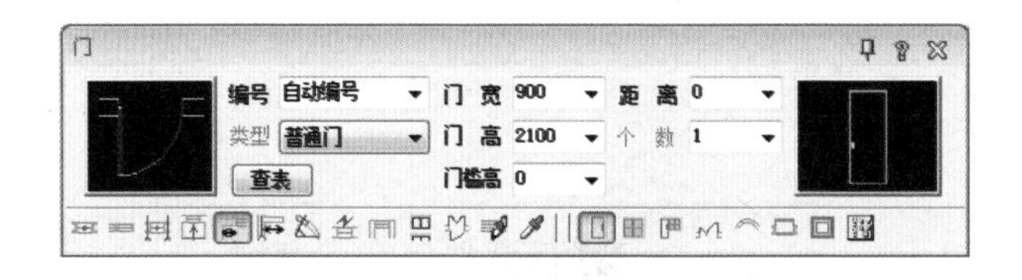

图 11.1–8　绘制门

门布置图见图 11.1–9。

2）门窗 – 门窗：插入窗（图 11.1–10）

以轴线居中方式插入 1800mm × 1500mm 的窗（图 11.1–11）。

（6）布置洁具、家具（图 11.1–12）

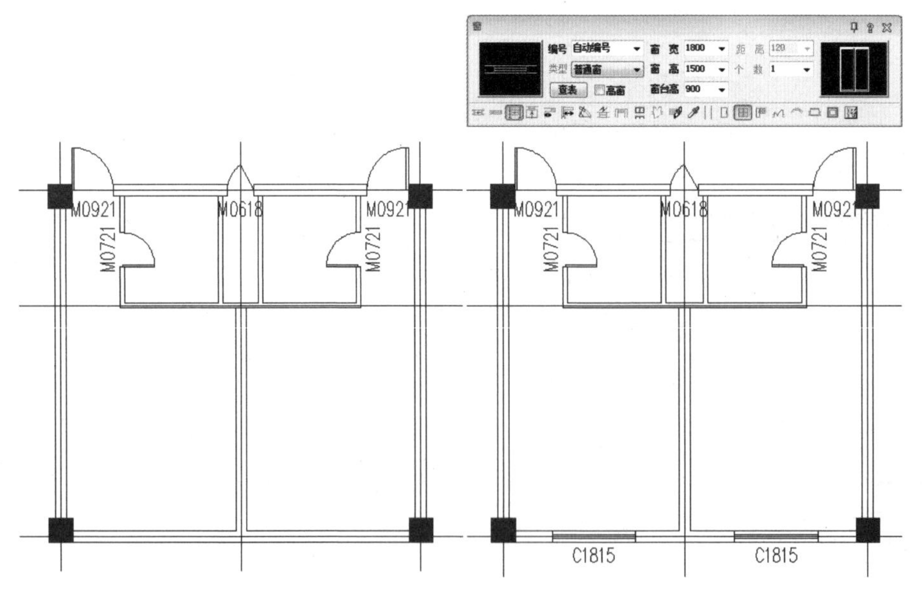

图 11.1–9　门布置图（左）
图 11.1–10　绘制窗（右上）
图 11.1–11　窗布置图（右）

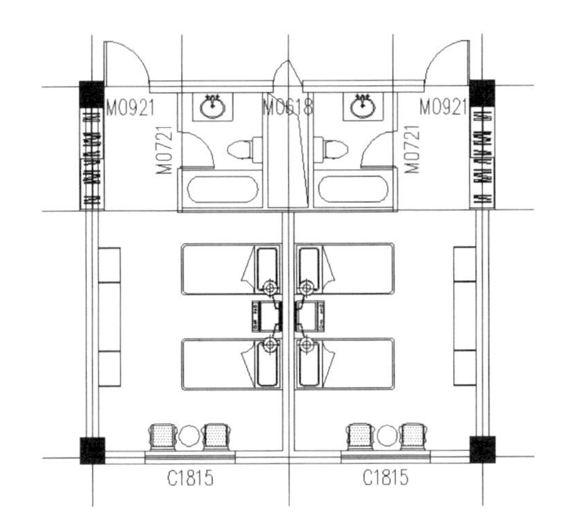

图 11.1–12　洁具、家具布置图

11.2　课堂练习二：办公楼建筑施工图设计练习

一、设计要求

1. 开间：每个开间 3.6m，10 个开间

2. 进深：每个进深 4.8m，2 个进深

3. 走廊：2.4m，内廊式

4. 层数：3 层

二、成果要求

本设计按建筑施工图设计深度要求进行。

成果要求用机绘出图，A2 图幅，内容及要求如下：

1. 平面图（3 个，画出主要空间家具布置）1 ：100

2. 屋顶平面图 1 ：100

3. 立面图（4 个）1 ：100

4. 剖面图（1 个）1 ：100

5. 楼梯详图 1 ：50

6. 节点大样（2 个以上）1 ：20

三、参考数据

层高：办公楼层高 3 ~ 3.3m，教室层高 3.6m

门宽：办公室、教室门宽 1m

走廊宽：单面走廊 1.5m，双面走廊 1.8m、2.1m，人流较大走廊 2.4m、2.7m

11.2.1　平面图绘制

■ 一层平面图

（1）设置 – 当前比例：当前比例 <100>

（2）轴网柱子 – 绘制轴网（图 11.2–1）

（3）轴网柱子 – 轴网标注

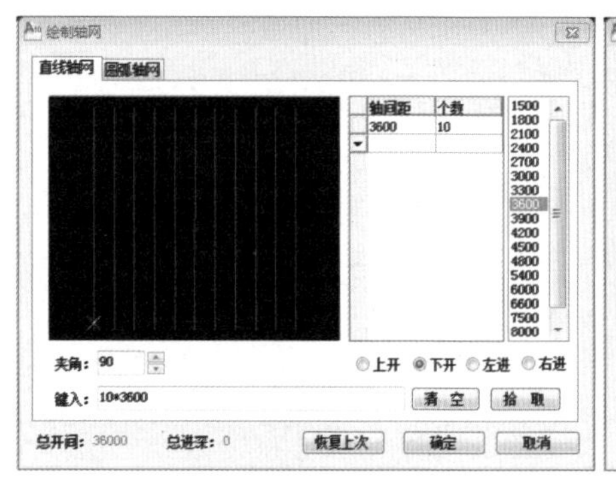

（a）绘制轴网——下开

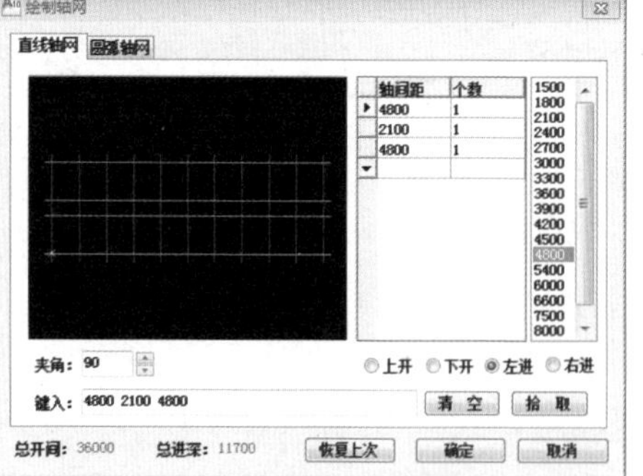

（b）绘制轴网——左进

图 11.2–1　绘制轴网

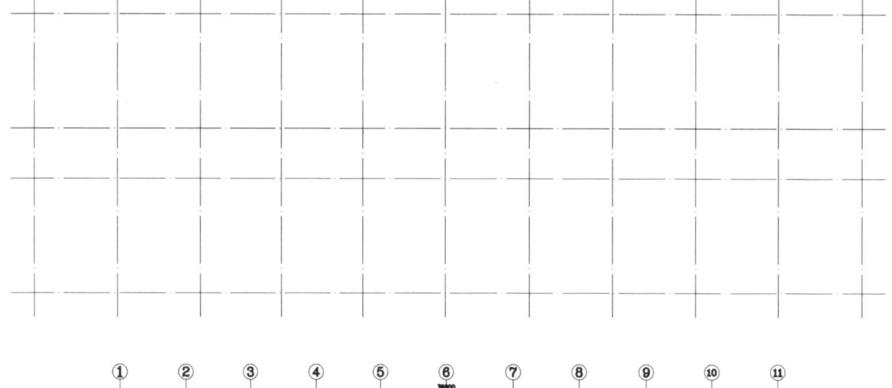

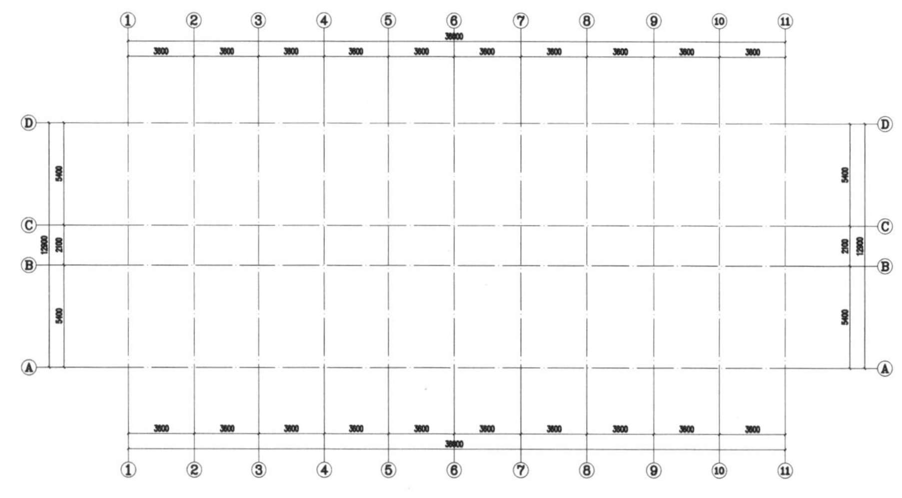

图 11.2–2　选择轴线（左）

图 11.2–3　轴网标注图（右）

选择纵向起始轴线、终止轴线（图 11.2–2）

选择横向起始轴线、终止轴线，得到轴网标注（图 11.2–3）。

（4）设计平面

设计入口、楼梯、卫生间位置，设计办公室布局。

墙体 – 绘制墙体（图 11.2–4）。

（5）轴网柱子 – 标准柱

为使柱子不突出于墙体，通过调整偏心转角，在不同墙体上插入 350mm × 500mm 的柱子。

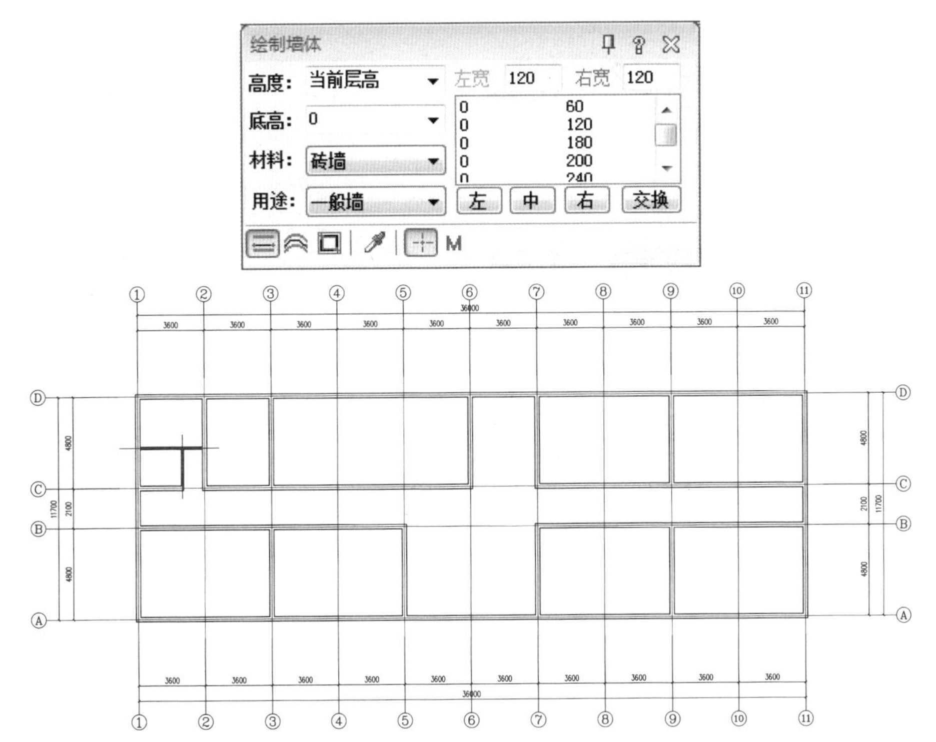

图 11.2-4　绘制墙体及墙体布置图

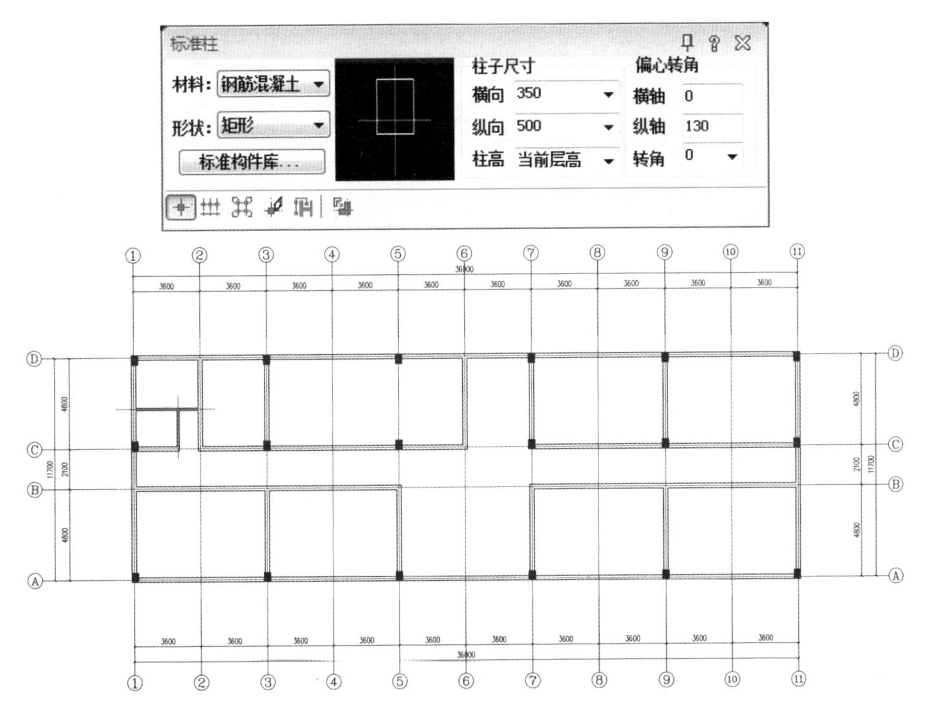

图 11.2-5　绘制标准柱及柱布置图

在Ⓐ轴和Ⓒ轴插入柱子，其中偏心转角为计算后得出的数据：1/2 柱长(250) −1/2 墙厚 (120) =130mm；同理计算，在Ⓓ轴和 4 个转角插入柱子（图 11.2-5）。

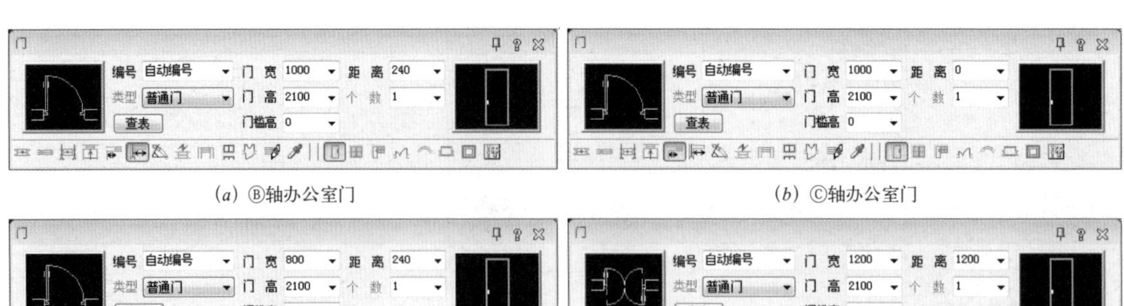

(a) Ⓑ轴办公室门　　(b) Ⓒ轴办公室门

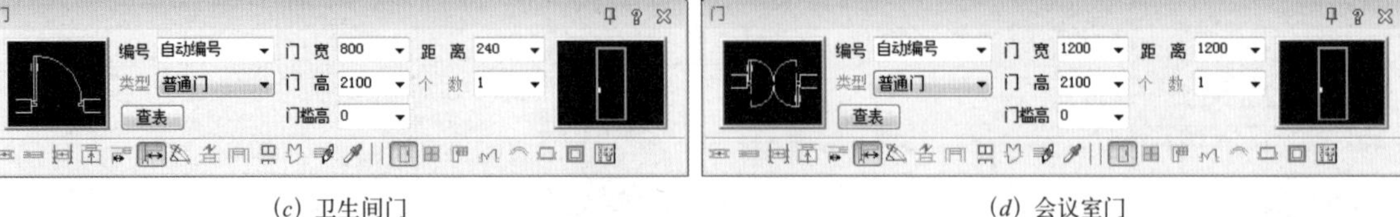

(c) 卫生间门　　(d) 会议室门

(e) 主入口大门　　(f) 次入口大门

图 11.2–6　绘制门

(6) 绘制门窗

1) 门窗 – 门窗：插入门（图 11.2–6）：

Ⓑ轴办公室门：宽 1000mm、高 2100mm，轴线定距 240mm（跺宽 120mm），绘制过程中以 Shift 控制开门方向。

Ⓒ轴办公室门：宽 1000mm、高 2100mm，跺宽定距 0mm，绘制过程中以 Shift 控制开门方向。

卫生间门：宽 800mm、高 2100mm，轴线定距 240mm。

会议室门：点击对话框左侧门的图标，在弹出的图库里选择弹簧门，宽 1200mm、高 2100mm，轴线定距 1200mm。

主入口大门：在图库中选择双扇平开门，宽 1800mm、高 2400mm，轴线定距 0mm，连续绘制两扇大门。

次入口大门：双扇平开门，宽 1200mm、高 2400mm，轴线等分插入。

插入门后得到图 11.2–7。

2) 门窗 – 门窗：插入窗

插入宽 1800mm、高 1500mm 的窗，采用轴线间插入方式（图 11.2–8）。

根据提示“点取门窗大致的位置和开向”选择位于Ⓐ轴的墙体，按 S 键制定参考轴线，选择第一根轴线①轴，选择第二根轴线⑪轴，门窗个数为 10；同理完成Ⓓ轴插入窗。

⑪轴墙体插入窗：窗宽 1200mm、窗高 1500mm，轴线间等分插入；采用默认轴线、默认窗个数。

得到窗布置图（图 11.2–9）。

3) 添加第三道尺寸线门窗尺寸

尺寸标注 – 门窗标注：根据提示用线选第一、二道尺寸线及墙体，再框选其他需标注墙体（图 11.2–10）。

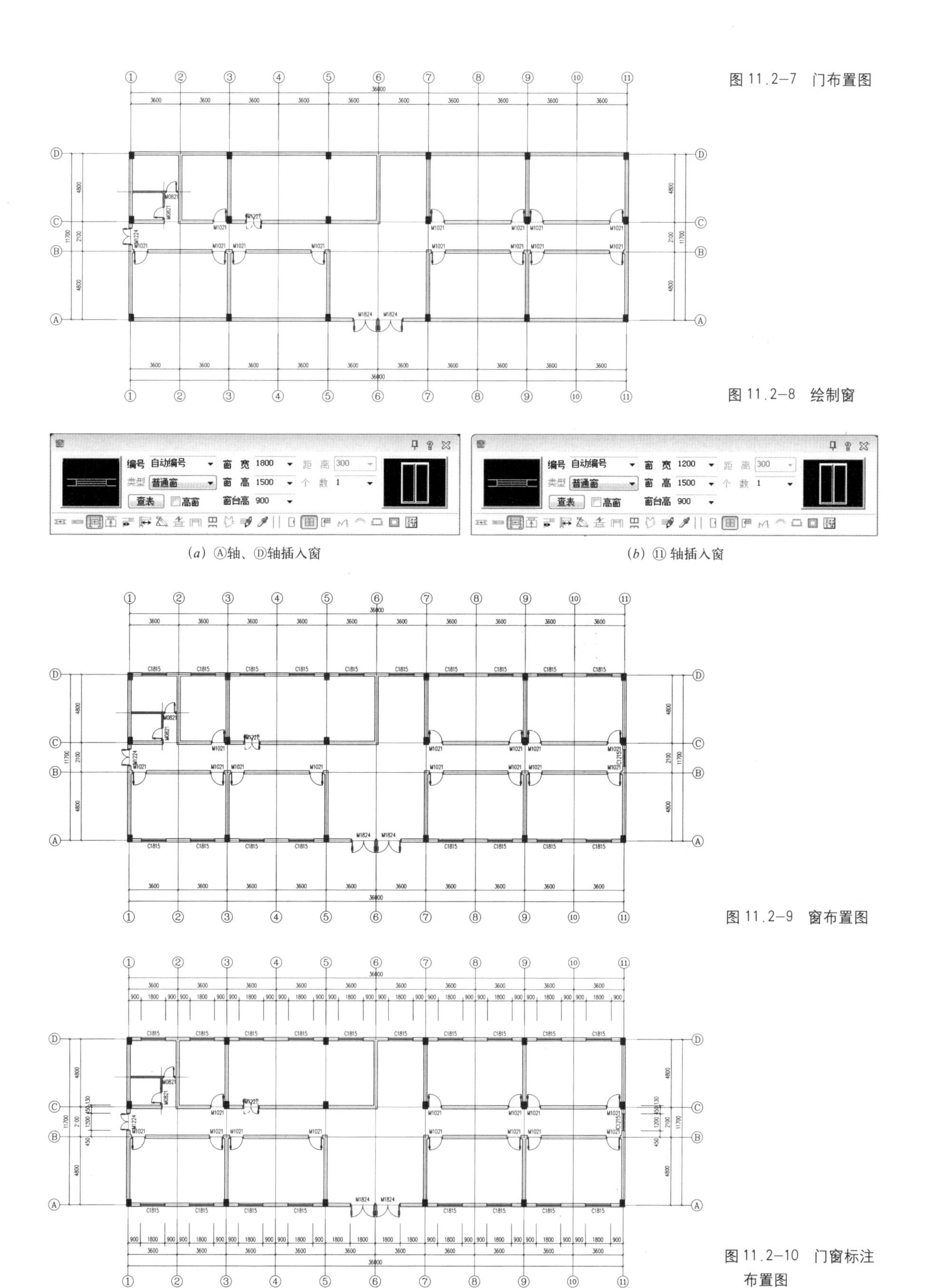

图 11.2-7 门布置图

图 11.2-8 绘制窗

(*a*) Ⓐ轴、Ⓓ轴插入窗

(*b*) ⑪ 轴插入窗

图 11.2-9 窗布置图

图 11.2-10 门窗标注布置图

(7) 插入楼梯，绘制踏步、散水

楼梯其他 – 双跑楼梯，选取楼梯间内墙左上角插入楼梯（图 11.2–11）。

符号标注 – 箭头引注：插入楼梯、踏步指示箭头（图 11.2–12）。

绘制踏步、散水。

楼梯、踏步、散水布置见图 11.2–13。

(8) 通过图库添加洁具、家具，标注房间名称

洁具、家具通过图块图案 – 通用图库命令或网上下载图库。

标注房间名称通过文字表格 – 单行文字命令（图 11.2–14）。

绘制单行文字及洁具、家具、房间名称布置见图 11.2–15。

(9) 符号标注

1) 符号标注 – 标高标注：室内标高见图 11.2–16*a*，标在室内入口附近；室外地坪标高见图 11.2–16*b*，标在建筑附近室外地面。

2) 符号标注 – 剖切符号：按照默认设置，沿剖切面绘制剖切符号并选取剖切方向。

3) 符号标注 – 画指北针：选取指北针位置并标注北向。

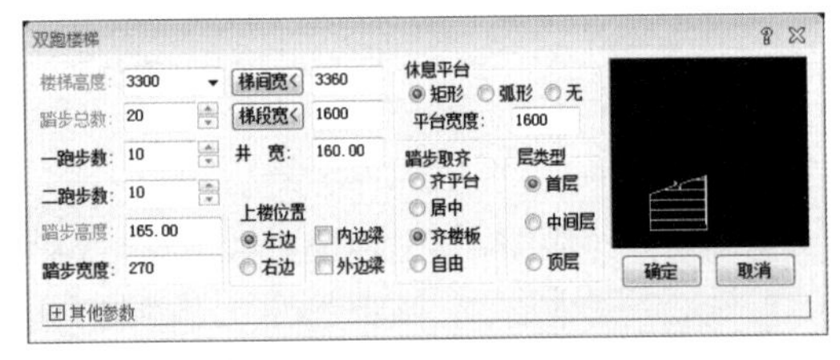

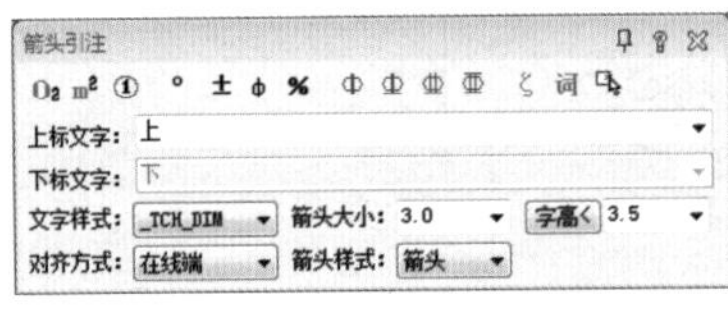

图 11.2–11 绘制双跑楼梯（左）

图 11.2–12 绘制楼梯、踏步指示箭头（右）

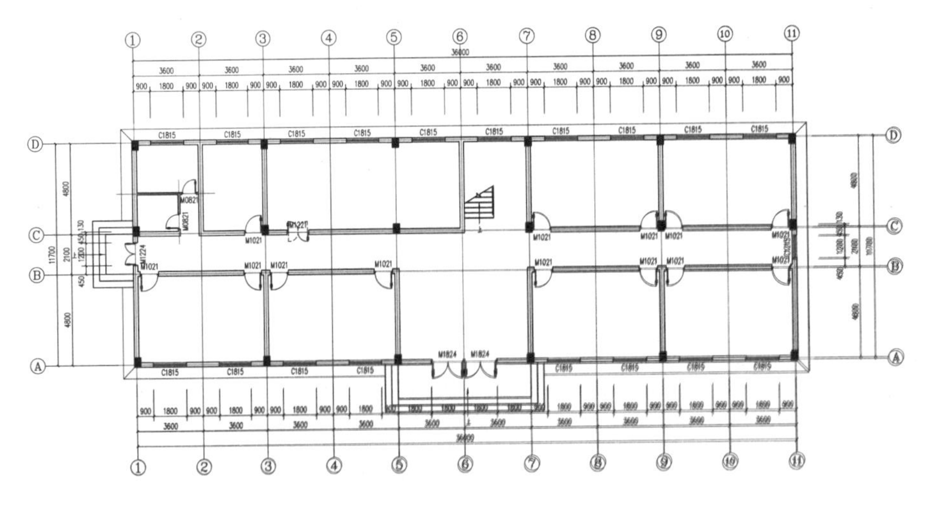

图 11.2–13 楼梯、踏步、散水布置图

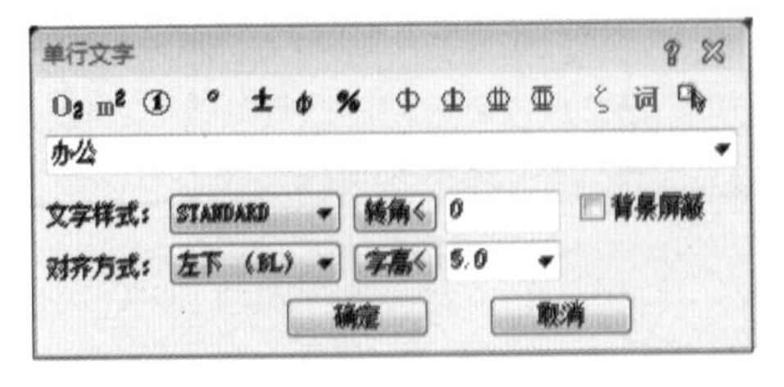

图 11.2–14 标注房间名称

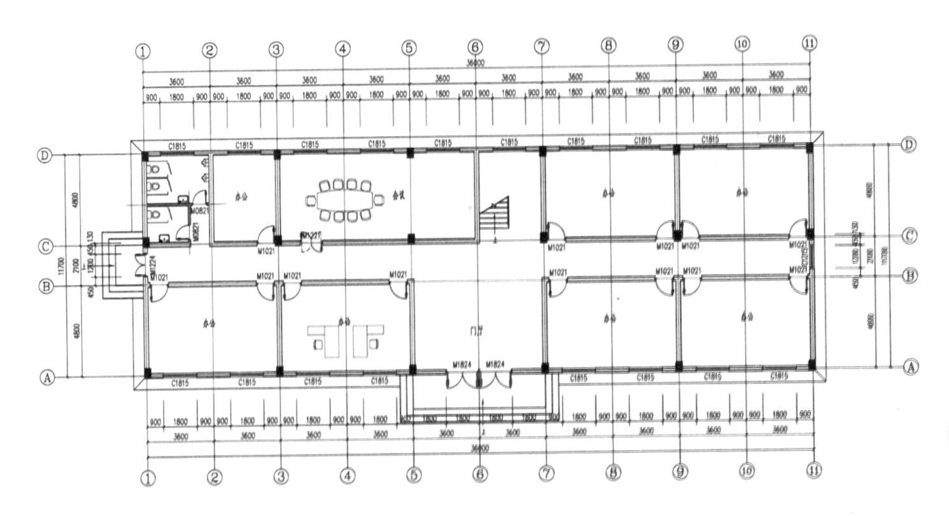

图 11.2-15　洁具、家具、房间名称布置图

4）符号标注－图名标注（图 11.2-16*c*）。

符号标注布置完成图见图 11.2-17。

（10）插图框

文件布局－插入图框；修改图名、图号等信息（图 11.2-18）；或根据给定图框插入。

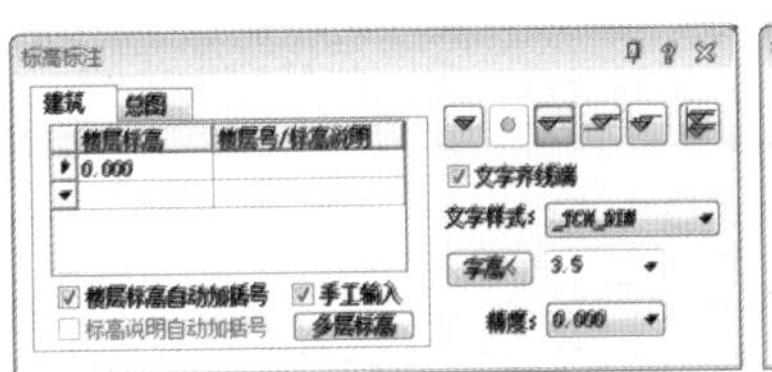

（*a*）标注室内标高

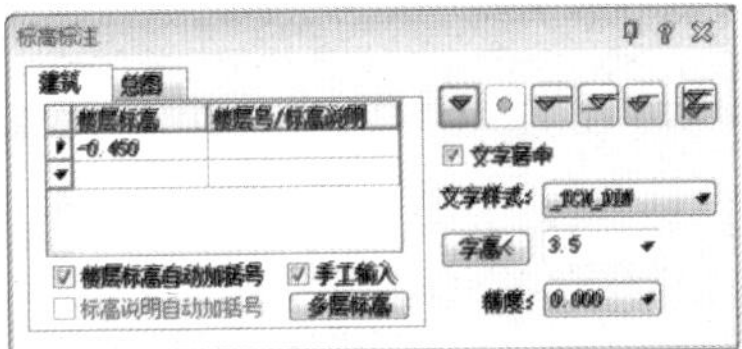

（*b*）标注室外标高

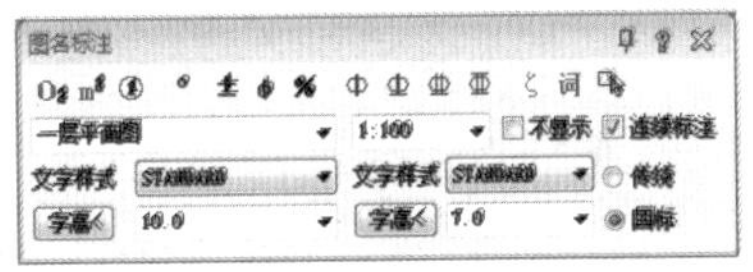

（*c*）图名标注

图 11.2-16　符号标注

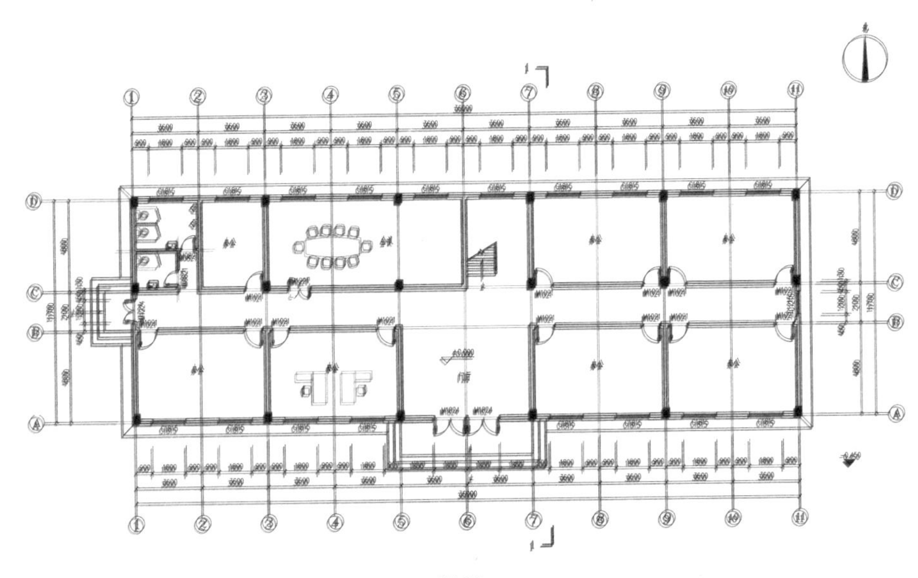

图 11.2-17　符号标注布置图

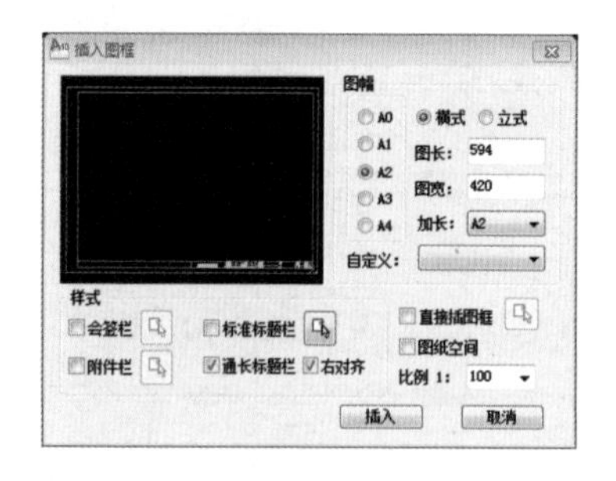

图 11.2–18　插入图框

一层平面布置完成图见图 11.2–19。

■ 二层平面图

(1) 复制一层平面图

(2) 根据设计对二层平面中的墙、门、窗进行更改

(3) 更改楼梯、踏步等

选中图中楼梯 – 右键 – 对象编辑：对话框中层类型改为中间层，增添楼梯箭头引注；

删除踏步并在建筑主、次入口处绘制雨篷，为雨篷绘制雨水口、标注排水坡度。

删除散水。

(4) 更改标注

更改室内标高，删除室外标高、指北针、剖切符号，更改图名、图框。

二层平面布置完成图见图 11.2–20。

■ 三层平面图

(1) 复制二层平面图

(2) 根据设计对三层平面中的墙、门、窗进行更改

(3) 更改楼梯、踏步等

选中图中楼梯 – 右键 – 对象编辑：对话框中层类型改为顶层，修改楼梯箭头引注；删除雨篷、雨水口、排水坡度。

(4) 更改标注

更改室内标高，更改图名、图框。

三层平面布置完成图见图 11.2–21。

■ 屋顶平面图

(1) 复制图形

关闭图层柱子、墙体、门窗、楼梯、文字标注等，得到轴网及轴网标注，复制图形并调整，然后打开所有层，得到屋顶平面轴网布置图（图 11.2–22）。

(2) 绘制女儿墙

图层中新建屋顶层，沿Ⓐ轴、①轴、Ⓓ轴、⑪ 轴绘制矩形辅助线，利用偏移命令向内及向外各偏移 120mm，形成屋顶女儿墙。删除辅助线。

(3) 屋顶找坡

1) 绘制屋脊线：将屋顶等分为南北两坡，并绘制箭头标注排水坡度 2%。

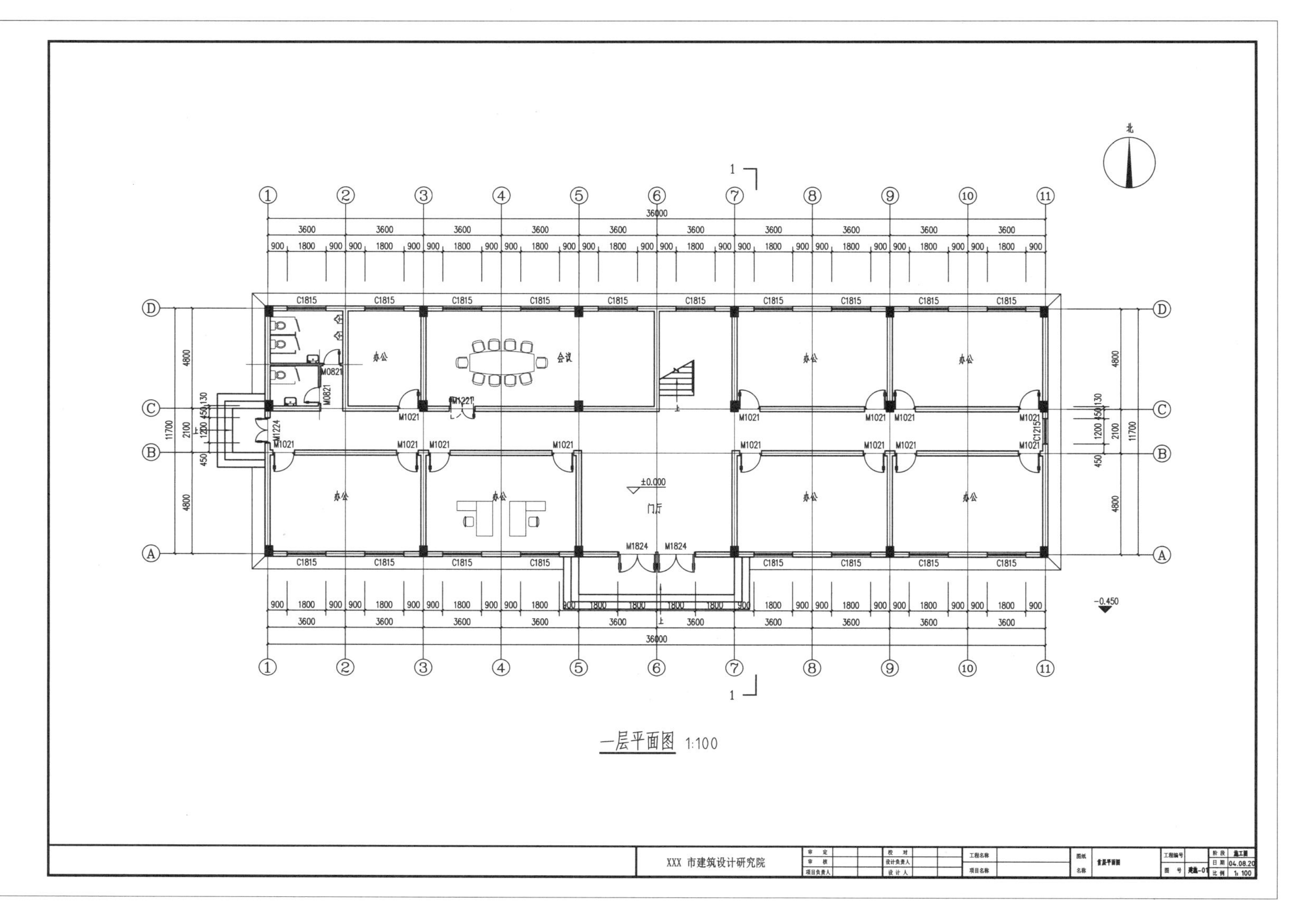

图 11.2-19　一层平面图

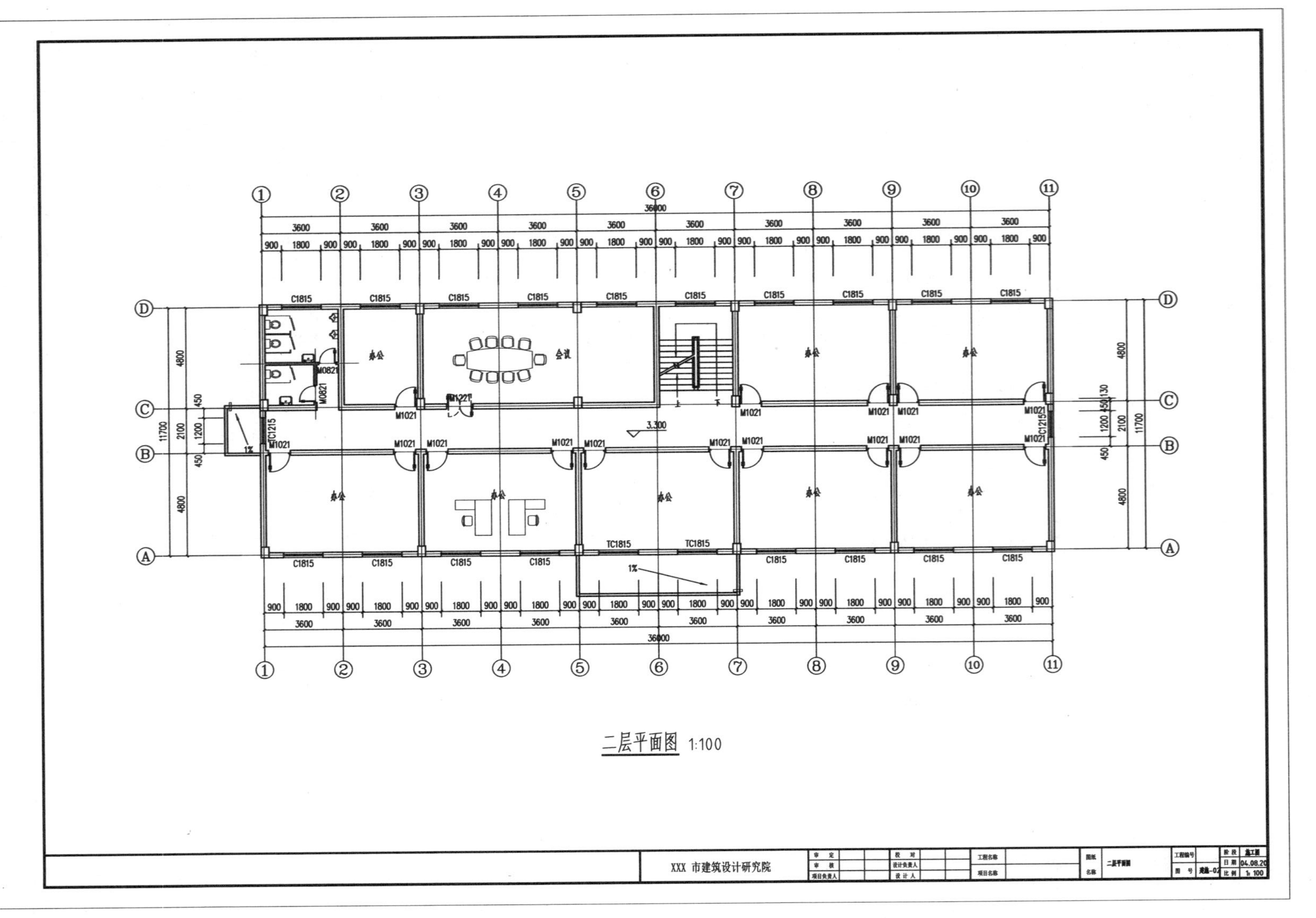

图 11.2-20　二层平面图

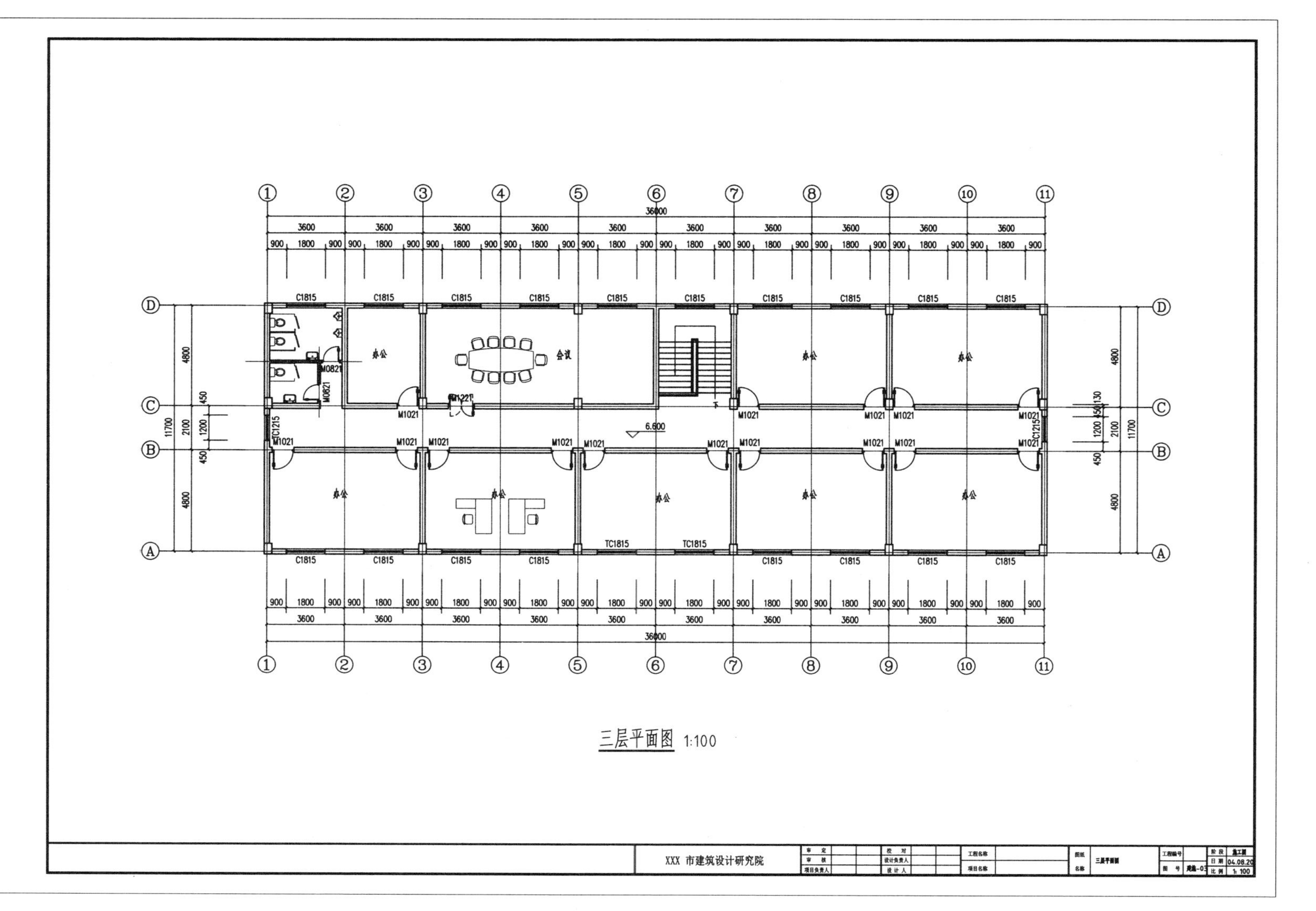

图 11.2-21 三层平面图

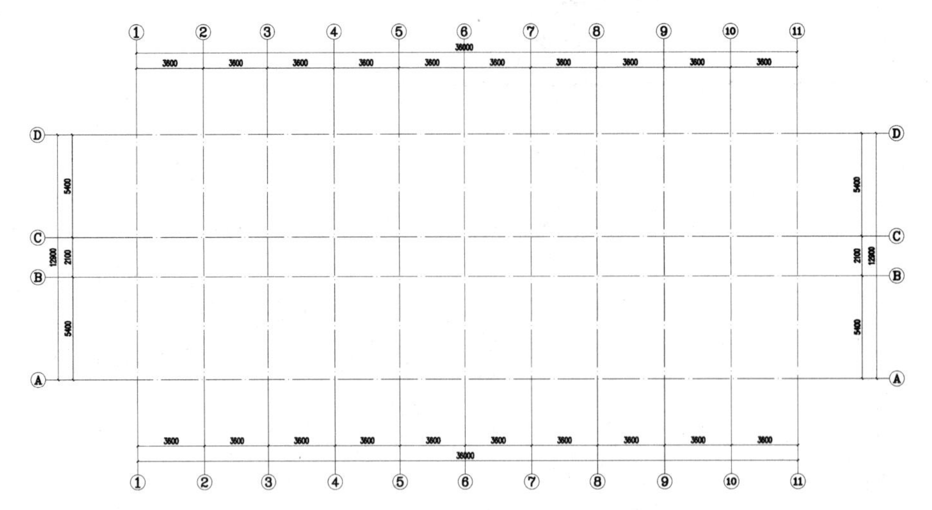

图 11.2–22 轴网布置图

2）绘制檐沟：在Ⓐ轴和Ⓓ轴女儿墙内绘制 600mm 宽檐沟，在檐沟内添加雨水口，并绘制箭头标注排水坡度 1%。

3）绘制分仓缝：以②轴至⑩轴每根轴线为中心线，在屋顶绘制 30mm 宽分仓缝。

(4) 绘制屋顶上人口：位置对应在三层走廊中间附近，一般尺寸 800mm × 600mm。

(5) 标注：复制更改图名、图框。

屋顶平面布置完成图见图 11.2–23。

11.2.2 立面图绘制

■ ① – ⑪轴立面图

(1) 复制一层平面图，新建立面图层，在平面图附近上方绘制立面图的地平线、层高线，根据平面图绘制辅助线与地平线垂直相交（图 11.2–24）。

(2) 根据立面设计，绘制一层立面图，并删除辅助线（图 11.2–25）。

(3) 根据其他层平面图，绘制①– ⑪轴立面图，并标注①和⑪轴线。

(4) 标注

标注立面标高、图名、材质，其中标高应标注门窗洞口、室内外地坪、屋顶等处高度。

①– ⑪轴立面完成图见图 11.2–26。

■ ⑪ – ①轴立面图

(1) 旋转平面图 180°，对应画立面辅助线。

(2) 根据立面设计完成⑪ – ①轴立面图。

(3) 完成标注。

(4) 修改图名、图框。

①– ⑪轴及⑪ – ①轴立面完成图见图 11.2–27。

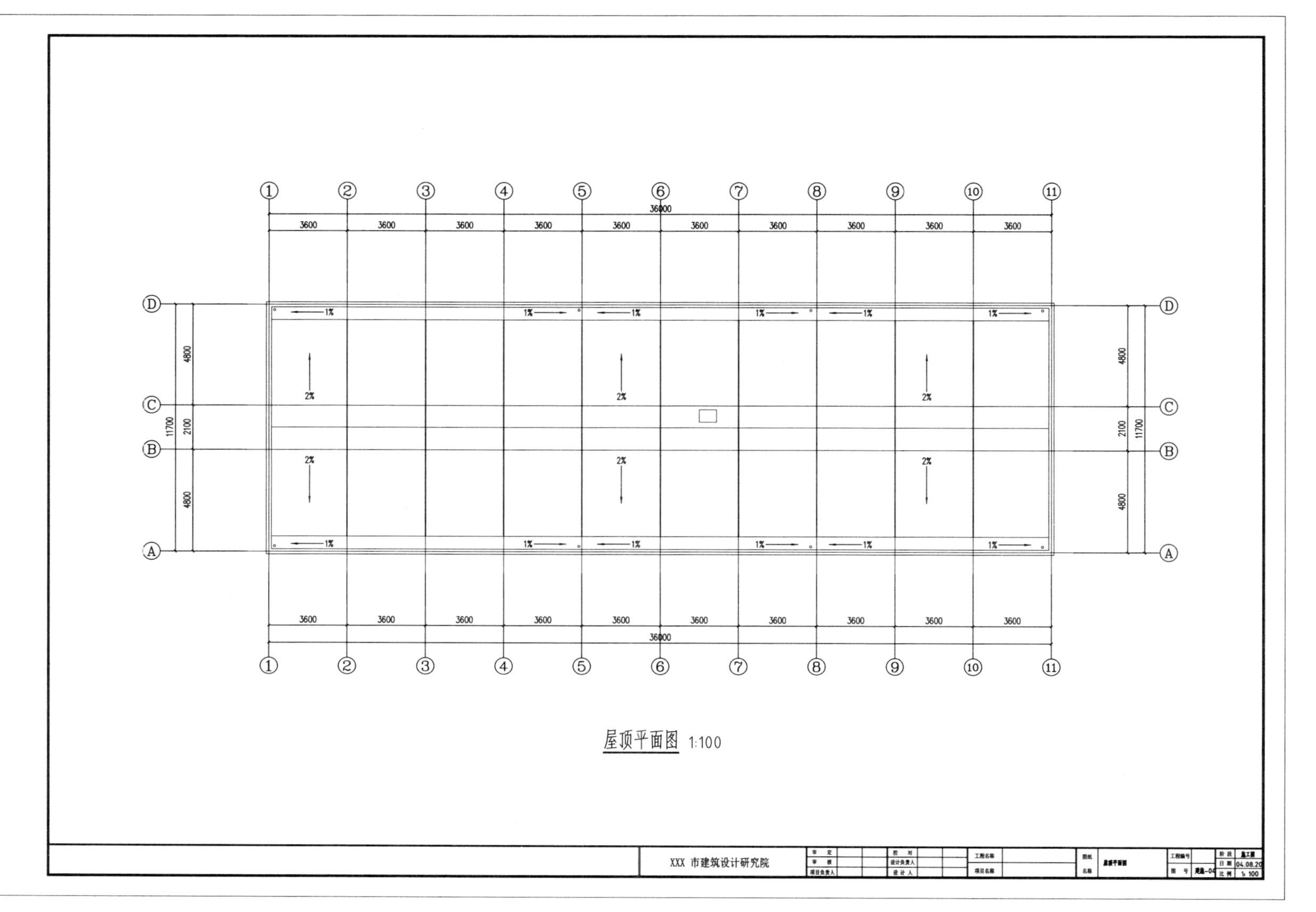

图 11.2-23 屋顶平面图

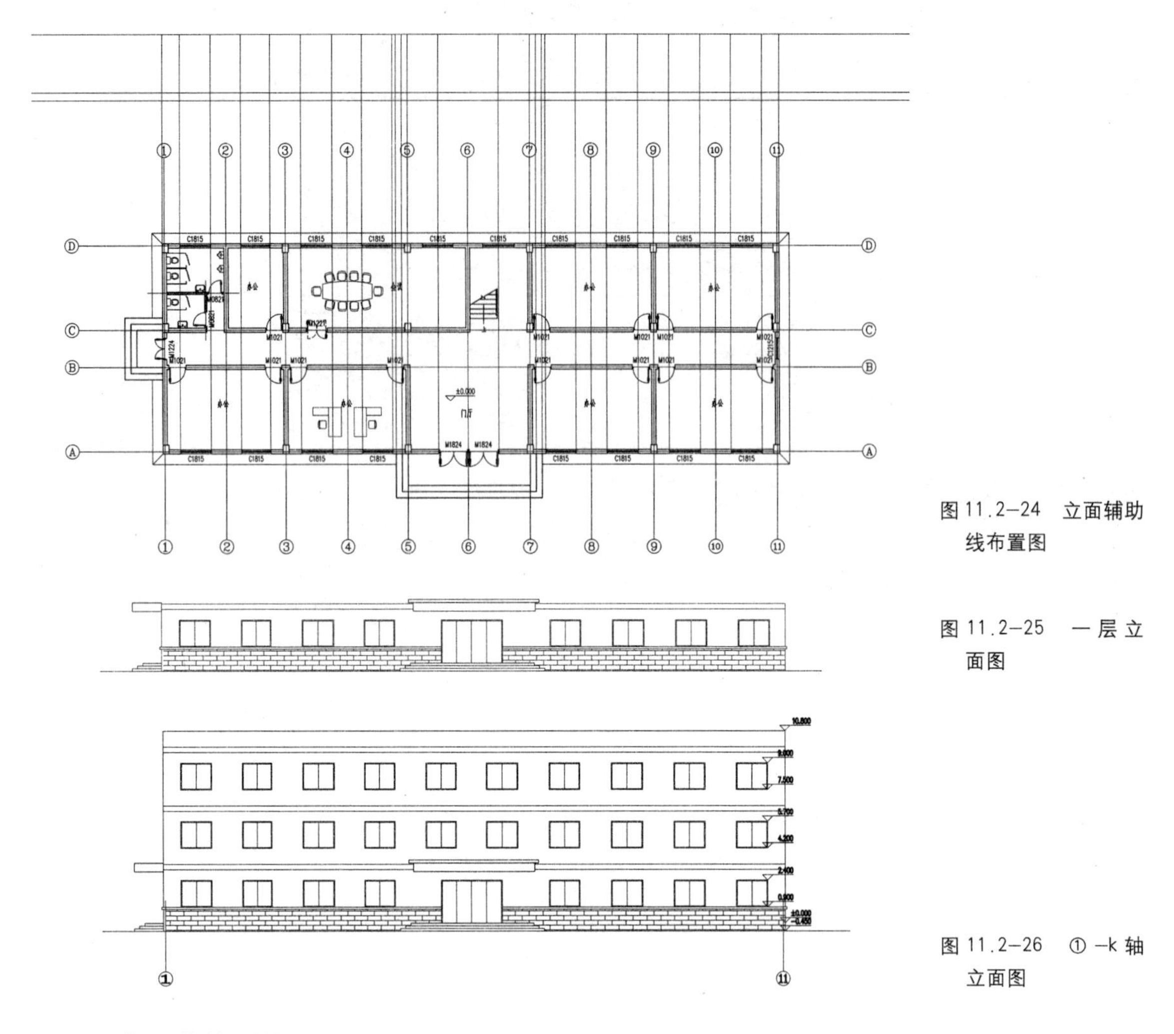

图 11.2-24 立面辅助线布置图

图 11.2-25 一层立面图

图 11.2-26 ①-k 轴立面图

■ Ⓐ-Ⓓ轴立面图

（1）复制一层平面图，顺时针旋转 90°，在平面图附近下方绘制立面图的地平线、层高线，根据平面图绘制辅助线与地平线垂直相交（图 11.2-28）。

（2）根据立面设计完成Ⓐ-Ⓓ轴立面图。

（3）完成标注、图名。

Ⓐ-Ⓓ轴立面完成图见图 11.2-29。

■ Ⓓ-Ⓐ轴立面图

（1）复制Ⓓ-Ⓐ轴立面图，镜像并选择删除原图。

（2）根据立面设计修改完成Ⓓ-Ⓐ轴立面图。

（3）完成标注、图名。

Ⓓ-Ⓐ轴立面完成图见图 11.2-30。

11.2.3 剖面图绘制

（1）复制一层平面图，顺时针旋转 90°，在平面图附近下方绘制剖面图的地平线、层高线，根据平面图绘制辅助线与地平线垂直相交（图 11.2-31）。

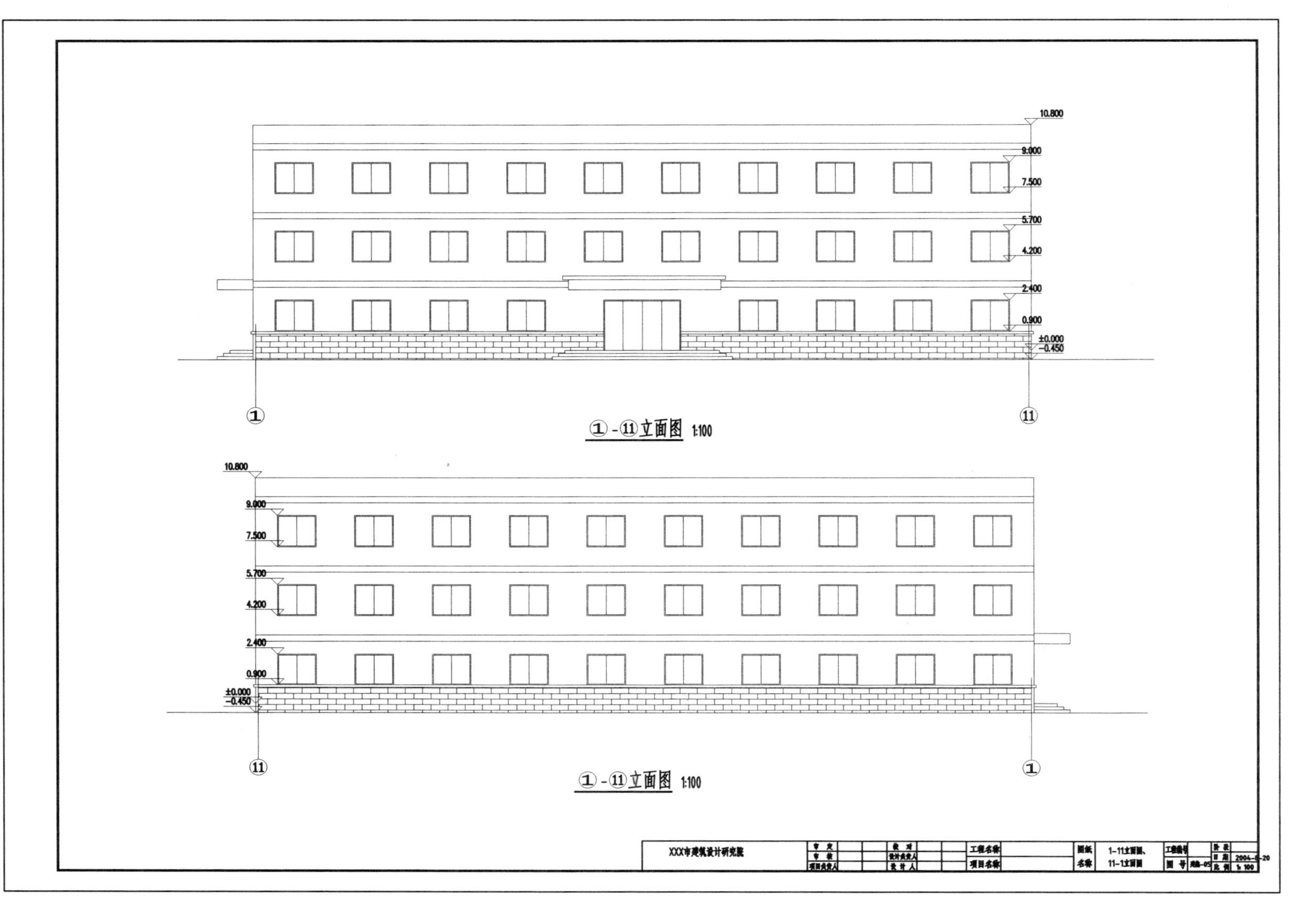

图 11.2-27 ①-⑪ 轴立面图及 ⑪-①轴立面图

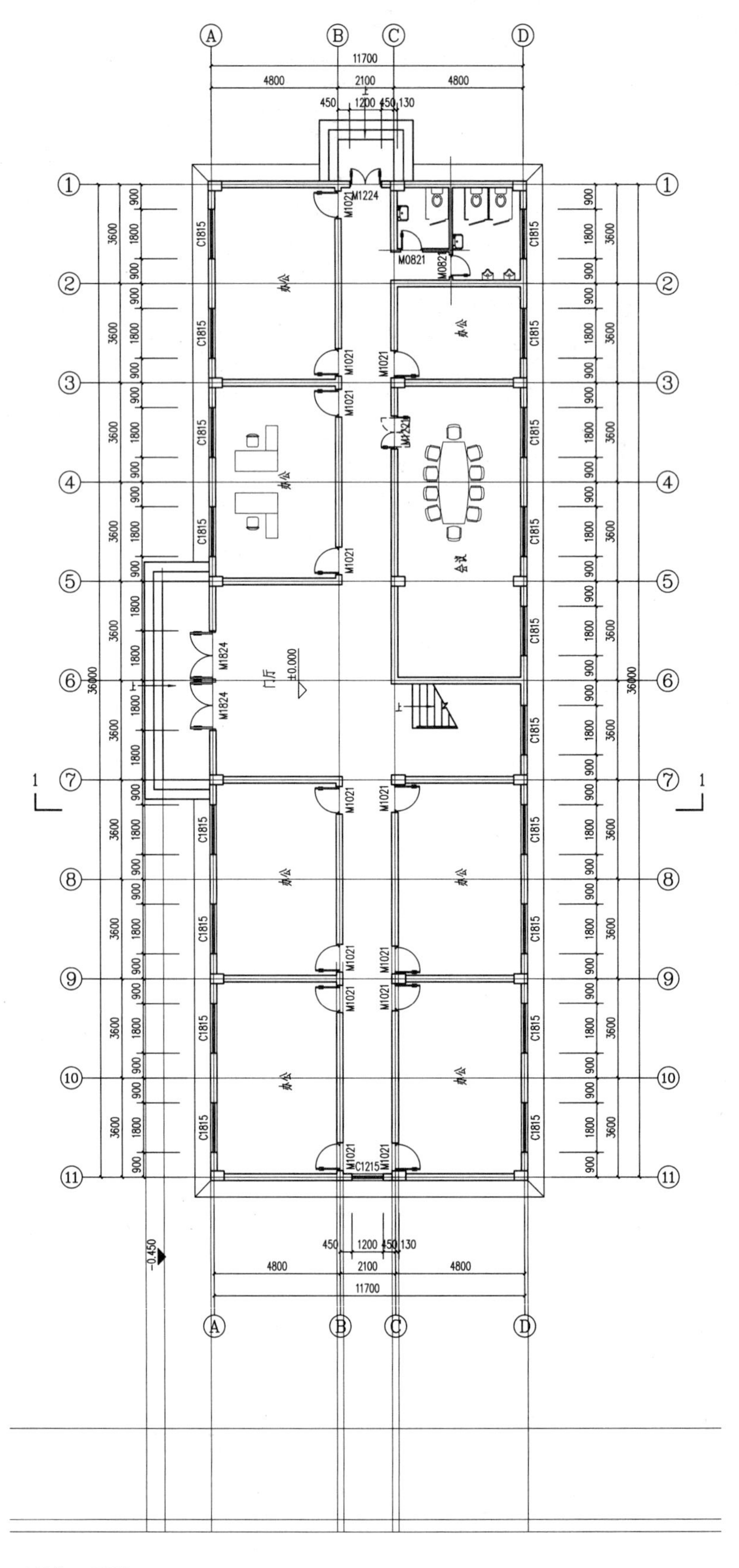

图 11.2–28　立面辅助线布置图

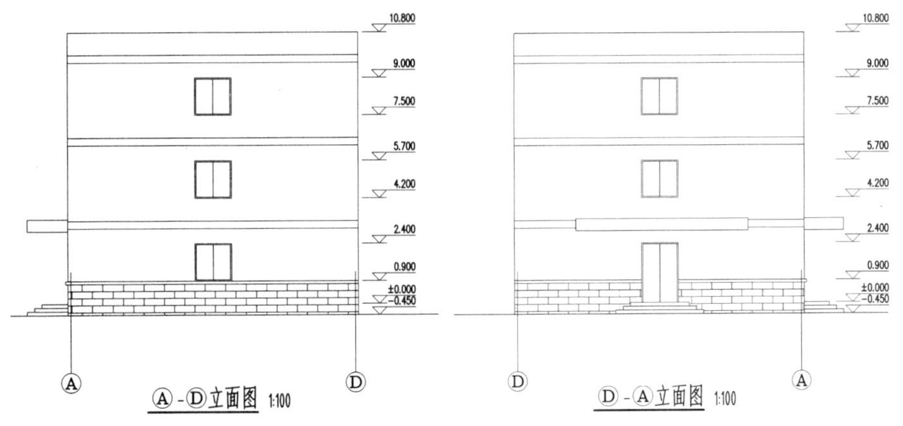

图 11.2–29 Ⓐ－Ⓓ轴立面图（左）

图 11.2–30 Ⓓ－Ⓐ轴立面图（右）

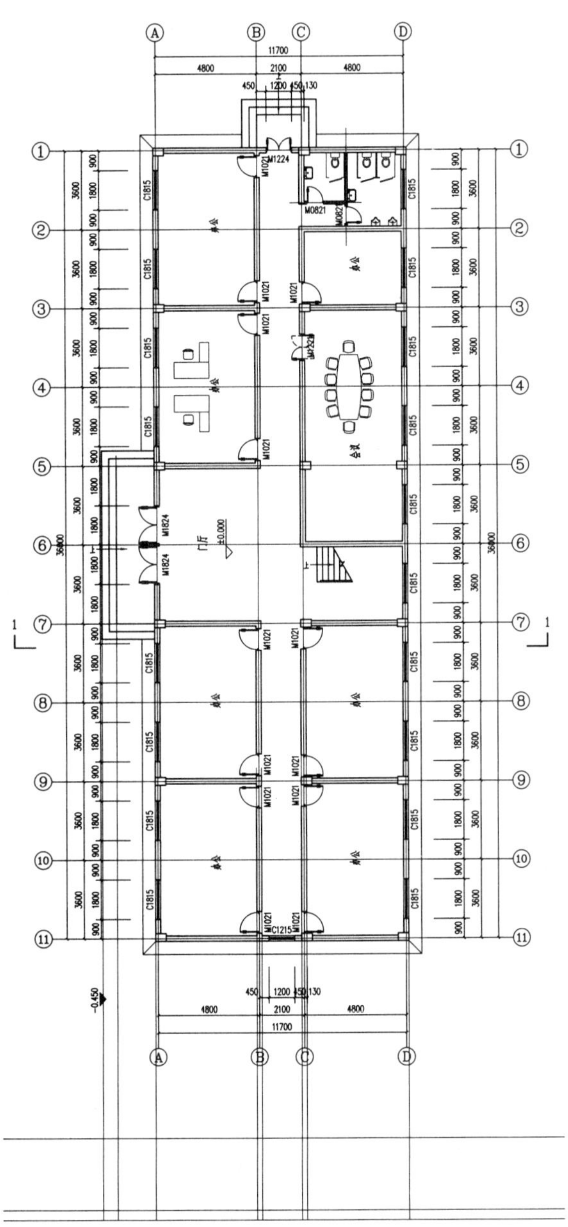

图 11.2–31 剖面辅助线布置图

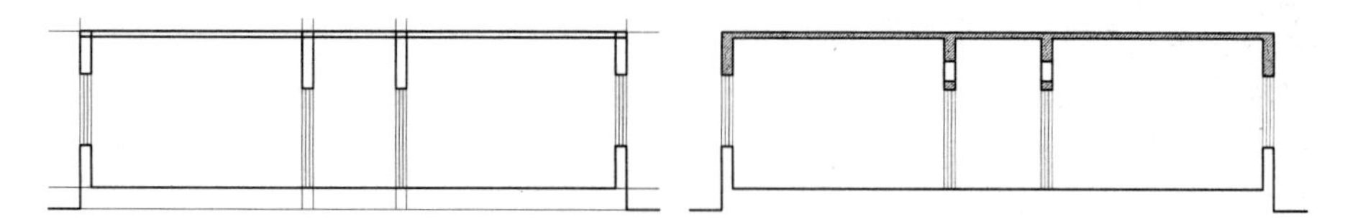

图 11.2–32　一层墙体、门窗布置图（左）
图 11.2–33　一层填充图（右）

（2）根据剖切处平面，绘制剖面图，在 WALL 层绘制剖切到的墙体，在 WINDOW 层绘制门窗（图 11.2–32）。

（3）画梁并进行楼板与梁的填充：梁高为跨度的 1/10 ~ 1/12，框架梁设为 600mm、过梁设为 180mm；新建填充层并将笔号颜色设为 8 号色，选中楼板和梁进行填充（图 11.2–33）。

（4）将一层剖面复制到二层、三层，绘制女儿墙，并在立面层绘制未剖到的墙线、台阶、雨篷、门窗等看线，得到 1–1 剖面图形绘制图见图 11.2–34。

（5）标注轴号、尺寸、标高、图名等。

得到 1–1 剖面完成图见图 11.2–35。

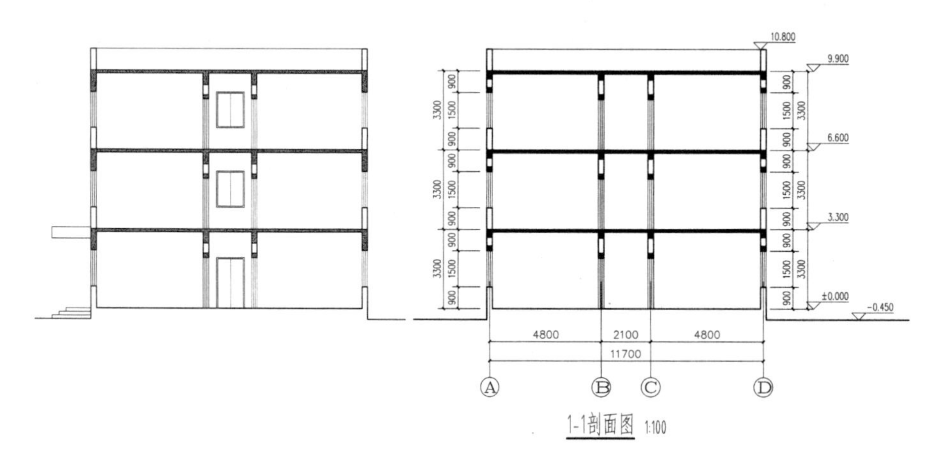

图 11.2–34　1–1 剖面图形绘制图（左）
图 11.2–35　1–1 剖面图（右）

11.2.4　楼梯详图绘制

■ 楼梯一层平面图

（1）新建图纸，命名为“楼梯”，通过“设置 – 当前比例”，将图纸比例设为 1 ：50（图 11.2–36）。

（2）绘制轴网：开间 3600mm、进深 4800mm。

（3）标注轴网：开间方向单侧标注、起始轴号为 6（图 11.2–37）；进深方向双侧标注、起始轴号为 C。

（4）绘制墙体，添加门窗，插入窗时将自动编号删除，得到楼梯间布置图见图 11.2–38。

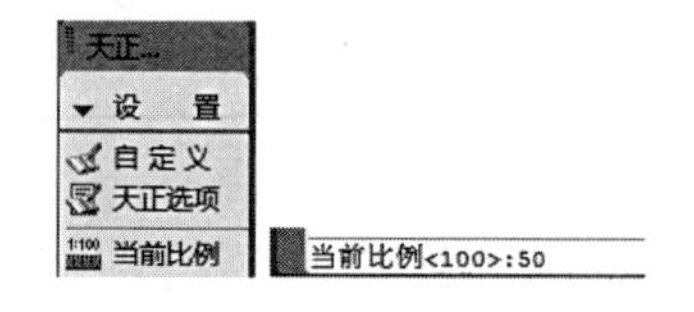

图 11.2–36　设置当前比例（左）
图 11.2–37　轴网标注（右）

(5) 绘制楼梯："楼梯其他 – 双跑楼梯" 设置及布置见图 11.2–39。

(6) 标注尺寸：尺寸标注 – 逐点标注（图 11.2–40）。

(7) 符号标注：标注地面标高，手工输入 0.000；标注剖切符号 1–1；标注图名比例 "一层平面图 1 ∶ 50"。得到楼梯详图一层平面图见图 11.2–41。

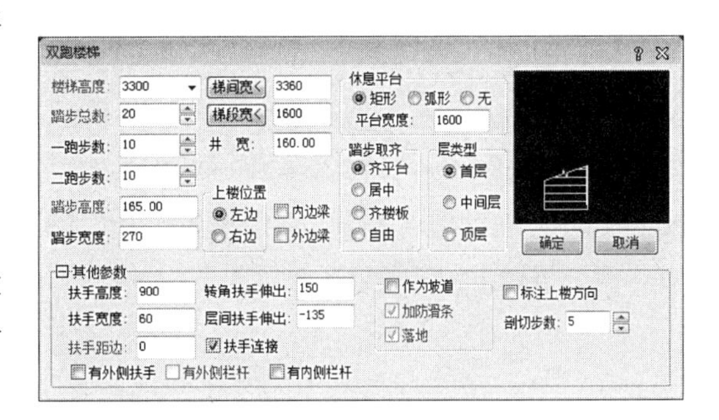

■ 楼梯二层平面图

(1) 复制一层平面。

(2) 将楼梯对象改为 "中间层"。

(3) 修改尺寸标注：增加梯井尺寸、梯段尺寸、休息平台尺寸，其中梯段尺寸应注明每个踏步尺寸和踏步数。

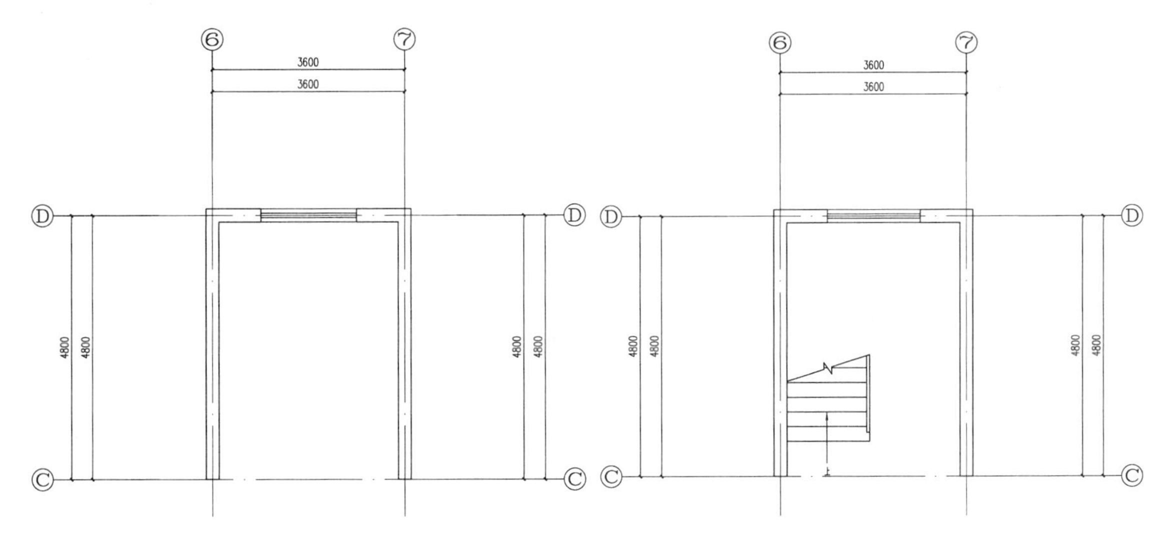

图 11.2–38　楼梯间布置图

图 11.2–39　楼梯设置及布置图

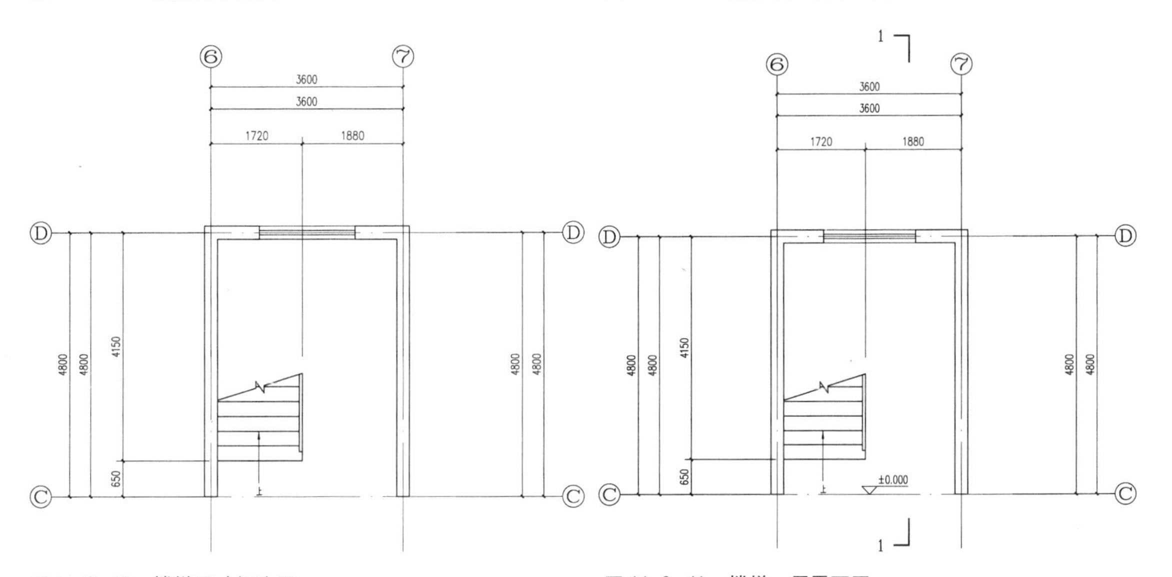

图 11.2–40　楼梯尺寸标注图

图 11.2–41　楼梯一层平面图

（4）修改符号标注：将楼层地面标高改为 3.300m，增加休息平台标高 1.650m，删除剖切符号，将图名改为“二层平面图 1 ：50”。

得到楼梯详图二层平面图（图 11.2—42）。

■ 楼梯三层平面图

（1）复制二层平面。

（2）将楼梯对象改为“顶层”。

（3）修改符号标注：将楼层地面标高改为 6.600m，将休息平台地面标高改为 4.950m，将图名改为“三层平面图 1 ：50”。

得到楼梯详图三层平面图（图 11.2—43）。

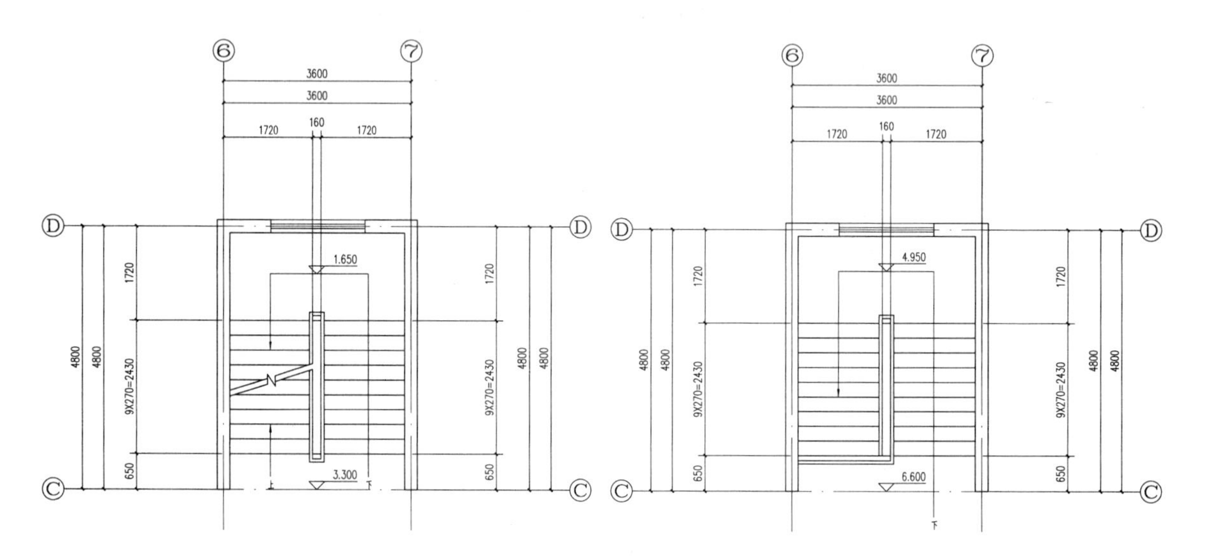

图 11.2—42 楼梯二层平面图（左）

图 11.2—43 楼梯三层平面图（右）

■ 楼梯剖面图

（1）将轴网复制、向右旋转 90°、分解、删除上半部分，保存下半部分即轴号Ⓒ至Ⓓ。

（2）新建剖面层，层画笔颜色与 WALL 层相同即选择 9 号画笔颜色。

（3）在剖面层绘制地面线、墙线，在 WINDOW 层绘制剖面窗。

得到楼梯间剖面图见图 11.2—44。

（4）绘制楼梯：剖面－参数楼梯，进行设置（图 11.2—45）。

（5）标注尺寸、标高、图名等。

得到楼梯剖面图（图 11.2—46）。

11.2.5 节点大样图绘制

（1）新建图纸。

（2）绘制女儿墙内檐沟图线（图 11.2—47）。

（3）根据材料进行图案填充，绘制柔性防水层（图 11.2—48）。

（4）标注轴号、尺寸、标高、构造做法、图名、比例等，得到女儿墙内檐沟大样图（图 11.2—49）。

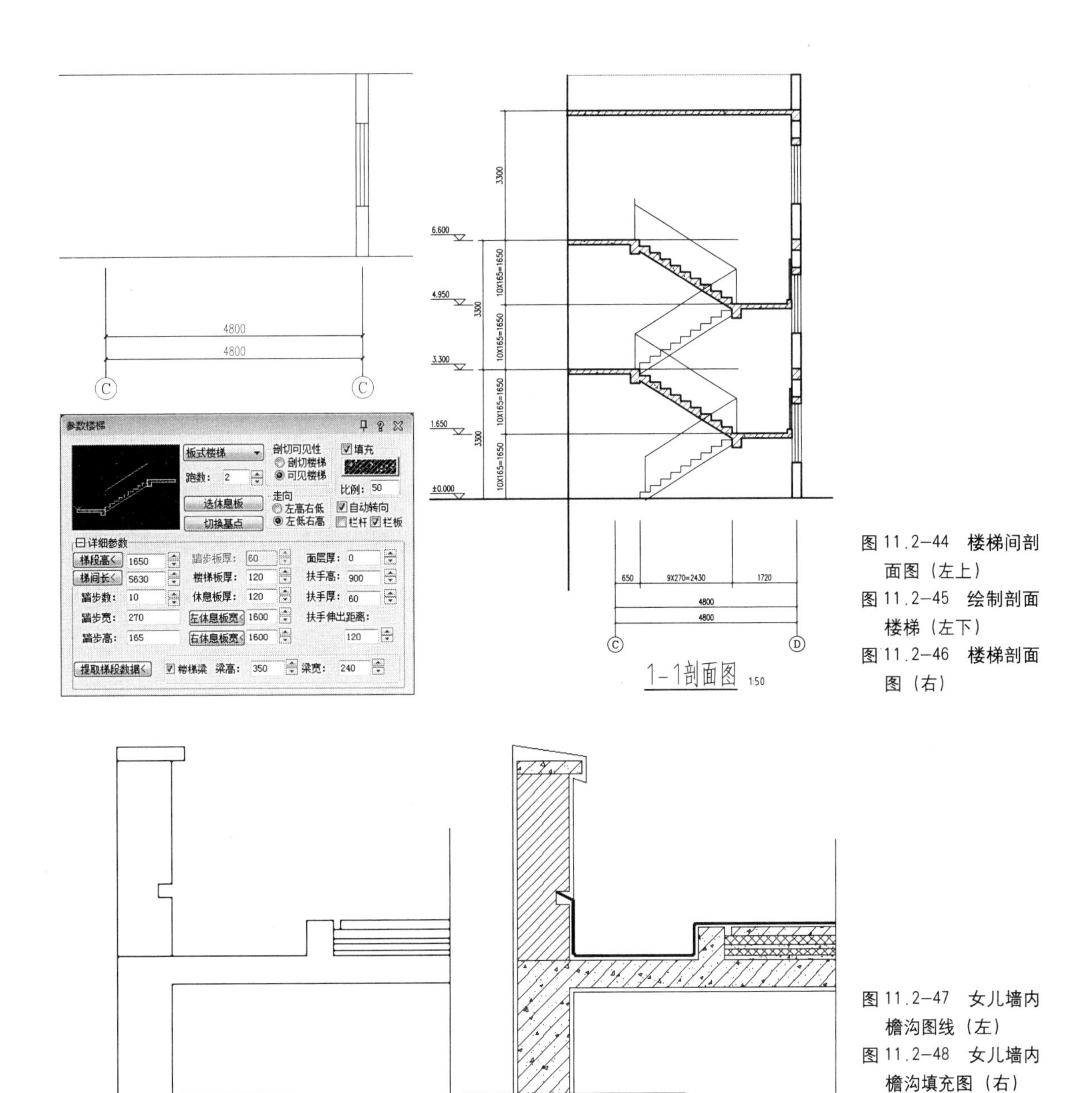

图 11.2-44　楼梯间剖面图（左上）

图 11.2-45　绘制剖面楼梯（左下）

图 11.2-46　楼梯剖面图（右）

图 11.2-47　女儿墙内檐沟图线（左）

图 11.2-48　女儿墙内檐沟填充图（右）

11.3　建筑施工图设计实训项目（一）

一、题目：高层住宅施工图设计

二、设计条件

提供一梯两户 12 层住宅方案一套，进行施工图设计。要求一层为入口门厅及休息空间，层高 4.2m，标准层为住宅，层高 3m。

三、设计成果要求

本设计按建筑施工图设计深度要求进行。

成果要求用绘图机绘硫酸纸图出图，图幅自定，内容及要求如下：

1. 建筑设计总说明，门窗表及图纸目录

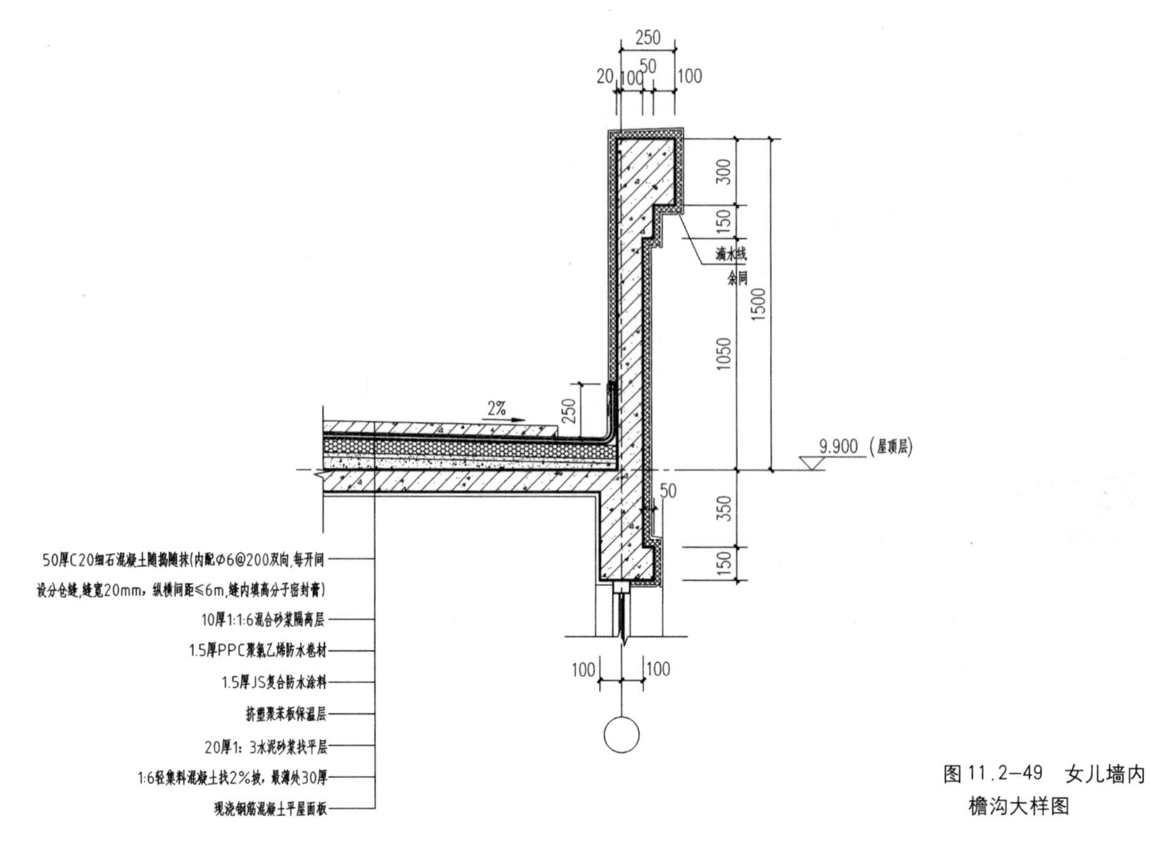

图 11.2–49　女儿墙内檐沟大样图

2. 底层平面图（画出主要空间家具布置）1 ：100

3. 楼层平面图（要求与底层平面图相同）1 ：100

4. 屋顶平面图 1 ：100

5. 立面图（4 个，须标明外墙材料、颜色）1 ：100

6. 剖面图（1 个）1 ：100

7. 楼电梯详图 1 ：50

8. 节点大样（2 个以上）1 ：20

四、时间

设计交稿截止时间：第十周当天下课后。

五、评分考虑因素

1. 施工图设计的正确性及完善性，即满足本次设计的要求及各相关规范（50%）；

2. 设计图纸的深度（25%）；

3. 图纸的表达、符合制图规范（25%）；

4. 每延迟交一天，总分扣 10 分。

六、实训目的

1. 通过该项目的实训使学生掌握住宅的施工图设计。

2. 通过该项目的实训使学生基本掌握高层建筑设计防火规范的基本内容，了解建筑节能的基本知识。

附图：

1. 标准层平面图（图 11.3–1）

2. 电梯图集（图 11.3–2）

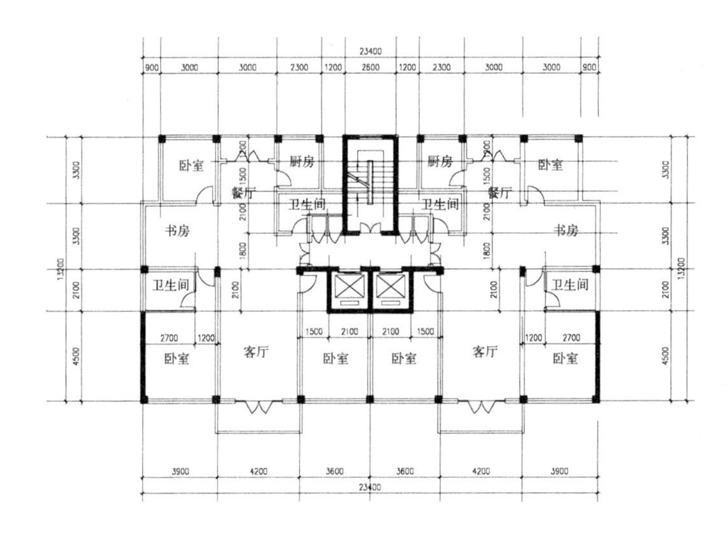

图 11.3–1 标准层平面图

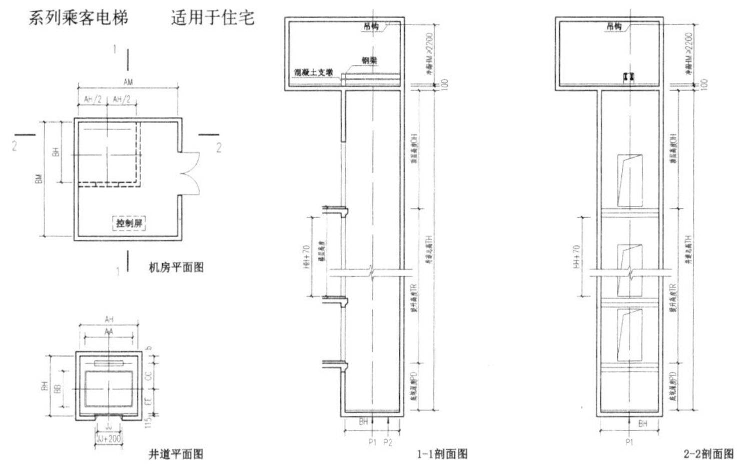

注：最小层楼距为2800mm，电压为380V。

某乘客电梯

电梯型号	额定载重量 kg（人）	额定速度 m/s	井道尺寸 mm 宽度	井道尺寸 mm 深度	轿厢内尺寸 mm 宽度	轿厢内尺寸 mm 深度	层门洞口尺寸 mm 宽度	层门洞口尺寸 mm 高度	层门净尺寸 mm 宽度	层门净尺寸 mm 高度	机房尺寸 mm 宽度	机房尺寸 mm 深度	顶层高度 mm	底坑深度 mm	最大提升高度 m	最大停站数	最小电源容量 kv.A	满载电流 A	启动电流 A	电动机功率 kw
电梯标准代号			C	D	A	B			E	F	R	T	Q	P						
厂家代号			AH	BH	AA	BB	JJ+200	HH+70	JJ	HH	AM	BM	OH	PD						
GPS-CR-550-CO	550(7)	1.0	1850	1630	1400	1030	1000	2170	800	2100	2100	3400	4250	1400	60	24	7.0	14.0	26	7.5
GPS-CR-630-CO	630(8)	1.0	1850	1700	1400	1100	1000	2170	800	2100	3000	4000	4250	1400	60	24	7.0	18.0	34	7.5
		1.6											4450	1550	80	28	8.0	8.0	41.3	9.5
GPS-CR-800-CO	800(10)	1.0	1900	1950	1400	1350	1000	2170	800	2100	2300	4000	4250	1400	60	24	9.0	9.0	42.2	9.5
		1.6/2.0		2000							3000	3700	4415/4690	1470/2100	93/105	28/32	10/13	20.6/25.8	43.8/50	13/15
GPS-CR-1000-CO	1000(13)	1.0	2200	2120	1600	1500	1100	2170	900	2100	2500	4300	4250	1400	60	24	90	24.8	48.1	9.5
		1.6/2.0									3200	4000	4410/4700	1500/2130	93/105	28/32	13/15	31/38	60/73	13/15

电梯型号	缓冲器支承点反力 N（牛顿）		支撑点反力 N(牛顿)				平面尺寸 mm					
电梯标准代号			C									
厂家代号	P1	P2	R1	R2	R3	R4	CC	EE	a	b	g1	g2
GPS-CR-550-CO	48000	39500	17000	21000	10000	13000	740	600	790	180	250	200
GPS-CR-630-CO	55500	45500	20000	25500	12250	15250	775	635	790	180	250	200
	70000	59000	20500	26000	12500	15500						
GPS-CR-800-CO	62500	50500	22000	28000	13500	17000	900	760	790	180	250	200
	79500	65000	23500	29500	14000	18000						
GPS-CR-1000-CO	76000	58000	26000	32500	16000	20500	975	835	910	290	250	200
	90000	70000	26500	33000	17500	22000						

注：最小层楼距为2800mm，电压为380V。

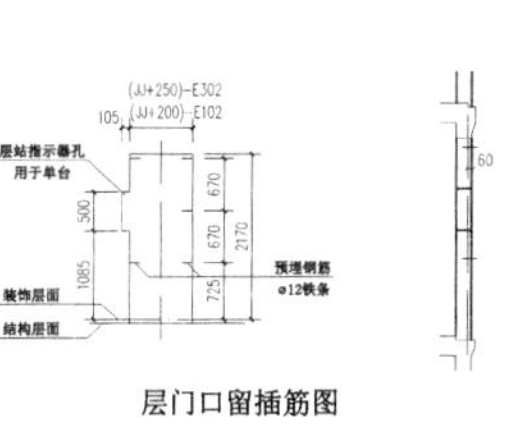

层门口留插筋图

图 11.3–2 电梯图集

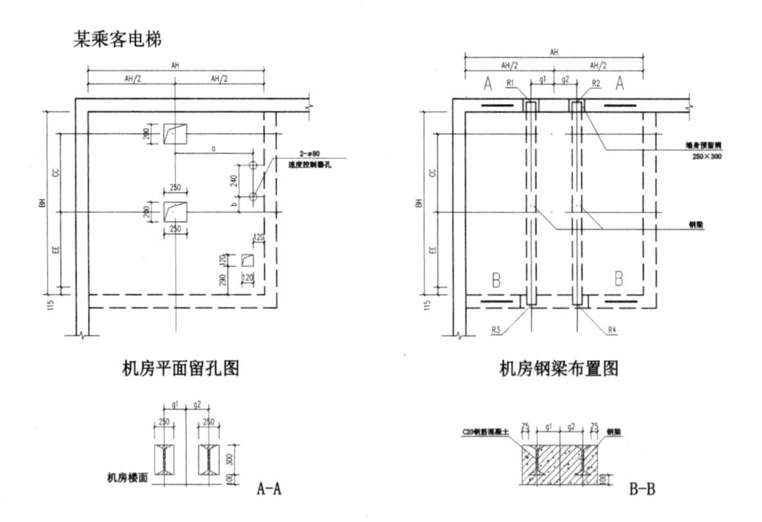

注：1. 最小层楼距为2800mm，电压为380V。
2. 钢梁安装留洞及钢筋混凝土梁尺寸应按所选电梯型号核准预留。

图 11.3-2 电梯图集（续）

11.3.1 平面图绘制

■ 标准层平面图

（1）根据给出的标准层平面图，使用“轴网柱子 – 绘制轴网”命令绘制轴网，注意轴网上开与下开的尺寸不同，并进行轴网标注。

（2）绘制墙体：根据给出的标准层平面，进行户型设计，除剪力墙、柱与外墙不能进行改动外，其他墙体可根据户型设计自行改动，并在适当的位置开门。

得到图 11.3–3。

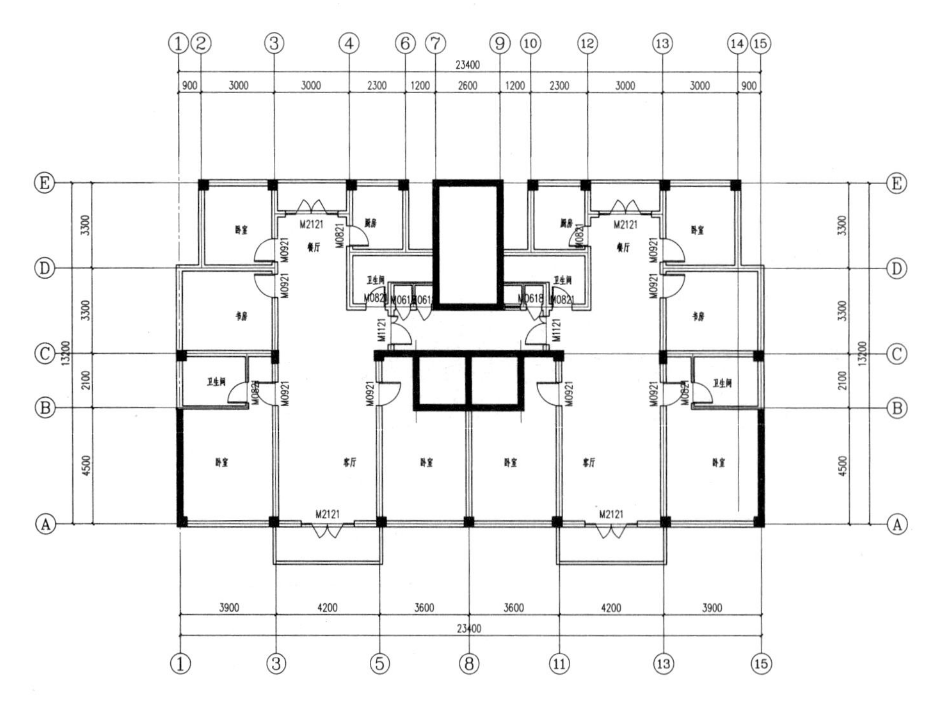

图 11.3–3 标准层平面过程图（一）

（3）绘制窗：根据户型设计在房间开窗，并同时考虑空调搁板的位置，空调搁板尺寸一般为 1200mm × 600mm，设置位置考虑外窗下面或阳台外边缘，得到图 11.3–4。

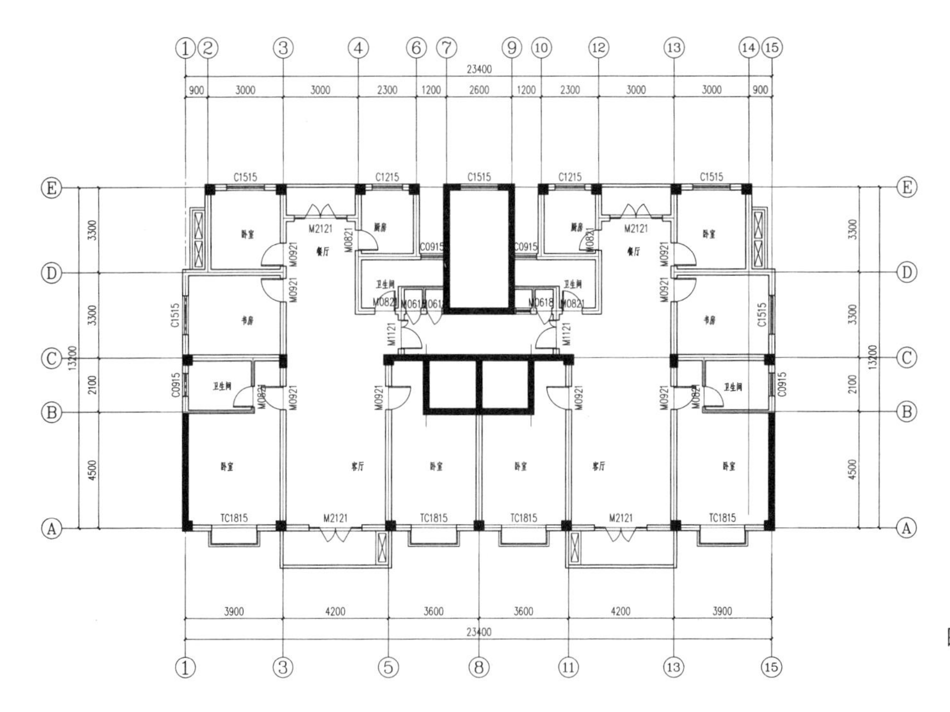

图 11.3–4 标准层平面过程图（二）

（4）绘制楼梯、电梯：楼梯尺寸设置见图 11.3–5。

电梯尺寸设置见图 11.3–6。

为楼梯设置防火门，开向疏散方向。修改入户门、管道井门为防火门，完善管道井名称，得到图 11.3–7。

（5）添加家具、洁具、厨具、下水口、通风道等，得到图 11.3–8。

（6）绘制符号标注、尺寸标注、图名、比例、图框等。

得到标准层平面完成图见图 11.3–9。

■ 底层平面图

（1）复制标准层平面图，删除内部填充墙、家具布置、细部尺寸等。

（2）设计底层入口、功能布局、门窗。

（3）更改底层楼梯参数，层高 4.2m 可改为四跑楼梯。

（4）绘制散水。

（5）更改尺寸标注、标高标注、图名，增加剖切符号、指北针等。

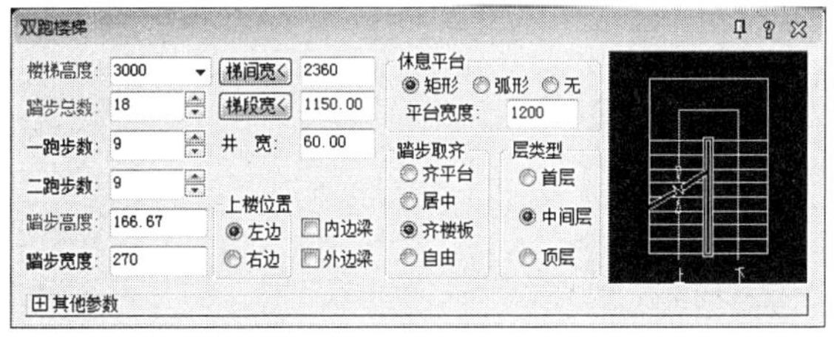

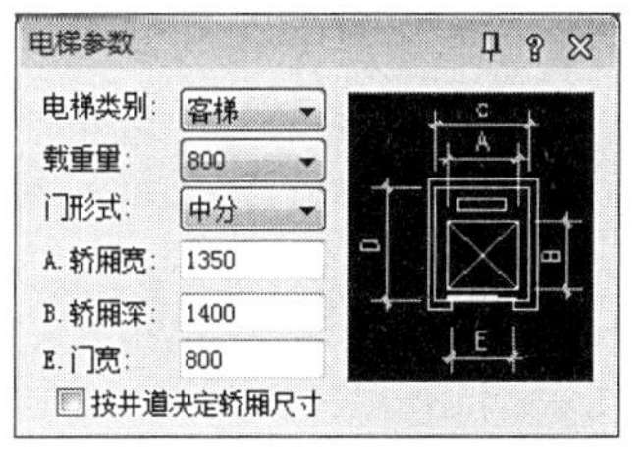

图 11.3–5 楼梯尺寸设置（左）
图 11.3–6 电梯尺寸设置（右）

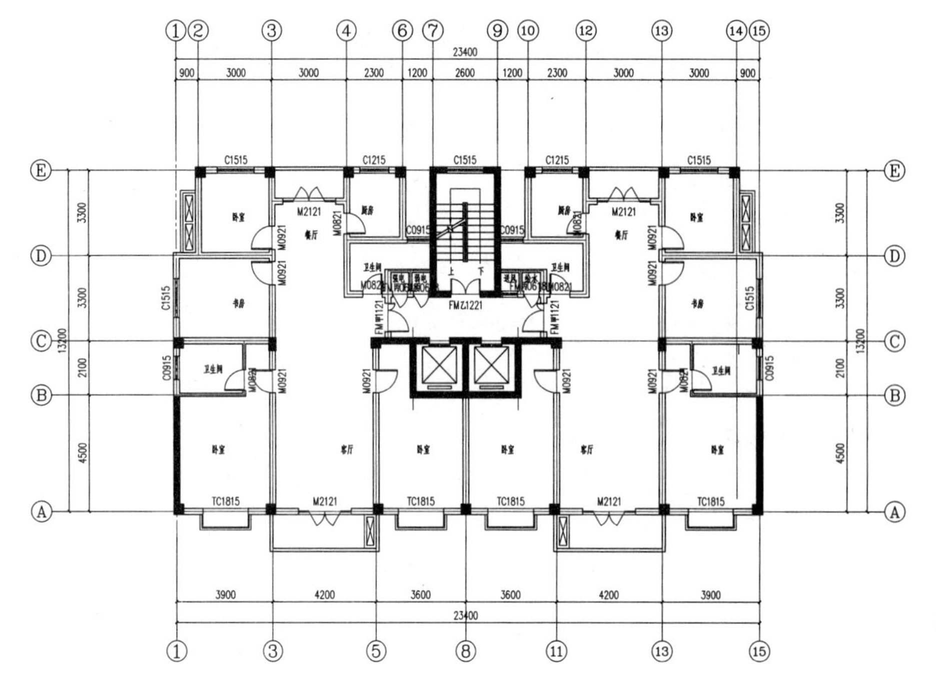

图 11.3-7　标准层平面过程图（三）

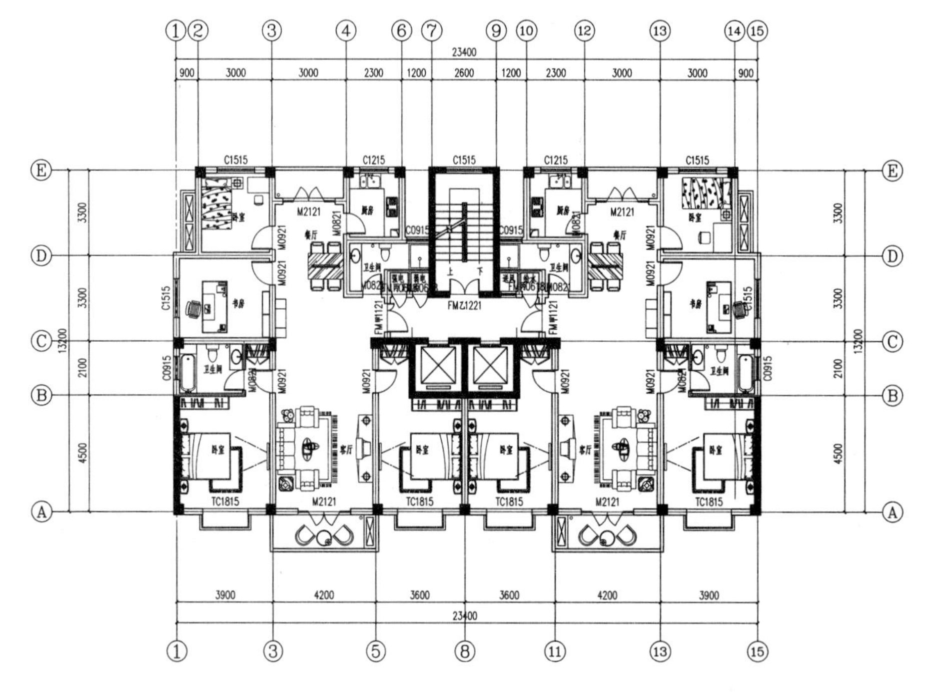

图 11.3-8　标准层平面过程图（四）

得到底层平面图见图 11.3-10。

■ 二层平面图

(1) 复制标准层平面图。

(2) 设计雨篷。

(3) 更改尺寸标注、标高标注、图名等。

得到二层平面图见图 11.3-11。

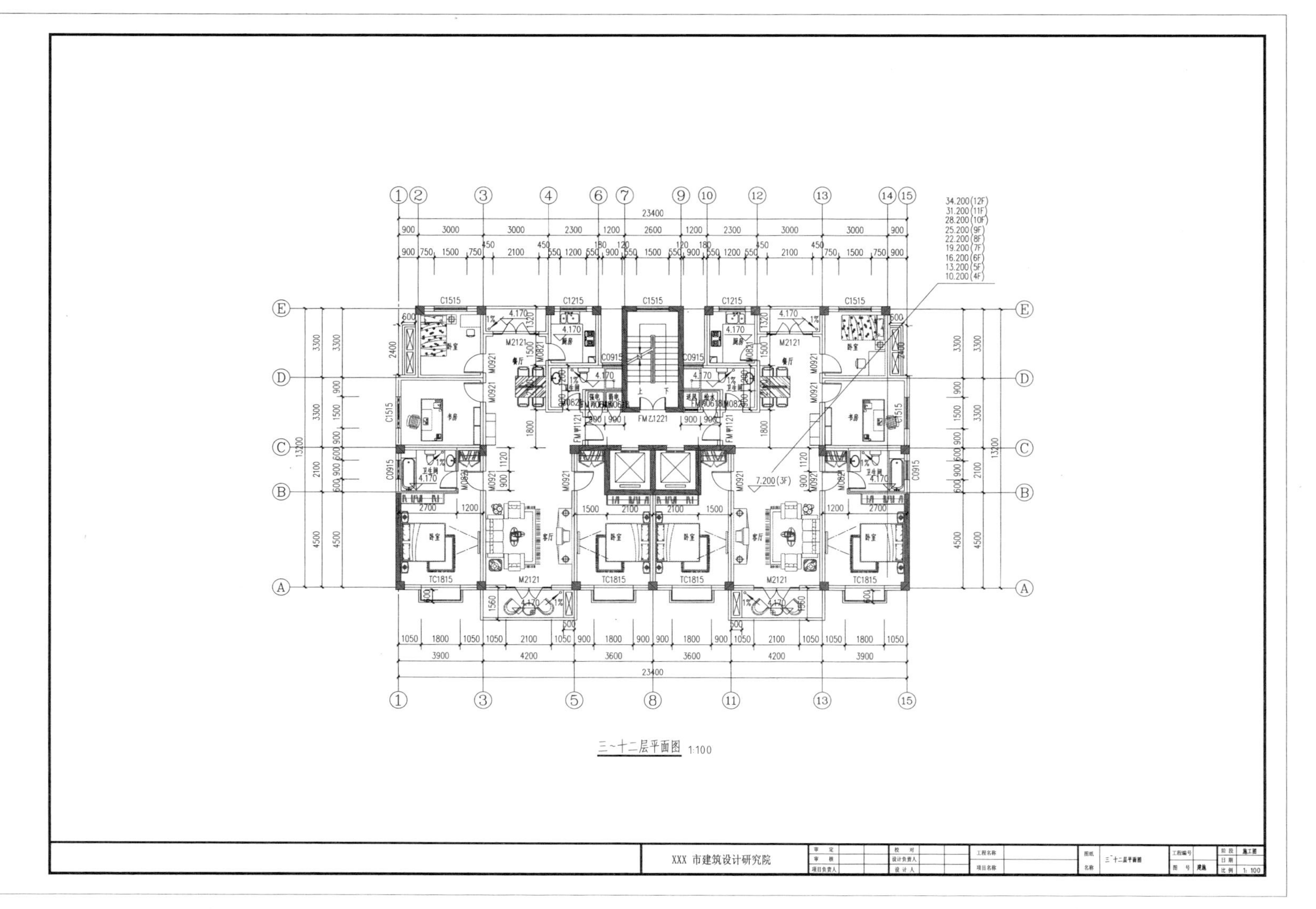

图 11.3-9 标准层平面图

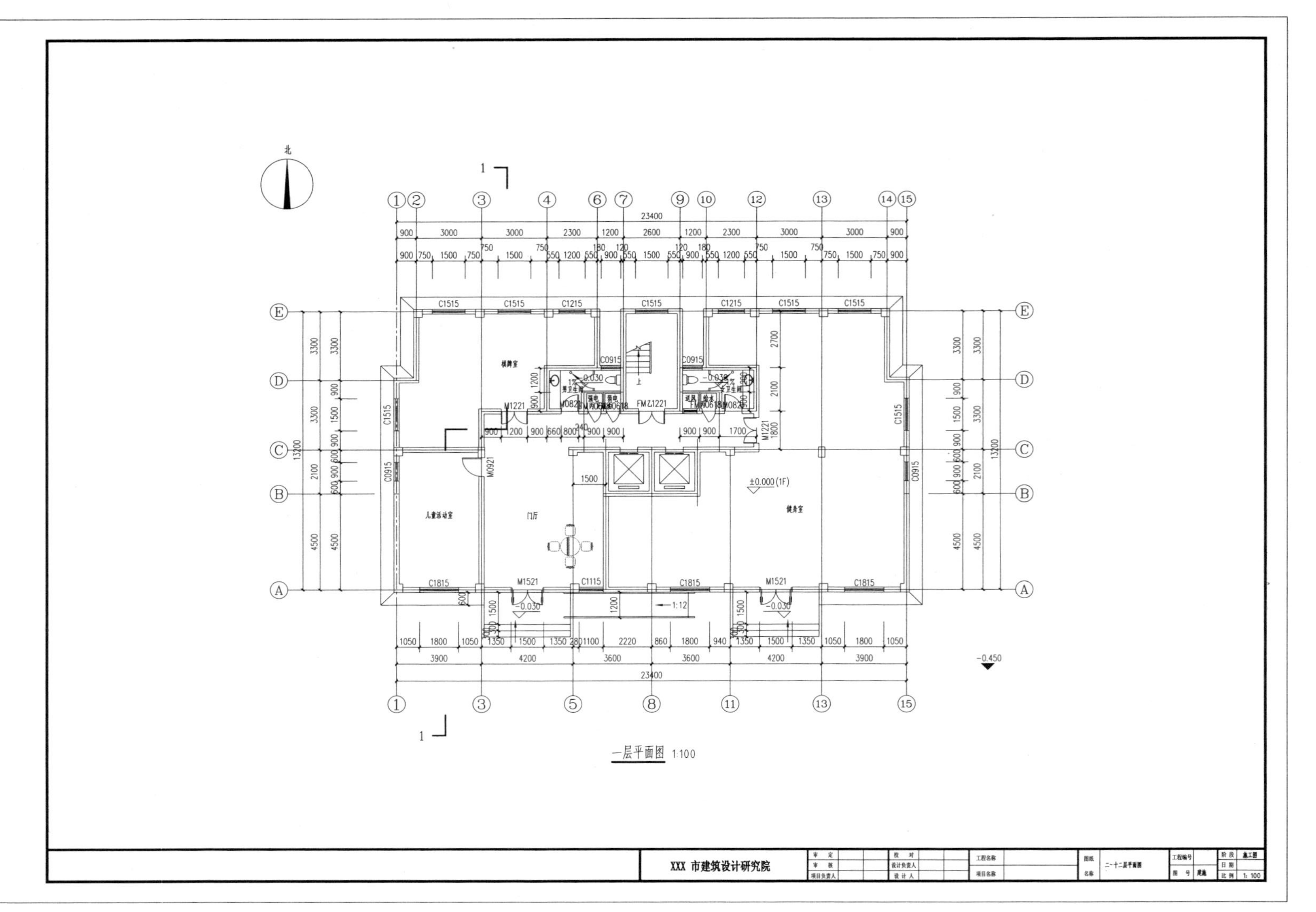

图 11.3-10 底层平面图

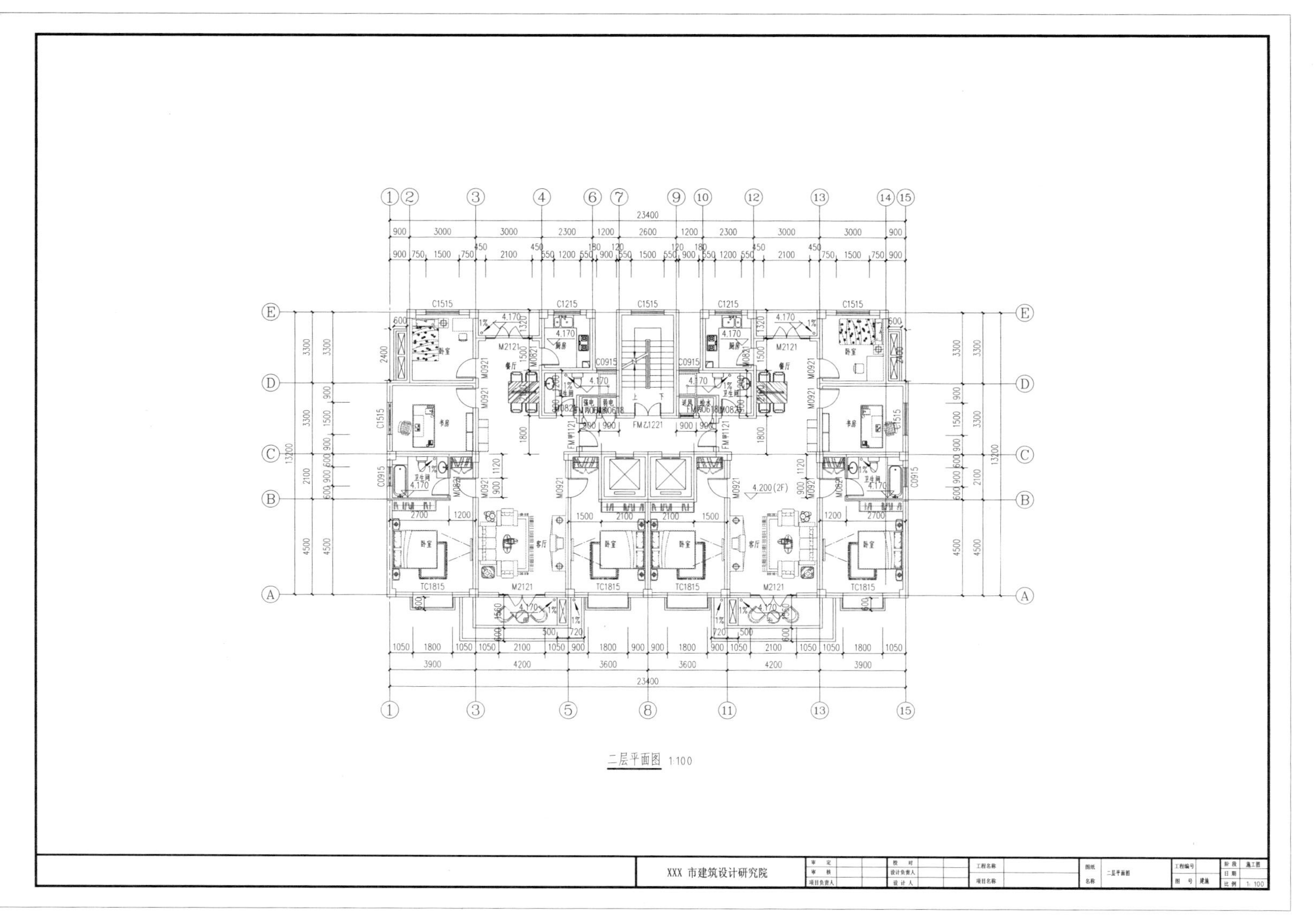

图 11.3-11　二层平面图

■ 屋顶平面图

(1) 复制标准层平面图，删除内部填充墙、家具布置、细部尺寸等。

(2) 设计屋顶女儿墙、分仓缝、雨水口。

(3) 根据电梯选型要求，设计机房大小、高度。

(4) 更改楼梯为顶层楼梯。

(5) 更改尺寸标注、标高标注、图名等。

(6) 绘制机房屋顶。

得到屋顶平面图见图 11.3–12。

11.3.2 立面图绘制

立面图绘制方法同练习题。①–⑮ 轴立面图完成图见图 11.3–13。

11.3.3 剖面图绘制

剖面图绘制方法同练习题。1–1 剖面图完成图见图 11.3–14。

11.4 建筑施工图设计实训项目（二）（任务书）

一、题目：杭州某电器公司办公楼施工图设计

二、设计条件

1. 厂区原始地形图、规划红线图及规划部门要求

2. 甲方要求

1）基本要求：面积 3000m^2 左右，层数为 3 ~ 4 层。

2）要求：底层设置大型产品展示厅，三层设总经理套房，每层考虑中小型会议室，另考虑 100 人左右大型会议室一个。

三、设计成果要求

本设计按建筑施工图设计深度要求进行。

成果要求用机绘出图，A2 图幅，内容及要求如下：

1. 建筑总平面图（包含经济指标）1 ∶ 500
2. 建筑设计总说明，门窗表及图纸目录
3. 底层平面图（画出主要空间家具布置）1 ∶ 100
4. 楼层平面图（要求与底层平面图相同）1 ∶ 100
5. 屋顶平面图 1 ∶ 100
6. 立面图（4 个，须标明外墙材料、颜色）1 ∶ 100
7. 剖面图（1 个）1 ∶ 100
8. 楼梯详图 1 ∶ 50
9. 节点大样（2 个以上）1 ∶ 20

四、时间

设计交稿截止时间：第十周当天下课后。

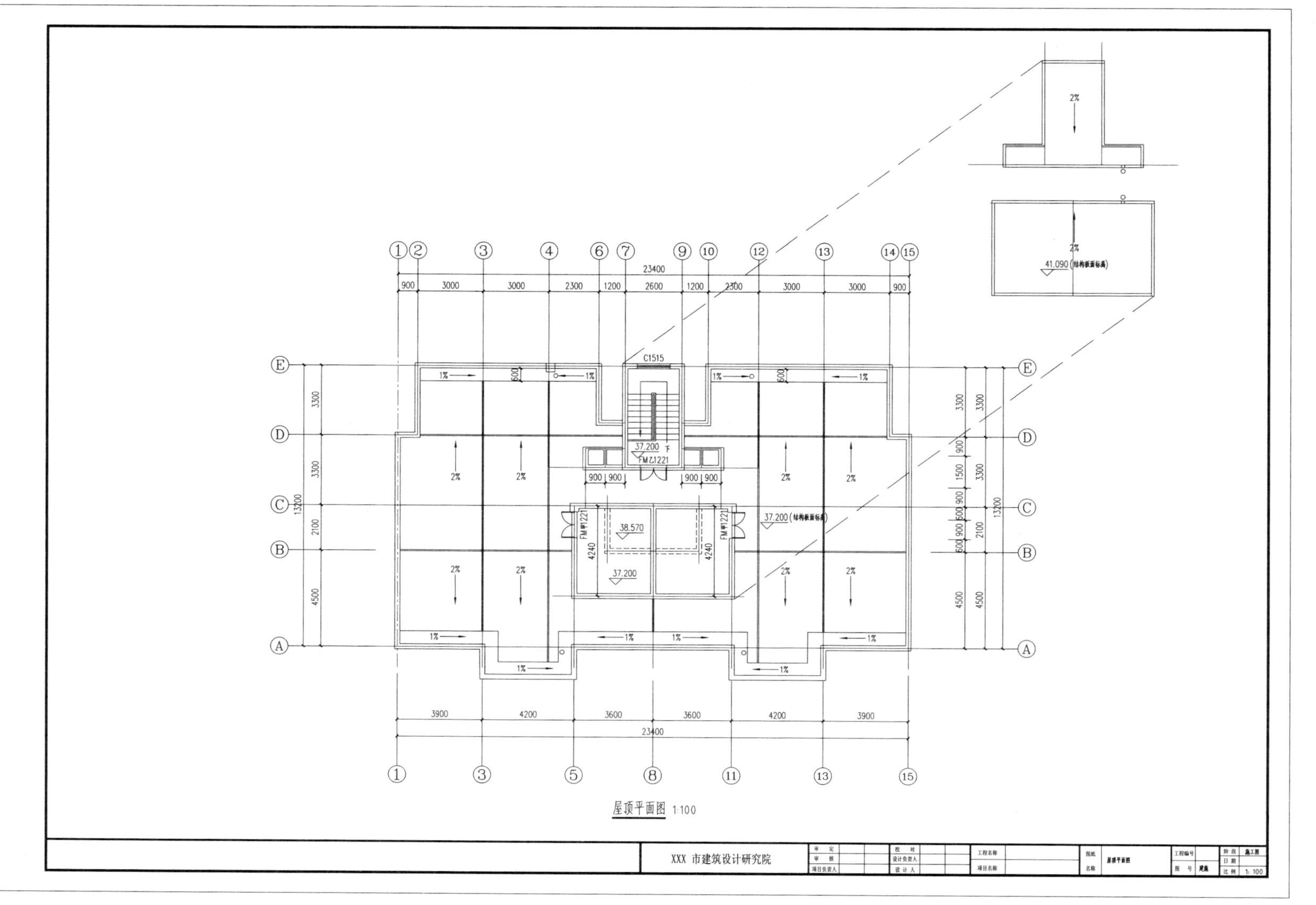

图 11.3-12 屋顶平面图

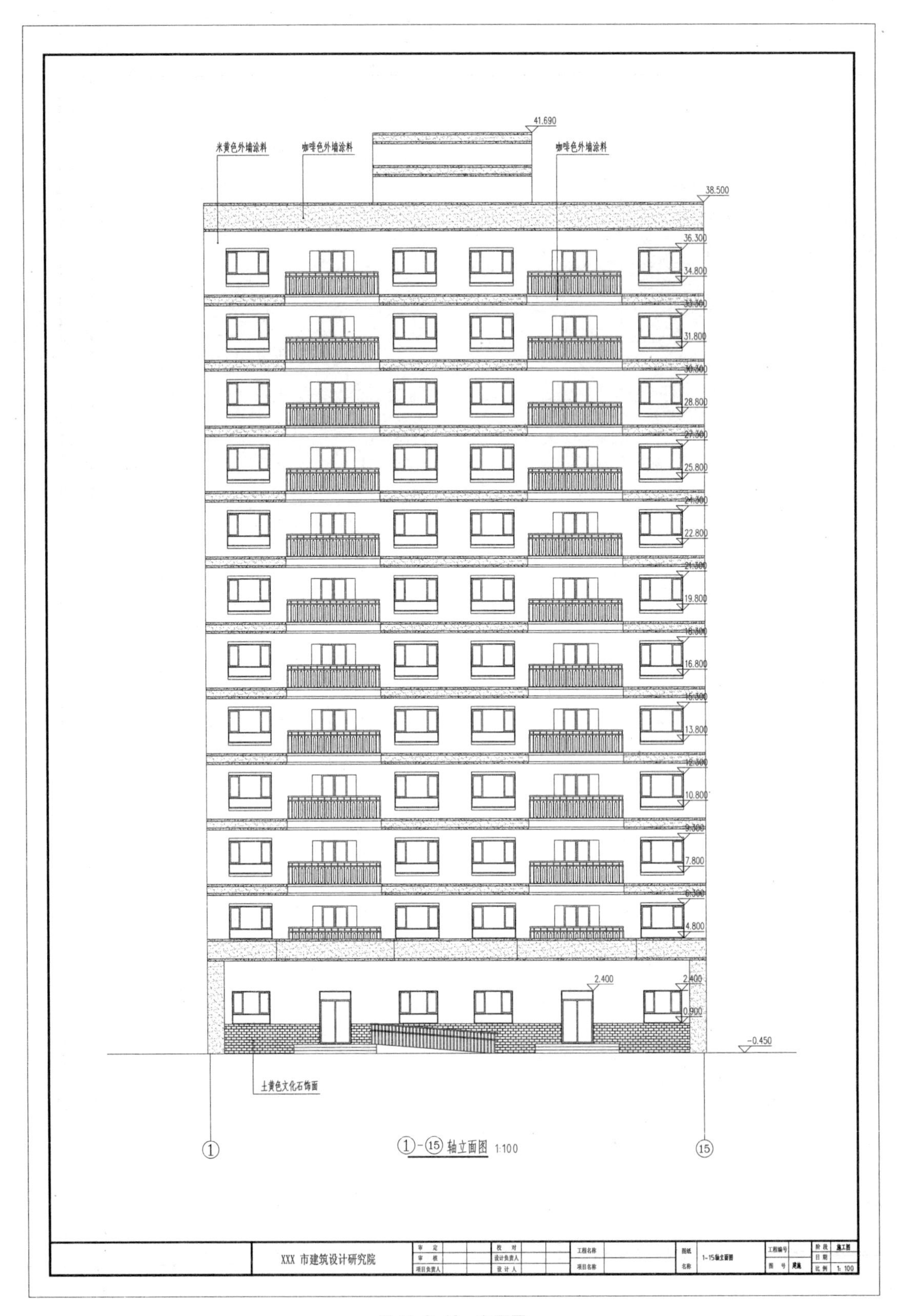
41.690
米黄色外墙涂料
咖啡色外墙涂料
咖啡色外墙涂料
38.500
36.300
34.800
33.300
31.800
30.300
28.800
27.300
25.800
24.300
22.800
21.300
19.800
18.300
16.800
15.300
13.800
12.300
10.800
9.300
7.800
6.300
4.800
2.400
2.400
0.900
-0.450
土黄色文化石饰面
①-⑮轴立面图 1:100
①
⑮
XXX 市建筑设计研究院

图 11.3–13 立面图

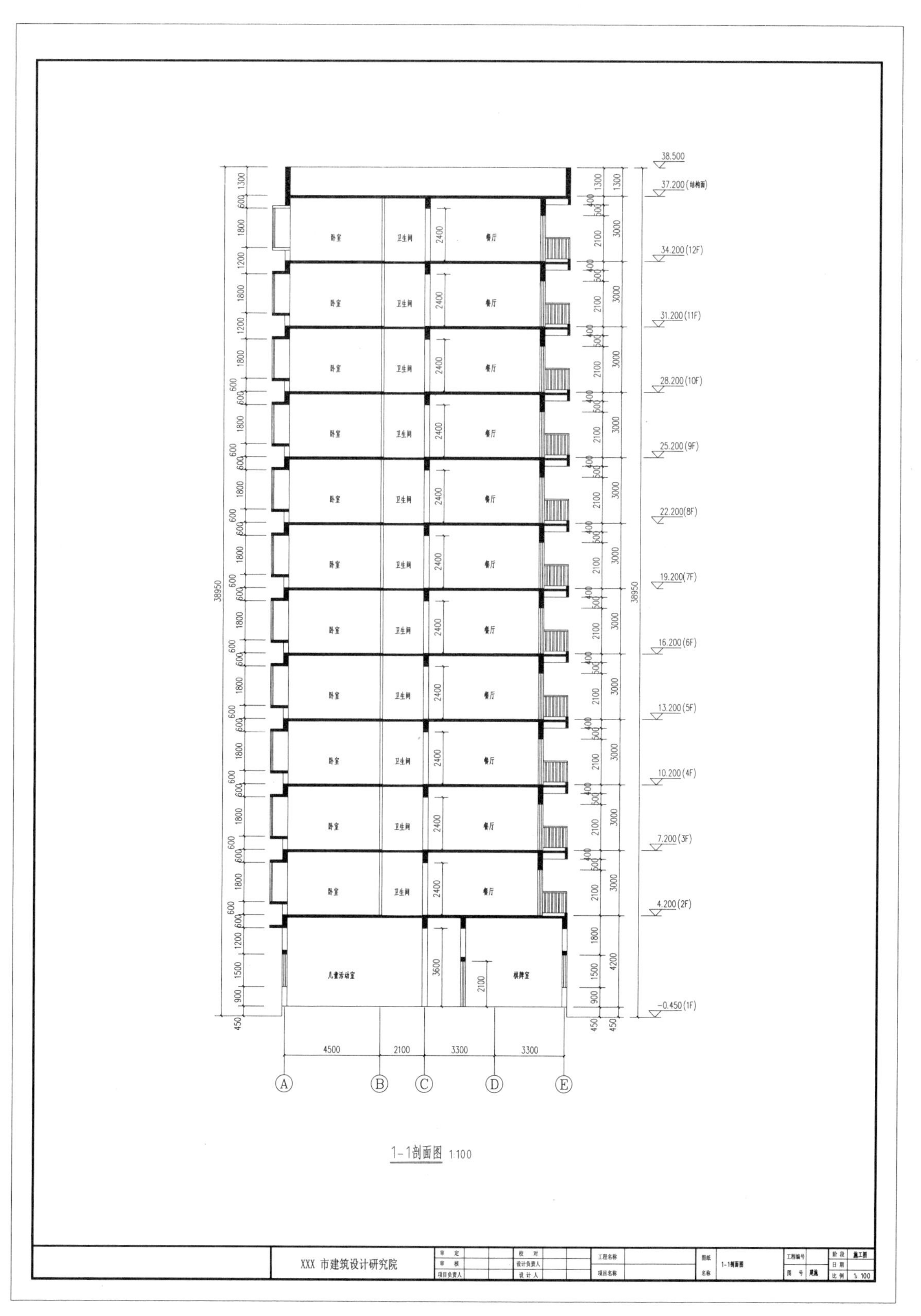

图 11.3–14 1–1 剖面图

五、评分考虑因素

1. 施工图设计的正确性及完善性，即满足本次设计的要求及各相关规范（50%）；

2. 设计图纸的深度（25%）；

3. 图纸的表达符合制图规范（25%）；

4. 每延迟交一天，总分扣 10 分。

六、实训目的

1. 通过该项目的实训使学生掌握普通多层办公楼的施工图设计。

2. 通过该项目的实训使学生基本掌握《民用建筑设计统一标准》GB 50352—2019、《建筑设计防火规范（2018 年版）》GB 50016—2014 的基本内容。

七、参考数据

民用建筑防火分区 2500m^2，楼间距 6m 或 9m；

工业建筑防火分区多层 6000m^2，丙类与丙类或民用建筑的间距 10m，最远点距出入口单层 80m、多层 60m。

八、地形图

见图 11.4–1。

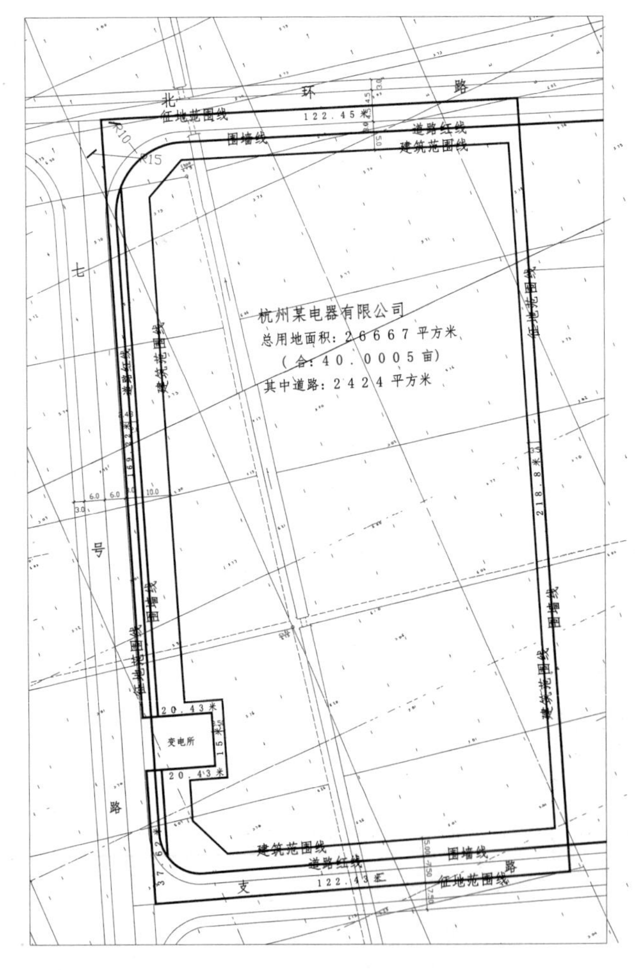

车间：8000m^2
宿舍：5000m^2
办公：3000m^2
建筑密度 <50%
容积率 >0.8

图 11.4–1　地形图

附　录

附录　各专业之间互提资料深度的基本内容

目录

第一章　总则

一、根据建筑工程设计交叉作业、综合协调的特点，为使初步设计与施工图设计顺利进行，保证设计质量，特制定本规定。

二、各专业之间互提设计资料的深度应体现《建筑工程设计文件编制深度规定》的要求，按配合进度分批互提。所提资料内容可根据工程情况增加或简化。

三、各专业之间互提设计资料由专业负责人统一归口。对所提资料有变更时，应及时通过项目负责人（设总）与有关专业协调解决。

四、接受资料的专业，应及时研究落实，如认为资料深度不够或难以解决时，可提出补充要求或协商解决。

五、若工程为一阶段设计，各专业应以施工图形式向经济专业提供资料，以作工程概算。

第二章　初步设计（可以分次提供）

一、总图专业向其他专业提供的资料

1．总平面及竖向布置图

（1）红线内道路、建筑物、构筑物的布置，建筑物及构筑物的名称，建筑物层数。

（2）建筑物、构筑物的设计坐标（或尺寸）及标高（与室内 ±0.000 相当的绝对标高）。

（3）道路形式、主要标高。

（4）设计地形、地面雨水排向。

（5）指北针、风玫瑰图。

2．向经济专业提供“初步设计概算用设计数据表”

二、建筑专业向其他专业提供的资料

1．建筑类别，耐火等级，生活用水人数（或由给水排水专业估算）。

2．平面图

（1）柱网布置，轴线编号，轴线之间尺寸，最外轴线之间的总尺寸，门窗洞口尺寸。

（2）剪力墙、承重墙、防火墙、变形缝等的位置，外墙厚度，防火分区的划分。墙体不同材料应按图例表明。

（3）门窗、楼梯、电梯、阳台、雨篷、天窗、悬挑部分等的位置。

（4）隔断、水池、卫生器具及有上下水、蒸汽、电气要求的设备等的位置。

（5）门的开启方式及开向，卷帘门的位置。

（6）室内外地面标高及各层楼面标高。

（7）房间名称，当有特殊要求（如防火、防爆、屏蔽、恒温、无菌等）或较重荷载要求时，应注明。

（8）剖切线及剖切线编号（仅表示在一层平面图上）。

（9）指北针（仅表示在一层平面图旁）。

（10）注明扩建要求或新旧建筑衔接的关系。

3．立面图

（1）立面两端部的轴线编号。

（2）主要标高及立面上需要特别注意的事项。

（3）外墙面用料。

4．剖面图

（1）墙、柱的轴线编号。

(2) 室内外地面高差尺寸、各层之间高度尺寸、总高度尺寸（或标高）、门窗洞口高度尺寸等。

(3) 需控制吊顶高度的尺寸或标高（或注在平面图上）。

5. 门窗表

(1) 门窗编号、材质、规格。

(2) 密闭窗、双层窗、保温窗、防火门、卷帘门、玻璃幕墙等特殊门窗应注明。

6. 设计说明

(1) 建筑类别、屋面、楼地面、内外墙面、吊顶、防水、防潮、保温、隔热等材料做法。卫生间厨房结构降板尺寸，屋面是否降板（建议不降）等。

(2) 向经济专业提供“初步设计概算用设计数据表”。

7. 平面放大图

必要时绘制客房、卫生间、厨房等布置图，病房床位、化验室等布置图。

8. 室内设计要求

对室内六个面和照明等设计有特殊要求时，应绘制有关图纸或写出设计说明。

三、结构专业向其他专业提供的资料

1. 建筑物、构筑物的结构选型和选材。

2. 基础形式，人工处理地基的方法和深度。

3. 各层结构平面布置简图，梁、板、柱、墙等构件的初步截面尺寸。

4. 结构构造措施，伸缩缝、沉降缝、抗震缝、后浇带的位置及做法，特殊部位的构造要求或抗震处理要求。

5. 向经济专业提供“初步设计概算用设计数据表”。

四、给水排水专业向其他专业提供的资料

1. 总图专业

(1) 给水排水地上或地下建筑物、构筑物（如管道、管沟、检查井、水表井、化粪池等）的平面位置、尺寸及标高。

(2) 与市政连接的给水排水雨水管接管位置、尺寸及标高。

(3) 室外给水排水管道平面布置。

2. 建筑、结构专业

(1) 给水排水设备用房（如水泵房、热水锅炉房、洗衣房、报警阀室、热交换器间、工作间、工具库、屋顶水箱、地下贮水池、集水井、技术夹层及给水排水处理用房等）的平面布置、尺寸、标高及位置要求。

(2) 给水排水构筑物（如贮水池、化粪池、水塔、冷却塔等）的尺寸、标高及位置要求，采用标准图的图号。

(3) 管井、管廊的平面位置、尺寸及标高。

(4) 消火栓位置和自动喷洒的设计原则及安装方法。

(5) 给水排水设备基础的平面位置、设备自重，电机功率及转速。

(6) 给水排水设备振动及噪声的有关资料。

3．电气、弱电专业

（1）给水排水设备所选用的电机型号、功率及转速，使用及备用台数。

（2）给水系统、排水系统、热水供应及加热系统、消火栓灭火系统、自动喷洒灭火系统的启动、控制信号、自动化连锁等要求。

（3）各种用电设备（如电加热器、用电仪表、电动阀等）的用电量、电压及控制要求。

（4）电话位置及数量。

4．暖通专业

（1）给水排水站房的采暖及通风要求。

（2）气体消防站房及保护区的采暖、通风要求。

（3）共用管道井、管沟等互相协调工作。

（4）冷却水系统互相协调工作。

5．动力专业

（1）热水设备的每日最大小时用热量及设备位置。

（2）蒸汽设备的小时用汽量、压力及设备位置。

（3）煤气设备（如开水炉、热水器等）的小时用气量、压力及设备位置。

6．经济专业

（1）初步设计图纸。

（2）初步设计概算用设计数据表。

（3）协助提供有关设备单价。

五、电气专业向其他专业提供的资料

1．总图专业

（1）变配电所（包括独立式或旁附式）的位置及外型尺寸。

（2）户外电缆布置。

（3）架空线路电杆布置（含路灯照明电杆）。

2．建筑、结构专业

（1）变配电所、备用柴油发电机房的平、剖面图（注明房间名称，门洞尺寸及主要设备相关尺寸）。

（2）各层配电用房及配电竖井的位置及尺寸。

（3）柴油发电机排烟烟囱及机房吸声、隔振的要求。

（4）消防控制中心平面布置。

（5）设备在楼面安装时的荷载、位置及其转速。

（6）设备吊装孔位置、尺寸。

（7）利用结构钢筋作为防雷与接地的做法要求。

3．给水排水专业

（1）气体灭火要求。

（2）生活用水人数。

4．暖通专业

(1) 各空调房间的照度（lx）。

(2) 柴油发电机房设备的发热量及排气降温要求。

(3) 变配电室的通风要求。

5. 经济专业

(1) 初步设计概算用设计数据表

(2) 协助提供有关设备单价。

六、弱电专业向其他专业提供的资料

1. 总图专业

(1) 户外电缆位置、敷设方式及埋深。

(2) 架空线路电杆布置。

2. 建筑、结构专业

(1) 电话机房、调度机房、电池室、弱电电力配电间、共用天线前端控制室、音响扩声控制室，消防控制中心、闭路电视监控室、保安监察控制室、演播室、语言实验室等及其附属用房的平面布置、尺寸及位置要求。

(2) 弱电竖井的位置及尺寸。

(3) 各特殊用房的建筑声学及特殊装修要求（如屏蔽、架空地板等）。

(4) 各弱电用房的荷载及其位置。

3. 给水排水专业

(1) 各弱电用房的消防和气体灭火要求及其功能。

(2) 电池室给水排水设施要求。

4. 电气专业

(1) 各弱电机房和设备的供电要求及容量。

(2) 电视演播系统和计算机系统的特殊供电要求。

(3) 各弱电用房的一般照明和特殊照明要求。

(4) 弱电系统接地与强电系统接地的处理。

5. 暖通专业

(1) 各弱电用房的环境温度及湿度要求。

(2) 电池室排酸、排氢要求。

(3) 演播室、录音室等的空调消声要求。

6. 经济专业

(1) 初步设计概算用设计数据表。

(2) 协助提供有关设备单价。

七、暖通专业向其他专业提供的资料

1. 建筑、结构专业

(1) 各设备用房（如冷冻站、空调机房、通风机房、新风机房、热交换器间、水泵房、膨胀水箱间或平台、控制室、技术层等）的平面布置、尺寸、净高及位置要求。

(2) 暖通设备振动及噪声的有关资料。

（3）地沟风道和管沟的平面布置、控制标高，断面尺寸。

（4）竖风道、管井的位置及断面尺寸。

（5）风管的平面布置及断面尺寸，吊顶的控制标高。

（6）围护结构需要保温时，与土建配合确定保温材料及厚度。

（7）需要时提出外窗层数及遮阳要求。

（8）设备在楼面安装时的荷载、位置及转速。

（9）有严格减震要求的设备基础的位置及有关资料。

（10）设备吊装孔的位置及尺寸。

（11）屋顶冷却塔的位置及重量。

2．给水排水专业

（1）用水设备的位置、用水量、水温及水压等要求。

（2）排水点（包括泄水点）的位置，排水量及水温要求。

（3）生活用水人数。

3．电气、弱电专业

（1）各种用电设备（如冷水机组、冷冻机、空调器、水泵、通风机、排风器、电动阀、防火阀、电热器、电磁阀等）的位置、电机型号、容量、电压、使用及备用台数。

（2）自动控制的启动、信号、连锁等要求。

4．动力专业

（1）采暖通风空调所需热量及热媒参数、蒸汽量及压力。

（2）用热、用汽点位置，有无凝结水回收。

5．经济专业

（1）初步设计图纸。

（2）初步设计概算用设计数据表。

（3）协助提供设备单价。

八、动力专业向其他专业提供的资料

1．总图专业

（1）独立的动力站房（如锅炉房、煤气调压站、压缩空气站）平面图。

（2）独立的动力站房小区布置（如贮煤场、灰渣场、烟囱、沉降池、排污池、油罐、贮气罐及机械化运输系统等）。

（3）年、月、日最大耗煤、耗油、除渣量及辅助原料量。

（4）煤、灰、油等的储存量及储存周期。

（5）室外热力、煤气等动力管道走向布置。

（6）人员编制及生产班制。

2．建筑、结构专业

（1）独立的动力站房平、剖面图及设备布置。

（2）附设于建筑物内的热力点、热交换间，煤气表间的位置、尺寸及净高。

（3）煤气管竖井的位置、尺寸及要求。

(4) 设备基础、地沟的位置及断面尺寸，需进行动力复核的设备资料或样本。

(5) 主要设备及管道的荷载，吊装孔的位置及尺寸。

(6) 人员编制。

3. 给水排水专业

(1) 站房小时最大和平均耗水量、水压，接管位置。

(2) 站房小时最大和平均排水量、排放浓度、温度等。

(3) 站房消防要求。

(4) 生活用水人数。

4. 电气、弱电专业

(1) 站房设备布置图及用电量表。

(2) 对照明、自控、通风、防爆、防雷等要求。

5. 暖通专业

(1) 站房设备布置图、剖面图及设备表。

(2) 设备发热量、防爆等要求。

(3) 生产班制。

6. 经济专业

(1) 初步设计图纸。

(2) 初步设计概算用设计数据表。

(3) 协助提供有关设备单价。

第三章　施工图设计（可以分次提供）

一、总图专业向其他专业提供的资料

1. 总平面及竖向布置图

(1) 红线内道路，停车场、建筑物、构筑物的布置，建筑物及构筑物的名称。

(2) 建筑物、构筑物的设计坐标（或尺寸）及标高（与室内 ±0.000 相当的绝对标高），室外地面标高，建筑物四角（或转角处）的室外标高。

(3) 车行道交叉点的中心坐标（或距离尺寸）及标高，道路形式，路面宽度、坡向、坡长及变坡点标高。

(4) 设计地形、地面雨水排向。

(5) 已有的地下障碍物。

(6) 指北针、风玫瑰图。

2. 管道综合图（提供各设备专业）

(1) 根据各设备专业提出的室外管线平面图，经初步综合后，提供管线平面综合图，注明管线位置距离尺寸。

(2) 根据各设备专业提出的管线纵断面图，提出在竖向综合中各专业管线交叉矛盾点的标高，与有关专业协调解决（不提供书面资料）。

二、建筑专业向其他专业提供的资料

1．平面图（包括地下室、各层平面、设备机房、电梯机房、夹层、屋面平面等）

（1）柱网布置，轴线编号。

（2）剪力墙、承重墙、防火墙、变形缝等的位置，外墙厚度，防火分区的划分，防烟分区的划分。墙体不同材料应按图例表明。

（3）门窗、阳台、雨篷、天窗、悬挑部分的位置及尺寸，楼梯、电梯井、跑马廊、内天井的位置及尺寸，管井、通风道、排烟道、烟囱、垃圾道、设备吊装孔、施工预留孔洞的位置及尺寸。

（4）水池、卫生器具、排水沟、集水坑、地漏、固定的隔断、台、橱、柜、搁板等的位置及尺寸，有上下水、排气、蒸汽、煤气、电气要求的设备位置。

当另行绘制平面放大图时，只需注明控制尺寸。

（5）屋面平面的排水方式、排水坡向、坡度、雨水口的位置、上人孔的位置、屋面做法编号。

（6）地下室墙面、底板（或地面）的防水做法。

（7）门窗编号、门的开启方式及开向、卷帘门的位置。

（8）一般情况下注三道尺寸。门窗洞口宽度及定位尺寸、轴线之间尺寸、外包尺寸。

（9）室外地面标高、各层标高及阳台、外廊、浴厕、地坑、局部降低或提高处等标高。

（10）房间名称，当有特殊要求（如防火、防爆、屏蔽、恒温、无菌等）或较重荷载要求时应注明。

（11）剖切线及剖切线编号（仅表示在一层平面图上）。

（12）指北针（仅表示在一层平面图旁）。

（13）注明扩建要求或新旧建筑衔接的关系。

2．立面图

（1）立面两端部的轴线编号。

（2）室外地面标高、一层地面标高、挑檐或女儿墙顶标高、立面突出部分及高低错落部分的标高。

（3）凡剖面图表示不到的窗高及窗台，应在立面图上注明高度或标高。

（4）外墙面用料。

3．剖面图

（1）墙，柱的轴线编号。

（2）门、窗、洞口高度尺寸、窗台高度尺寸、室内外高差尺寸、层高尺寸、总高尺寸、女儿墙高度尺寸。

（3）室外地面、一层地面、各层楼面、挑檐或女儿墙顶、烟囱顶、水箱间、电梯机房、出屋顶楼梯间等的标高，地下室地面、管沟、基础底等的标高。

（4）需控制吊顶高度的尺寸或标高（或注在平面图上）。

4．设计说明及材料做法

（1）建筑类别及材料做法，卫生间厨房结构降板尺寸，屋面是否降板（建议不降）。

（2）屋面、楼地面、内外墙面、吊顶、防水、防潮、保温、隔热、隔声等材料做法。屋面做法应明确由结构找坡或建筑材料找坡。

（3）管道明装或暗装，防震、防噪声、耐酸、耐碱等要求。

5．室内装修表

表示各厅、室等的室内装修所采用的做法。

6．门窗表

（1）门窗编号、材质、规格。

（2）密闭窗、双层窗、保温窗、防火门、卷帘门，玻璃幕墙等特殊门窗应注明。

7．详图

（1）凡基本图纸不能表达详尽时，应绘制详图，分批提供有关专业，如墙身节点、门廊、阳台、雨篷、楼梯平剖面、卫生间平面放大、厨房平面放大、客房家具设施布置放大、电梯井及电梯机房平剖面等。

（2）室内设计及装修详图。顶棚、墙面、地面、楼面、水池、照明等对其他专业有要求时，为满足有关专业进度要求，应先提供作业图。

三、结构专业向其他专业提供的资料

1．总图专业

向总图专业提供基础平、剖面图。

2．其他各专业

（1）结构平面布置及尺寸，梁、板、柱、剪力墙的断面尺寸。

（2）伸缩缝、沉降缝、抗震缝、后浇带的位置及宽度，特殊部位的构造要求或抗震处理要求。

（3）承重砖墙厚度，砖垛、构造柱、圈梁的位置及尺寸。

（4）基础选型，各类型基础详图、基础埋深。人工处理地基的方法、处理深度。

（5）箱形基础或地下室底板及墙身厚度。

（6）屋面找坡方式、坡度及坡向。

（7）管沟、管架结构形式及构件尺寸。

（8）挡土墙形式及尺寸。

（9）对墙、板、梁上预留孔洞、预埋件等要求的鉴定及反馈。

四、给水排水专业向其他专业提供的资料

1．总图专业

（1）给水排水各种管道、管沟、检查井、消火栓和给水排水地下构筑物的平面图、尺寸及标高。

（2）给水排水处理建筑物、构筑物的平面位置、尺寸及标高。

（3）雨水井位置及排水沟断面。

（4）室外给排水管道纵断面图（包括管径、长度、坡度、标高、埋深等）。

2. 建筑专业

（1）给水排水设备用房图（包括水泵房、装孔宽及高的尺寸）。

（2）管井、管廊、管沟、集水坑的平面位置、尺寸及标高。

（3）室内检查井、承封井、隔油井、明沟的平面布置、尺寸及标高。

（4）吊顶距结构板底或梁底的最小高度，吊顶上自动喷洒口布置及吊顶检查孔建议位置。

（5）给水排水设备振动及噪声的有关资料。

（6）管道穿梁、板、墙预留孔洞的位置、尺寸及标高，消火栓位置及预留洞尺寸、标高。

（7）屋顶雨水口位置、管径及标高。

（8）架空管道的位置、管径及标高，吊架或支架的位置及标高。

3. 结构专业

（1）水泵及给水排水设备基础（需结构计算）的平面位置，设备自重，电机功率、转速及产品样本资料。

（2）穿梁、板、柱（内落水管）、剪力墙、基础的管道直径、标高，预留孔洞或预留套管的平面位置、尺寸及标高。

（3）给水排水设施（如各种贮水池、屋顶水箱、减压水箱、冷却塔、热交换器、水塔、集水坑或集水井、管道支架及吊架等）的平面位置，尺寸，高度及标高，采用的标准图图号，给水排水设备重量。

（4）管井、管廊管沟的平面位置、尺寸及标高。

（5）给水排水处理建筑物、构筑物的平面布置、尺寸及标高。

（6）超重设备（单轨吊车、吊钩）的位置、启吊重量及方法。

4. 结构专业

（1）给水排水设备选用的电机型号、功率、转速、接线方向、位置标高、使用及备用数量。

（2）给水系统、排水系统、热水供应和加热系统，消火栓灭火系统，自动喷洒灭火系统的启动、控制信号、自动化连锁等要求。

（3）各种用电设备（如电加热器、用电仪表，电动阀、电磁阀、检修插座等）的用电量、电压及控制要求。

（4）电话位置及数量。

5. 暖通专业

（1）给水排水站房的采暖及通风要求。

（2）气体消防站和保护区的采暖及通风要求。

（3）共用管井、管沟等互相协调工作。

（4）冷却水系统互相协调工作。

6. 动力专业

（1）热水设备编号，每日最大小时用热量，接管管径、位置、标高及压力降。

(2) 蒸气设备编号，小时用汽量，压力，接管管径、位置及标高。

(3) 煤气设备编号，小时用气量，压力，接管管径、位置及标高。

(以上均以表格列出)

五、电气专业向其他专业提供的资料

1. 总图专业

(1) 变配电所（包括独立式或旁附式）的位置及外形尺寸。

(2) 户外电缆布置、埋深，电缆沟、电缆隧道的走向、断面及尺寸。

(3) 架空线路电杆布置、埋深及尺寸。

(4) 路灯布置、路灯形式及尺寸。

(5) 人孔井位置及尺寸。

2. 建筑专业

(1) 变配电所、备用柴油发电机房及控制室

a. 设备平面布置图、剖面图（注明房间名称及主要设备相关尺寸、标高）。

b. 顶棚、楼地面、墙面做法要求，观察窗要求。

c. 门洞位置、尺寸、开启方向、开启方式等要求。

d. 电缆地沟、开关柜、电容器柜控制屏、信号屏等的地沟位置及断面，防排水要求，地沟盖板要求。

e. 变压器承台、变压器间挡油、排油设施要求。

f. 通风窗（口）位置、尺寸及标高，进出风口有效面积及防雨、雪、小动物入侵的要求。

g. 母线穿墙、楼板洞口的位置、尺寸及标高。

h. 柴油机房吸声、隔振的要求，排烟口位置、断面尺寸，贮油罐及日用油箱间的要求。

(2) 其他单体建筑

a. 各层配电用房或嵌入式配电盘箱预留洞位置、尺寸及标高。

b. 各层配电竖井的位置及尺寸，楼面预留洞口的位置及尺寸。

c. 电缆沟平面布置及断面尺寸。

d. 消防控制中心平面布置及尺寸。

e. 灯光控制室(影剧院项目、体育馆)设备平面布置、剖面、地沟位置及尺寸。

f. 配合室内设计，提供灯槽光带布置及尺寸、嵌入式灯具预留洞口尺寸。

g. 预埋件位置、尺寸及要求（包括风扇吊钩、节日照明、悬挂大型灯具、避电针、避雷带、安全指示灯等）。

3. 结构专业

(1) 站房

a. 设备荷载（如变压器、柴油发电机组、开关柜、电容器柜、电梯机房等），必要时提供动荷载。

b. 母线吊挂，开关柜固定、变压器吊装，变压器牵引地锚等预埋件的位置及荷重。

c. 设备吊装检修孔位置、尺寸及所需吊轨、吊钩的位置及技术要求。

d. 设备基础及支架技术要求。

e. 混合结构的墙体开洞位置。

(2) 其他单体建筑

a. 利用框架柱内钢筋及基础内钢筋作防雷装置时，对钢筋连通、走向及焊接（或绑扎）要求，防侧击雷钢门窗、圈梁与柱内钢筋连接要求。

b. 作为防雷接地装置相互连接的预埋件位置、标高及技术要求。

c. 预埋在钢筋混凝土构件里的接线盒等埋入物的位置、尺寸（常发生削弱结构太多或与钢筋位置有矛盾）。

d. 母线及大型吊灯在梁、板、柱上吊挂时，吊点的位置、荷重及对预埋件的要求。

e. 凡不小于800的预留洞口，应提出过梁要求。

4. 给水排水专业

气体灭火要求的位置、面积及有关的技术资料。

5. 暖通专业

(1) 各空调房间的照度（lx）。

(2) 设备发热量、排气、排烟等有关位置、数据及技术要求。

六、弱电专业向其他专业提供的资料

1. 总图专业

(1) 户外电缆的线路位置、敷设方式及埋深，人孔井的位置、尺寸。

(2) 架空线路电杆位置。

2. 建筑专业

(1) 电话机房、调度机房、电池室、弱电电力配电间、共用天线前端控制室、音响扩声控制室、消防控制中心、闭路电视监控室、保安监察控制室、演播室、语言实验室等及其附属用房的平面布置、尺寸、门窗及监视窗位置、沟槽布置及要求。

(2) 特殊用房的建筑声学、电磁屏蔽及门窗、墙、吊顶等的特殊装修要求。

(3) 防火门、防火卷帘控制的设施及安装要求。

(4) 管线穿板、墙时，预留孔洞的位置、尺寸及标高。

(5) 扩声器、监视器、消防报警探测器等的位置或平面布置。

3. 结构专业

(1) 各弱电用房的荷载及其位置。

(2) 弱电管线的最大管径及线路位置。

(3) 管线穿板、墙时，预留孔洞的位置、尺寸及标高。

(4) 预埋在钢筋混凝土构件里的埋入物位置及标高。

4. 给水排水专业

(1) 计算机房、自动电话机房、保安监察控制室、消防控制中心等气体灭火要求及其功能。

(2) 消防控制中心对于消火栓、自动消防、水流指示器、气流指示器和气体管道灭火系统的控制方式及原理。

(3) 电池室的给水排水设施要求。

5. 电气专业

(1) 各弱电用房的供电位置及供电容量。

(2) 弱电分散设施的供电位置及供电容量。

(3) 强、弱电管槽敷设走向及其间距要求。

(4) 强、弱电接地系统处理。

6. 暖通专业

(1) 各弱电用房的环境温度和湿度要求。

(2) 局部排风要求(如电池室排酸、排气等)。

(3) 各弱电用房对空调消声要求(如演播室、录音室等的空调消声要求)。

七、暖通专业向其他专业提供的资料

1. 建筑专业

(1) 各设备用房(如冷冻站、空调机房、通风机房、新风机房、热交换器间、水泵房、膨胀水箱间或平台、控制室、技术层等)的平面布置、尺寸及净高。

(2) 有隔振、吸声要求的设备用房,提供设备振动、噪声的有关资料或样本。

(3) 地沟风道和管沟的平面布置、控制标高、断面尺寸,检查井位置及尺寸,沟内密封、防潮、防水、光洁度、排水等要求。

(4) 竖风道、管道井的位置、断面尺寸、密闭、防潮、防水、光洁度、排水等要求,风口、阀门的预留洞位置、尺寸及标高,检查门的位置、尺寸及密闭要求,预留木框或构件的要求。

(5) 风管、水管及安装空调器处距板底或梁底的最小高度,与土建配合确定有关的吊顶标高。

(6) 管道穿墙、板、梁时,预留孔洞的位置、尺寸及标高。

(7) 墙面、吊顶、地(楼)面送风口和回风口或空调器预留孔洞的位置、尺寸及标高,需土建预留木框或构件的要求。

(8) 墙体、屋面、地面需要保温时,与土建配合确定保温材料及厚度,隔气层的要求。

(9) 需要时提出外窗层数及遮阳要求,门窗密闭或隔声要求。

(10) 外墙面上或屋面上的新风进风口百叶窗位置、尺寸及标高,排风口、排气百叶窗位置、尺寸及要求。

(11) 散热器布置及立管位置。

(12) 风冷式冷却塔位置、尺寸、隔声要求。

(13) 设备进出地下机房的洞口位置、尺寸。

2. 结构专业

(1) 有减振要求的设备基础,提供设备规格型号、样本、重量及基础尺寸。

(2) 梁、板、柱上预埋吊点所吊设备重量、吊点位置,尺寸及数量。

(3) 风管、水管、汽管穿基础、楼板、抗震墙、屋面预留孔洞的位置、尺寸或对预埋件的要求。

(4) 放置在楼板或屋面上的设备重量及位置。

(5) 设备吊装、检修孔的位置、尺寸和所需吊轨、吊钩位置及技术要求。

3. 给水排水专业

(1) 冷水机组、水冷空调器冷却水等的用水量、水温、水压要求及其进出水管位置、标高及管径。

(2) 空调器排水，凝结水的排放位置、标高及管径。

(3) 膨胀水箱、空调器淋水室、电极加热器等补水位置、标高及管径。

(4) 机房清洁用水的要求和地面排水要求。

(5) 地沟内排水要求。

(6) 空调箱、风机盘管、排出空气凝结水管的位置。

(7) 生活用水人数。

4. 电气、弱电专业

(1) 各种用电设备（如冷风机组、冷冻机，空调器，水泵、通风机、排风器、电动阀、防火阀、电热器、电磁阀等）的电机型号、规格、功率、电压、接线平面位置及标高，使用及备用台数。

(2) 自动控制的原理图和要求说明。

(3) 机房、控制室、大型空调器的照明要求，检修的照明要求。

(4) 电话位置及数量。

5. 动力专业

(1) 采暖通风空调所需热量及热媒参数、用汽设备蒸汽量及压力。

(2) 用热及用汽点的位置，接管管径及标高。

八、动力专业向其他专业提供的资料

1. 总图专业

(1) 独立的动力站房（如锅炉房、煤气调压站、压缩空气站房）平面图。

(2) 独立的动力站房小区布置图（如贮煤场、灰渣场、烟囱、沉降池、排污池、油罐、贮气罐及机械化运输系统等）。

(3) 年、月、日最大耗煤、耗油、除渣量及盐、酸等辅助原料量。

(4) 煤、灰、油等的贮存量及贮存周期。

(5) 室外动力管道（包括埋地、架空、地沟敷设）平面布置图及尺寸。

(6) 室外动力管道纵断面图（包括管径、地沟断面尺寸、长度、坡度、标高及检查井、膨胀节等位置）。

(7) 人员编制和生产班制。

2. 建筑、结构专业

(1) 独立的动力站房平面图、剖面图、设备布置及主要控制尺寸。

(2) 附设于建筑物内的热力点、热交换间、煤气表间、技术设备平台或夹层的位置、尺寸及净高。

(3) 煤气管竖井的位置、尺寸及要求。

(4) 设备基础的位置、尺寸及标高，需进行动力复核的设备资料或样本。

(5) 室内外管道操作平台、检查井、管道地沟及排水地沟的平面图，纵横断面图、排水坡度等资料。

(6) 各种预埋件、预留孔洞的位置、尺寸及标高。

(7) 放置于楼板、平台及屋面上的设备荷载，室内外管道支架的水平和垂直荷载。

(8) 人员编制。

3. 给水排水专业

(1) 站房小时最大和平均耗水量。

(2) 站房小时最大和平均排水量及排放浓度、温度等。

(3) 站房所需冷却水量和压力等参数要求。

(4) 备用水点、排水点位置，接管管径及标高。

(5) 给水（城市自来水）水质、水压等要求。

(6) 站房消防要求。

(7) 生活用水人数。

4. 电气、弱电专业

(1) 站房设备布置图、剖面图及设备表。

(2) 站房工艺、热力管道系统图，图上应注明测量点位置及与电气有关的仪表明细表。

(3) 用电设备表（包括电机型号、规格、台数及备用情况）。

(4) 对照明、自控、通信、防爆、防雷等设计要求。

5. 暖通专业

(1) 站房设备布置图、剖面图及设备表。

(2) 设备发热量，冬夏季运行台数及附属设备的表面发热量。

(3) 电动机台数、功率、备用情况。

(4) 锅炉一、二次吸风量（不包括室外吸风部分）。

(5) 站房机械排风要求、防火及防爆要求。

第四章　防空地下室设计（初步设计、施工图设计均同）

一、建筑专业向其他专业提供的资料

1. 设防等级。

2. 平时和战时用途。

3. 平面图、剖面图。

(1) 防护单元、抗爆单元的划分。

(2) 防空地下室顶板上表面与室外地面高差及覆土情况。

(3) 平时及战时室内、外出入口位置，通道及门洞尺寸。

(4) 战时主要出入口的口部建筑做法。

(5) 口部房间（包括防毒通道、密闭通道、洗消间、简易洗消间、滤毒室、风机室、活门室及扩散室等）布置。

(6) 通风采光窗（井）布置。

(7) 防、排水方式。

(8) 防火设计。

(9) 沉降缝设置。

4. 平、战功能转换措施。

5. 平时及战时容纳人数。

6. 平时及战时的进、排风口位置。

7. 平时需设空调时，有关空调要求及平时采暖要求。

8. 战时用水情况及用水人数。

9. 平时、战时厕所设置要求（水冲厕、干厕，大、小便器数量）。

10. 供电特殊要求（包括平时使用中照明的特殊要求及战时电铃、电话及通信等）。

二、结构专业向其他专业提供的资料

1. 结构布置图及梁、板、柱、墙（包括防护外墙、承重内墙，临空墙、门框墙、密闭隔墙、防护单元隔墙及抗爆隔墙等）截面尺寸、选用材料。

2. 口部防护设施（包括防护门、防护密闭门、密闭门、防爆活门及防护挡窗板等）选型和活门室、扩散室空间尺寸、做法。

3. 临战应急加固（包括口部封堵及主体结构支护）措施。

4. 室外出入口防倒塌棚架的梁、板、柱截面尺寸和做法。

三、给水排水专业向其他专业提供的资料

1. 建筑、结构专业

(1) 平时及战时给水排水系统布置。

(2) 贮水池（箱）位置，容积及做法要求。

(3) 穿墙管、沟位置要求及暗埣管道位置、断面尺寸。

(4) 污水集水井（池）、集水坑的尺寸、位置、标高（包括染毒房间、口部及通道洗消用集水坑尺寸、位置等）。

2. 电气专业

(1) 用电设备名称、位置、容量、相别及使用要求。

(2) 用电设备的控制要求。

四、暖通专业向其他专业提供的资料

1. 建筑、结构专业

(1) 战时清洁式、滤毒式通风量，进、排风口尺寸。

(2) 滤毒室、风机室空间尺寸要求。

(3) 平时、战时机械通风风管布置，穿墙管道位置、预埋件要求。

(4) 洗消间、防毒通道排风系统做法，超压排风口位置、预留孔尺寸。

(5) 内部侧压装置埋设部位及做法。

2. 给水排水专业

有空调时的给水排水要求。

3. 电气专业

(1) 用电设备名称、位置、容量、相别及使用要求。

(2) 通风系统电控要求。

五、电气专业向其他专业提供的资料

1. 备用柴油发电机房工艺条件（包括平面布置、净高，用水、供油要求，操作方式，通风要求，排烟方式等）。

2. 电缆沟、槽的位置、尺寸。

3. 穿墙管线、预埋套管等要求。

全套施工图纸可扫码阅读。

二维码 10 施工图纸

参考文献

[1] 黄鹄．建筑施工图设计 [M].2 版．武汉：华中科技大学出版社，2014.

[2] 周颖．手把手教您绘制建筑施工图 [M]. 北京：中国建筑工业出版社，2013.

[3] 刘加平．建筑物理 [M].3 版．北京：中国建筑工业出版社，2006.

[4] 建设部工程质量安全监督与行业发展司． 全国民用建筑工程设计技术措施节能专篇——建筑 [M]. 北京：中国建筑标准设计研究院，2009.

[5] 中南建筑设计院股份有限公司．建筑工程设计文件编制深度规定 [M]. 北京：中国建材工业出版社，2017.